NEW APPROACH TO CALCULUS, VOLUME 1

新しい微積分 上

改訂 第2版

2ND EDITION

[著] 長岡亮介 Ryosuke Nagaoka　渡辺 浩 Hiroshi Watanabe　矢崎成俊 Shigetoshi Yazaki　宮部賢志 Kenshi Miyabe

講談社

〈改訂第2版に寄せて〉

初版刊行から5年，この間に本書を教科書として使用した経験などを踏まえて，第2版では記述を見直し，必要な改訂を行った．主として0章，9章，13章において概念の導入・定義などをいくつか改めたが，その他の章においても細かい修正が入っている．またこれに関連して，演習問題を増設した．

近年，数学を必要とする分野は拡大しつつあり，数学を学ぶ際には，数学を孤立した学問としてではなく，周辺科学とのつながりを含めた形で習得する必要性が明瞭になってきている．数学を学ぶ人には，数理のことばを語り得る知性とともに，知性の体温とでも言うべき数理的感性を育むことが求められているのだろう．これはもちろん，教育を受ける側の問題であるばかりでなく，教育を施す側の問題でもある．

感性を育むと言っても，これは一朝一夕に行かないものである．こうしたらいいということは中々言いにくいのだが，「汗と涙」ばかりでなく「遊びと余裕」が必要なのではないだろうか．『論語』には「之を知る者は之を好む者に如かず，之を好むものは之を楽しむ者に如かず」という一節がある．本書において，直感に訴える観察や発見法的考察を重視しているのは，楽しさを忘れたくないからである．第2版でも維持されているこの執筆方針が，読者諸氏の楽しい学びの助けになれば幸いである．

最後に演習問題について申し添えたい．本書では，賽の河原で石を積むような計算練習ではなく，啓発的な「よい問題」を選ぶように心がけた．食べ物でも，よく咀嚼しなければ分からない味がある．すべての問題にきちんとした解答がつけられているので，興味に従って，本文と同様に丁寧に取り組んでいただけたらと思う．

2021年11月

著者を代表して　渡 辺　　浩

〈本書を手に取ってくれた大学生のみなさんに〉

本書は，いわゆる理工系の大学生が初年次で習得すべき必須の数学である微積分を，数学で一番大切な《心》が伝わるように現代的なタッチで叙述した新しい微積分読本です．限られた時間で実施される教室での講義を敷衍（ふえん）したり要約したりする従来の書籍と違って，あなたがこれを読むことで，微積分の面白さや難しさ，言い換えると理論的なポイントを把握できるように，それによって，微積分をより深く理解しようという気持ちになれるように，自習支援型という新しいタイプの教科書を目指しました．

本書は，あなたが入学した大学の教室で受ける講義とぴったりと対応するとは限りませんが，講義に出席していながら，そこで何が問題にされているのかさっぱり得心が行かないという，多くの若い学生諸君の悩みに対して，その悩みに寄り添い，やがて納得の喜びへと導く学習のヒントを与えてくれるものでありたい，というのが著者の願いです．本書の最小単位となる章を1つでもしっかり通して読んでいただければ，講義の際に失敗した理解をリカバーし，次の講義にはより能動的に参加することができるようになると期待しています．数学においては，理解を阻む難攻不落の厚い壁を突破するために，急所を把握することが大切ですが，それは根気よく考え続けた末に来るものであること，したがってまた，数学においても読書型の勉強の醍醐味があることを知っていただきたいのです．

次に，本書のもう1つの特徴である演習問題について述べさせてください．微積分に限らず，数学の理解には問題演習が大切です．それは，反復練習による基本の習得が学習の基本であるというだけでなく，試行錯誤を含め自分なりに問題の解を探求し発見するという能動的な体験を通じてこそ，数学的な理解が喜びを伴って深化するからです．

この趣旨から，本書では，従来の微積分の教科書とは少し違って，いろいろな性格の演習問題を，**Basic** **Standard** **Advanced** という3つのグループに分けて用意しました．これらの演習問題は，けっして若い読者に学習の忍耐を教えるための苦役ではありません．むしろ，ともすれば計算 (calculation) に傾きがちな微積分 (calculus) の学習において，納得し理解する喜びと，能動的・挑戦的な思索の舞台を提供したいと願い，そのために本当に重要な数学的核心を突く問題を精選したつもりです．みなさんの時間の許す範囲で楽しんでください．通常は，**Basic** と **Standard** のレベルを目標にするとよいでしょう．解答に高速に接近しようとするよりも，時間をかけて，より深い理解へと進んでいただければと思います．なお，数学的内容の特質から，演習問題のレベル分けが重要でないと思われる章については演習問題のレベル分けがありません．あえてレベルを指定するとすれば，他の標準的な章の **Advanced** に相当するものが中心になっています．

本書だけの特徴ではありませんが，数学の本には，記述の順序と簡潔さのために，読者の理解の困難をあえて無視するかのように発展的な記述が登場する箇所がいくつかあります．しかし，本書ではそういう箇所には「後で振り返ればよい」という趣旨の印「♠」がつけてありますので，みなさんの時間と気持ちの余裕に応じて読んでください．数学の勉強はできるだけ早く全体的な姿を把握することが大切ですから，特に初読の際にはそういう箇所を飛ばしても構いません．

本書の執筆は，長岡が企画とサンプルを作り，その基本コンセプトに賛同した渡辺と矢崎が協働してコンセプトを詳細化した全体的な原案を提供し，繰り返し３人で原稿を精査・推敲するという協同作業でなされました．途中から宮部が参加し，演習問題とその解答を充実させる仕事を担当しました．

本書を通じて，皆さんの現代数学への最初の一歩が，確かな自信と深い感動に満ちたものとなることを祈っています．

2016 年 10 月

著者を代表して　長岡亮介

〈教員と一般読者のみなさんに〉

現代の微積分の教科書は，大別すると，

- 実数や極限についての厳密な定義から始め，論理的に緻密な体系の組み立てを通じて，応用上重要な定理の厳密な証明へと至るもの（伝統的な本格書であるが，近頃の風潮では謙虚な初学者には “あまりに深遠”，傲慢な初学者には “まるで意味不明” と映ることが避けられない）
- 厳密な理論の緻密な構成には多少目を瞑(つぶ)ってでも，大学で必須の微積分の計算技術・論証技法の習得と応用の理解へと急ぐもの（演習書ないし微積分法の実用書）

の２種類である．この他に，ごく近年の国際的な傾向であるが，

> 高校では学ばない数学の話題のうちで，高校の知識の延長上でも，なんとか理解できる主題を上手に選び，論述の運びの工夫で，大学の本格的な数学に読者ができるだけ自然な流れで入っていけるようにしたもの

という，微積分教育の新しい流れを目指すものを見掛けるようになってきた．このような試みは，伝統的規範に代わる新しい規範の提案という挑戦であるから，伝統書と比べるとまだ決定版を得るには至っていないことは止むを得ない．本書もまさにそのような試みの１つである．

このような立場に立った書籍を用意しなければならないと奮い立ったのには，いくつかの理由がある．まず第一に，「自ら勉強に向かおうとしない」と批判されることの多い若者たちが，講義や試験に対しては１つ前の世代と比べるとよほど「勤勉」「真面目」であるということである．大学に入る前に身につけてしまった，数学的理解や数学の学習に関する《大きな勘違い》を背負ったまま大学に入学してきて，入学後もその誤解が解けないのであろうか，内容理解を伴わない「問題解法の手順」の形式的な丸暗記に多くの学習時間を費やし，結果として，学生という特権的な身分を与えられながら，大学の数学を理解する絶好の機会から疎外され，数学の魅力の一端にすら触

れずに大学を卒業してしまう人が少なくない．

したがって，高校までに染み付いた数学の学習についての頑固な先入観を克服して貰うために，高校数学との断絶を明確にするとともに，高校数学との継続性にも光を当てて，若い学生諸君の歪んだ数学観からの覚醒と自立を促す必要がある．

ここに本書の第二の動機がある．すなわち，高校数学の微積分法と大学数学の微積分学との断絶の構造的問題である．

現代の微積分のほとんどの教科書には，最初に「極限」の章がある．しかし，高校で学んだ極限の概念は，「限りなく近づく」という表現に象徴されるように運動の直観に依拠してすませているために，極限に関する基本的な定理，たとえば

$$\lim_{n\to\infty} a_n = \alpha, \quad \lim_{n\to\infty} b_n = \beta \quad \Longrightarrow \quad \lim_{n\to\infty}(a_n + b_n) = \alpha + \beta$$

のようなものですら，証明が与えられていない．また，高校数学には，「中間値の定理」や「平均値の定理」のような，高級な定理が登場しているが，その証明は扱われていない．それは，省かれているのではなく，証明する術がない，ということであるのだ．「数学は証明する学問である」と謳うなら，「ただし，数学から微積分は除く」といわなければならないことになってしまう（実は除かなければならないのは，微積分だけではない！）．これらの基本的な定理を厳密に証明するために，極限についての巧妙な論法と実数概念の定義が 19 世紀に確立され，微積分法から発展した解析学は，今日，現代数学の大きな柱の 1 つになっている．このような現代数学の高みは，数学の最も大きな魅力の 1 つである．

基礎概念の定義を欠いているという高校数学の決定的な欠点をきちんと克服しようとすれば，基礎概念の定義から再出発しなければならない．しかし，欠点を欠点として自覚していない若い読者に対し，いきなりその克服のための《厳密な論理の刀》を振りかざしても，切れ味の鋭さに感動してもらう前に，刃の恐ろしさにおびえさせてしまうだけで終わりかねない．最近の若者はそれぐらい純朴で初々しい．これが今日の我が国の大学教育が直面している事態である．

実は，高校微積分法と大学微積分学の間にある学校数学と現代数学との間の絶対的ともいうべき断絶は，18 世紀の終わりから 19 世紀末にかけて起

こった数学におけるパラダイム・シフト（考え方の枠組みの革命的な変化）とでもいうべきものであるから，学生諸君がその気になって必死に頑張らない限り，単なる教育上の小さな工夫だけで，乗り越えることのできるものではない．

やや強引な言い方を許してもらえば，現代的な洗練を受ける以前の「古き良き時代」の数学は，多くの点で，「健全」な高校数学の世界に似ている．そこで我々は，現代数学の創成期ともいうべき「古き良き時代」の数学の偉大な先駆者たちに近い感覚で，微積分法の基本となる発想を述べ，その素朴な考えの破綻を明らかにした歴史的な出来事に対応する解説を通じて，論理的困難を克服するために編み出された数学の珠玉のアイデアを紹介するというようなスタイルで，微積分法を発見的に叙述することにした．このような歴史的展開を示すことを通して，現代の読者に，数学史上の大革命の疑似的な追体験をしてもらおうと思ったのである．これは「健全」な世界の中で永年にわたって生きてきた若い読者の素朴な世界観を尊重すると同時に，そのような世界から“解脱”する自発的な努力を，できる限り自然に促すことを目指すものであって，学習者の理解を無視して，論理的に洗練された厳密な叙述で自己満足すること，また，勉強に進んで向かおうとしない現代の若者におもねって，表面的にわかりやすい「丁寧な解説」で現代数学を理解する困難の回避を装うことの，いずれとも対極に位置するものである．

「古き良き時代」の数学が現代の数学教育に示唆するものが，もう１つある．それは，理論と応用が一体になっているということであり，ここに本書の第三の動機がある．ユーザーとして現代数学の諸道具を使いこなしたい人々ばかりでなく，純粋数学の習得を志す理学数物系の学生にとっても，数学を応用する経験は，同じく重要であるに違いない．高校数学的な健全な理解の怪しさと危なさに警告を発しながらも，厳密性・純粋性という偏屈な数学主義に陥らないように最大限の配慮を払って記述を進めるようにしたのは，使いこなすことの重要性への配慮に基づく．本書が，あえて極限や実数の話題から入らず，数学ユーザーにとって最も重要なべき級数から入ったのはその一例である．

「大学生の学力低下」を指摘する声は大きい．本書は，数学系の大学教員がこの事態をどう《変革》するか，という問題に対する１つの回答であり，壮大すぎるであろう夢を実現しようとする冒険である．現状を打開するために伝統や既成秩序に囚われない数学教育の変革への共感の輪が広がることを祈る.

「大切なのは，しかし，変革することである.」

謝辞

最後になりますが，カリキュラムに拘束されざるを得ない教育現場との整合性という教科書特有の深刻な問題に関する議論や，本書の性格にふさわしい各種演習問題のあり方についての検討などにおいて，微積分教育に深い関心を寄せる大学の同僚諸兄，とりわけ廣瀬宗光氏，下元数馬氏，小林徹平氏に，また，解答を含む原稿の推敲と膨大な数の図版の作成に関して献身的な協力をいただいた国本学園の山根匡史先生に深く感謝します. 数学的核心を的確，適切に表現する魅力的な図版によって，理解しにくい部分を読み進める勇気が奮い起こされるはずです. また，明治大学理工学部で客員講師として講義いただいている早稲田大学の岩尾昌央先生には，格別の感謝を申し上げなければなりません. 岩尾先生には，数学と教育の両視点から全体を通してきわめて丁寧な査読をいただき，おかげで膨大な数の誤りを未然に防ぐことができたからです.

そして講談社サイエンティフィクの横山真吾氏には，著者が打ち出した新企画の構想の強すぎる個性を読者の立場から練り直す作業に際しての有益なアドバイスをいただきました. のみならず，執筆に必須の LaTeX と印刷の間にいまなお存在する大きな隔たりについての技術的なご支援，そしてまた講義で使用するための試作本の制作に関しても大変お世話になりました. 末筆ながら，氏の献身的なご協力に感謝します.

2016 年 10 月

著者を代表して 長岡亮介

Contents | 新しい微積分〈上〉

新しい微積分〈下〉目次

Chapter 0 大学の微積分に向かって

高校で学習した微積分の内容を，本書で必要となる範囲でまとめておく．また通常高校の微積分では扱われないが，その自然な延長とみなせる事柄を併せて取り挙げる (**0.4.2** 節，**0.4.3** 節，**0.4.4** 節)．さらに微積分の理論的な側面に目を向け，高校数学の範囲内では解決のつかない問題点をいくつか指摘して，本論に入るための準備とする (**0.6** 節)．

0.1 極限

0.1.1 微積分法と極限

「極限」という言葉は，日常的には「限界」に似た意味をもった用語であるが，読者がすでに知っているように，数学では「限りなく……していく」という (見様によっては「ロマンティックな叙述」を通じて)，特別に重要な意味をもっている．それは，「微分」「積分」をはじめとする微積分法の諸概念が，「極限」の概念を基礎として構築できるからである．だからこそ，「極限」の概念を厳密に定式化することが重要であるが，このことは，本格的には 19 世紀に入ってからの数学の展開の中で明らかになったことである．逆にいえば，微積分の創始者たちであるニュートンやライプニッツはもちろん，この手法を飛躍的に継承・発展させたテイラー，ベルヌーイ一族，そして 18 世紀を華やかに彩り「解析学」の新しい意味を定着させたオイラーも概念の厳密な定式化には無縁であった．

本書では，極限の厳密な扱いは下巻 **13 章**以降に譲り，ここでは極限の概念について，以下の微積分の標準的な叙述における必須事項をまとめておく．全体像を掴みやすくするために，骨格だけを提示しているが，不明な箇所がある場合には高校数学の教科書を参照するとよいだろう．

0.1.2 数列の極限値

数列 $\{a_n\} = \{a_1, a_2, a_3, \cdots\}$ において，n を限りなく大きくしたとき，その項 a_n が限りなくある定数 l に近づいていくならば，「数列 $\{a_n\}$ は定数 l に **収束** する」あるいは「数列 $\{a_n\}$ の **極限値** は l である」という．また，このことを

$$\lim_{n\to\infty} a_n = l$$

と表す．

> **注意 0.1**　「近づいていく」というとき，単調に近づいていく必要はない．また，定数列 $a_n = l \ (n = 1, 2, \cdots)$ も l に収束するということにする．

数列 $\{a_n\}$ に対し，このような定数 l が存在しないとき，「数列 $\{a_n\}$ は **発散** する」という．特に，n を限りなく大きくしたとき，a_n の値が限りなく大きくなる場合は，$\{a_n\}$ は **正の無限大** に発散するといい，

$$\lim_{n\to\infty} a_n = \infty$$

と表す．$\{-a_n\}$ が正の無限大に発散するとき，$\{a_n\}$ は **負の無限大** に発散するといい，

$$\lim_{n\to\infty} a_n = -\infty$$

と表す．

0.1.3 無限級数

数列 $\{a_n\} = \{a_1, a_2, a_3, \cdots\}$ に対し，その第 n 項までの部分和

$$s_n = \sum_{k=1}^{n} a_k \quad (n = 1, 2, 3, \cdots)$$

を考える．数列 $\{s_n\} = \{s_1, s_2, s_3, \cdots\}$ が定数 S に収束するとき，**無限級数** $\displaystyle\sum_{k=1}^{\infty} a_k$ は **和** S **をもつ** といい，

$$\sum_{k=1}^{\infty} a_k = S$$

と表す．このように，無限級数は極限値として，

$$\sum_{k=1}^{\infty} a_k = \lim_{n\to\infty} \sum_{k=1}^{n} a_k$$

のように定義される．

0.1.4 関数の極限

$x \to \pm\infty$ のときの関数の極限

関数 $f(x)$ において，x を限りなく大きくしたとき，$f(x)$ の値が限りなくある定数 l に近づいていくならば，「$x \to \infty$ のとき，関数 $f(x)$ は定数 l に**収束**する」，あるいは「$x \to \infty$ のときの関数 $f(x)$ の**極限値**は l である」という．また，このことを

$$\lim_{x\to\infty} f(x) = l$$

と表す．$\lim_{x\to-\infty} f(x) = l$ や $\lim_{x\to\infty} f(x) = \infty$ なども同様に定義される．

$x \to a$ (有限確定値) のときの関数の極限

x の値を，$x \neq a$ という条件のもとで限りなく a に近づけたとき，$f(x)$ の値が限りなくある定数 l に近づいていくならば，「$x \to a$ のとき，関数 $f(x)$ は定数 l に**収束**する」といい，l を関数 $f(x)$ の $x \to a$ のときの**極限値**という．$\lim_{x\to a} f(x) = \infty$, $\lim_{x\to a} f(x) = -\infty$ なども同様に定義される．

条件 $x \neq a$ を $x > a$ と変更したときには，関数 $f(x)$ の $x \to a$ のときの**右方極限値**といい，$\lim_{x\to a+0} f(x) = l$ と表す．

条件 $x \neq a$ を $x < a$ と変更したときには，関数 $f(x)$ の $x \to a$ のときの**左方極限値**といい，$\lim_{x\to a-0} f(x) = l$ と表す．

左右の極限値がともに存在して等しいとき，すなわち，$\lim_{x\to a+0} f(x) = l$ かつ $\lim_{x\to a-0} f(x) = l$ であるとき，$\lim_{x\to a} f(x) = l$ である．

注意 0.2 $x = a$ で $f(x)$ の値が定義されていなくても，$\lim_{x\to a} f(x)$ を考えることができる．

0.1.5 関数列の極限

高校数学には明示的には登場しないが関数列の概念は重要である．たとえば，自然数 n に対して関数 $f_n(x) = x^n$ を定義すると，これらの関数を項にもつ列

$$\{f_1(x), f_2(x), f_3(x), \cdots, f_n(x), \cdots\}$$

を考えることができる．このようなものを **関数列** という． $f_n(x) = x^n$ の場合，極限 $\lim_{n\to\infty} f_n(x)$ は， $-1 < x \leqq 1$ の範囲で存在する．また，無限級数 $\sum_{n=1}^{\infty} f_n(x)$ は， $-1 < x < 1$ の範囲で，和 $\dfrac{x}{1-x}$ をもつ．

0.1.6 極限値の不等式

数列の極限，関数の極限を論ずる際に，強力な道具となる定理がある．数列の極限の場合には次の定理のように表現できるが，関数の極限についても同様のことがいえる．

定理 0.1

数列 $\{a_n\},\{b_n\}$ の間に，十分大きな自然数 n については不等式

$$a_n \leqq b_n$$

が成り立つとする．このとき

(1) $\lim_{n\to\infty} a_n$ と $\lim_{n\to\infty} b_n$ がともに存在するならば，

$$\lim_{n\to\infty} a_n \leqq \lim_{n\to\infty} b_n$$

である．

(2) $\lim_{n\to\infty} a_n = \infty$ ならば， $\lim_{n\to\infty} b_n = \infty$ である．

(3) $\lim_{n\to\infty} b_n = -\infty$ ならば， $\lim_{n\to\infty} a_n = -\infty$ である．

注意 0.3 定理の仮定「$a_n \leqq b_n$」を「$a_n < b_n$」に代えても，(1) の結論は「$\lim_{n\to\infty} a_n \leqq \lim_{n\to\infty} b_n$」のままであり，「$\lim_{n\to\infty} a_n < \lim_{n\to\infty} b_n$」に代えることはできない．

次の定理は応用上大変重要である.

定理 0.2

(はさみうちの原理)

数列 $\{a_n\}$,$\{b_n\}$,$\{c_n\}$ の間に, 十分大きな自然数 n については不等式

$$a_n \leqq c_n \leqq b_n$$

が成り立ち, しかも, $\lim_{n\to\infty} a_n$ と $\lim_{n\to\infty} b_n$ が存在して等しいならば, $\lim_{n\to\infty} c_n$ も存在して $\lim_{n\to\infty} a_n = \lim_{n\to\infty} b_n = \lim_{n\to\infty} c_n$ が成り立つ.

後でみるように, 関数についても同様のことがいえる (**定理 0.3**). **定理 0.1**, **定理 0.2** を厳密に証明するには, 「収束」と「極限」を厳密に定義する必要がある. 詳細は下巻 **13 章**で扱う.

0.2 微分

0.2.1 導関数

関数 $y = f(x)$ のグラフに, 点 $(a, f(a))$ で接線を引くことができるとき, 接線の傾きは

$$\lim_{h\to 0} \frac{f(a+h) - f(a)}{h}$$

のように極限値として表すことができる. この値を $f'(a)$ と書き, $x = a$ における $f(x)$ の **微分係数** という. また, x の関数 $f'(x)$ を $y = f(x)$ の **導関数** という. $f'(x)$ を $\dfrac{dy}{dx}$ または $\dfrac{d}{dx}f(x)$ のようにも書く. $f(x)$ の導関数を求めることを「$f(x)$ を **微分する**」という. ただし, 導関数をもたない関数もある ($f(x) = |x|$ の場合, $f'(0)$ は存在しない).

$f'(x)$ の導関数を $f(x)$ の **2 階導関数** といい, $f''(x), \dfrac{d^2y}{dx^2}, \dfrac{d^2}{dx^2}f(x)$ などと書く. 同様に, $f(x)$ の **n 階導関数** を $f^{(n)}(x), \dfrac{d^ny}{dx^n}, \dfrac{d^n}{dx^n}f(x)$ などと書く.

問 1 $y = f(x)$ のグラフの点 $(a, f(a))$ における接線の傾きが微分係数 $f'(a)$ で与えられることを, 微分係数の定義に基づいて説明せよ.

0.2.2 微分の計算

基本的な関数の導関数は以下の通りである．

$$
\begin{aligned}
&(x^\alpha)' = \alpha x^{\alpha-1} \quad (x > 0) \\
&(\sin x)' = \cos x \\
&(\cos x)' = -\sin x \\
&(e^x)' = e^x \\
&(\log x)' = \frac{1}{x}
\end{aligned}
$$

ここで α は任意の定数である．また log は **自然対数** であり，その底 e は極限値

$$
e = \lim_{n\to\infty}\left(1+\frac{1}{n}\right)^n
$$

として定義される．

さらに次のような微分の基本性質を用いると，より複雑な関数を微分することができる．

(1) **微分の線形性**

a, b を実数の定数として，次式が成り立つ．

$$
(af(x)+bg(x))' = af'(x)+bg'(x)
$$

(2) **積と商の微分**

$$
\begin{aligned}
(f(x)g(x))' &= f'(x)g(x)+f(x)g'(x) \\
\left(\frac{g(x)}{f(x)}\right)' &= \frac{g'(x)f(x)-g(x)f'(x)}{\{f(x)\}^2}
\end{aligned}
$$

(3) **合成関数の微分**

関数 $y=f(x)$ と $z=g(y)$ を合成した関数 $z=g(f(x))$ について，

$$
\frac{d}{dx}g(f(x)) = g'(f(x))f'(x)
$$

が成り立つ．これを次のように表すこともできる．

$$
\frac{dz}{dx} = \frac{dz}{dy}\cdot\frac{dy}{dx}
$$

(4) **逆関数の微分**

関数 $y=f(x)$ の逆関数 $x=f^{-1}(y)=g(y)$ について

$$g'(y)=\frac{1}{f'(x)}$$

が成り立つ．これを次のように表すこともできる．

$$\frac{dx}{dy}=\frac{1}{\dfrac{dy}{dx}}$$

(5) **媒介変数表示による微分**

媒介変数を用いて表された関数

$$x=u(t)$$
$$y=v(t)$$

について，次式が成り立つ．

$$\frac{dy}{dx}=\frac{v'(t)}{u'(t)}=\frac{\dfrac{dy}{dt}}{\dfrac{dx}{dt}}$$

問 2　$\sin x, \cos x$ の微分公式と商の微分公式を用いて，$\tan x=\dfrac{\sin x}{\cos x}$ の微分公式

$$(\tan x)'=\frac{1}{\cos^2 x}$$

を示せ．

問 3　関数 $f(x)=e^{-x^2}$ の導関数および 2 階導関数を求めよ．

問 4　$\sin x$ の微分公式 $(\sin x)'=\cos x$ を，$(\sin x)'=\sin\left(x+\dfrac{\pi}{2}\right)$ とみることにより，次式を示せ．

$$\frac{d^n}{dx^n}\sin x=\sin\left(x+\frac{n}{2}\pi\right)\qquad(n=1,2,3,\cdots)$$

0.2.3　関数の増減，極値，凹凸

関数の「増加」「減少」の定義を確認しておこう．高校数学では，関数

$f(x)$ が，ある区間で

$$x_1 < x_2 \quad \Longrightarrow \quad f(x_1) < f(x_2)$$

を満たすとき，$f(x)$ はこの区間で増加するといい，反対に

$$x_1 < x_2 \quad \Longrightarrow \quad f(x_1) > f(x_2)$$

を満たすとき，$f(x)$ はこの区間で減少するという．

注意 **0.4** 大学以上では，増加，減少を表現する不等式を，等号付きの不等号に緩めた条件 $f(x_1) \leqq f(x_2), f(x_1) \geqq f(x_2)$ として，増加，減少を定義することも少なくない．2つの立場を区別するときは，等号なしの場合 **狭義の**，等号付きの場合 **広義の** などの修飾をつけて呼ぶ．広義の増加，広義の減少を，それぞれ非減少，非増加と呼ぶ流儀もある．

また，高校数学では，定義域内の点 $x = a$ を境目として関数の増減が入れ替わるときの関数値を極値 (極大値，極小値) と呼んできたが，この定義は大学以上で扱う関数には狭すぎるので，以下のように定義する．

関数 $f(x)$ が，定義域内の点 $x = a$ の近くに限ってみると，1点 $x = a$ を除き $f(x) < f(a)$ を満たすとき，$f(x)$ は $x = a$ で **極大値** をとるという．反対に，定義域内の点 $x = a$ の近くに限ってみると，1点 $x = a$ を除き $f(x) > f(a)$ を満たすとき，$f(x)$ は，$x = a$ で **極小値** をとるという．

注意 **0.5** 大学以上では，極大値，極小値の定義に関しても，不等式を $f(x) \leqq f(a), f(x) \geqq f(a)$ に緩めることがある．その場合は **広義の極大値**，**広義の極小値** が考えられるということである．

たとえば，関数

$$f(x) = \begin{cases} x+1 & (x < -1) \\ 0 & (-1 \leqq x \leqq 1) \\ -x+1 & (x > 1) \end{cases}$$

の場合，

任意の x について $f(x) \leqq f(0)$ が成り立つから，$f(x)$ は $x=0$ で広義の極大値 $f(0)=0$ をとる．
$-1 \leqq x \leqq 1$ の範囲の x について $f(x) \geqq f(0)$ が成り立つから ($x=0$ の近くで $f(x) \geqq f(0)$ が成り立つから)，$f(x)$ は $x=0$ で広義の極小値 $f(0)=0$ をとる．

このような広義の概念を用いた言い回しに，最初は抵抗を感じる人がいてもおかしくないが，慣れてくるとその便利さが分かってくる．その典型は次のような事実である (**0.6.4 節**)．

導関数のもつ関数 $f(x)$ については，$f(x)$ の **増減** は，$f'(x)$ の符号によって判定できる．

$f'(x) \geqq 0$ となる x の区間で $f(x)$ は広義の増加である
$f'(x) > 0$ となる x の区間で $f(x)$ は狭義の増加である

つまり，広義の増加であることを結論するには，$f'(x) > 0$ よりも緩やかな性質 $f'(x) \geqq 0$ を示せばよい．このような便宜上の理由で，容易に示せる「広義の増加」を単に「増加」と表現することも多い．広義・狭義が絡む定義の流儀は，本によって著者によって色々であるが，本書では何も断らなければ，単に「増加」と言ったら「広義の増加」の意味であるとする．「減少」「極値」についても同様である．

また，定義域全体で増加 (減少) するとき，単調増加 (単調減少) するという．ただし人によっては，ある区間で増加 (減少) することを，その区間で単調増加 (単調減少) するということもある．

さて，$f'(x)$ の符号から，$f(x)$ の極値が分かる．つまり，$x=a$ の近くで導関数 $f'(x)$ が存在し，$x=a$ の前後で $f'(x)$ の符号が変化するなら，$f(x)$ は $x=a$ で極値をとるといえる (**問題 0.8**)．

また，2 階導関数 $f''(x)$ を用いるとグラフの **凹凸** が分かる．

$f''(x) > 0$ となる区間で $y=f(x)$ のグラフは下に凸であり，
$f''(x) < 0$ となる区間で $y=f(x)$ のグラフは上に凸である．

グラフの凹凸についても，高校数学の定義は狭すぎるのだが，問題 0.9 で，より広い定義に触れる.

問5　$f(x) = e^{-x^2}$ とする．曲線 $y = f(x)$ が上に凸であるような x の範囲を求めよ．

0.3 積分

0.3.1 原始関数と不定積分

区間で定義された関数 $f(x)$ に対して，$F'(x) = f(x)$ を満たす関数 $F(x)$ を $f(x)$ の **原始関数** という．すなわち，

$$F(x) \text{ は } f(x) \text{ の原始関数である} \iff f(x) \text{ は } F(x) \text{ の導関数である}$$

$F(x)$ が $f(x)$ の 1 つの原始関数であるとき，他の原始関数は $F(x) + C$ と表せる (**定理 0.6**)．C は任意の定数であり，**積分定数** という．また，関数 $f(x)$ の原始関数を一括して $\int f(x)\,dx$ と書いて，$f(x)$ の **不定積分** という．

0.3.2 不定積分の計算

基本的な関数の不定積分は，以下の通りである．

$$\int x^\alpha\,dx = \frac{1}{\alpha+1}x^{\alpha+1} + C \qquad (x > 0)$$

$$\int \cos x\,dx = \sin x + C$$

$$\int \sin x\,dx = -\cos x + C$$

$$\int e^x\,dx = e^x + C$$

$$\int \frac{1}{x}\,dx = \log x + C \qquad (x > 0)$$

ここで C は積分定数，α は -1 でない定数である．

また **0.2.2 節** に挙げた微分の基本性質から，次のような積分の基本性質が導かれる．これらの性質を用いて，より複雑な関数を積分することができる．

(1) **積分の線形性**

$$\int \bigl(af(x) + bg(x)\bigr)\,dx = a\int f(x)\,dx + b\int g(x)\,dx$$

ここで a, b は任意の定数である．

(2) **部分積分**

$$\int f(x)g'(x)\,dx = f(x)g(x) - \int f'(x)g(x)\,dx$$

これは積の微分公式に対応する積分公式である．

(3) **置換積分**

x が t の関数であるとき，$x = \varphi(t)$ とすると

$$\int f(\varphi(t))\frac{dx}{dt}\,dt = \int f(x)\,dx$$

が成り立つ．左辺を右辺に変形する方向で使われる場合と，逆方向に使われる場合がある．$f(x)$ の原始関数を $F(x)$ として，上記の公式を

$$\int F'(\varphi(t))\varphi'(t)\,dt = F(\varphi(t)) + C$$

のように書けば，合成関数の微分公式に対応していることが分かる．

問 6　部分積分法を用いて，$\log x$ の原始関数を求めよ．

0.3.3 定積分

区間 (α, β) で定義された関数 $f(x)$ の原始関数の 1 つを $F(x)$ とするとき，

区間 (α, β) に属する 2 点 a, b に対し，$F(b) - F(a)$ を $\displaystyle\int_a^b f(x)\,dx$ と書いて，$f(x)$ の **定積分** という．

原始関数には積分定数の不定性があるが，定積分は積分定数の選び方によらない．

積分の上端 b を x と書き，x を変数とする関数

$$G(x) = \int_a^x f(t)\,dt\,,\quad \alpha < x < \beta$$

を考える．このとき $G(x)$ は $f(x)$ の原始関数であり，次式が成り立つ．

$$f(x) = \frac{d}{dx}\int_a^x f(t)\,dt$$

この事実を **微分積分学の基本定理** という．

0.3.4 定積分の基本性質

0.3.2 節に挙げた不定積分の基本性質から，定積分の性質が導かれる．すなわち，積分の線形性，部分積分，置換積分は，定積分の性質として成立する．特に置換積分については，関係 $x = \varphi(t)$ のもとで，

$$\int_a^b f(\varphi(t))\frac{dx}{dt}\,dt = \int_{\varphi(a)}^{\varphi(b)} f(x)\,dx$$

が成り立つ．

これとは別に，次のような定積分に固有の性質がある．

$$\int_a^b f(x)\,dx + \int_b^c f(x)\,dx = \int_a^c f(x)\,dx$$

a, b, c は $f(x)$ が定義される区間に属する任意の数とする．

問 7　$x = \tan t$ $\left(0 \leqq t \leqq \dfrac{\pi}{4}\right)$ と置換することにより，次の等式を示せ．

$$\int_0^1 \frac{1}{x^2+1}dx = \frac{\pi}{4}$$

0.3.5 定積分と面積

関数 $f(x)$ は，区間 $a \leqq x \leqq b$ でつねに $f(x) \geqq 0$ とする． xy 平面において，曲線

$$y = f(x)\ ,\quad a \leqq x \leqq b$$

と x 軸と 2 直線 $x = a$, $x = b$ によって囲まれる部分の面積 S は

$$S = \int_a^b f(x)\,dx$$

で与えられる (**図 0.1**)．

0.3.6 定積分と不等式

関数 $f(x)$ が区間 $a \leqq x \leqq b$ でつねに $f(x) \geqq 0$ であるならば，

$$\int_a^b f(x)\,dx \geqq 0 \tag{0.1}$$

が成り立つ．

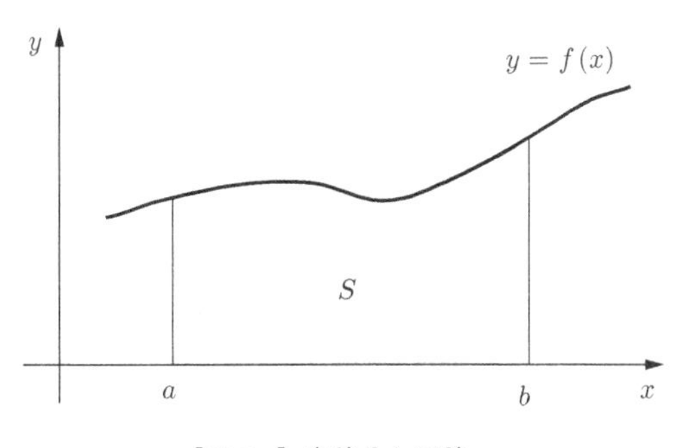

［図 0.1］ 定積分と面積.

注意 0.6 この事実は，面積と定積分の関係を念頭におけば「明らか」だが，t の関数

$$F(t) = \int_a^t f(x)\,dx\ ,\quad a \leqq t \leqq b$$

の増減を調べることによって，不等式 (0.1) を示すこともできる.

上記の事実から，次のことがいえる．関数 $g(x), h(x)$ が区間 $a \leqq x \leqq b$ でつねに $g(x) \leqq h(x)$ であるならば，次式が成り立つ.

$$\int_a^b g(x)\,dx \leqq \int_a^b h(x)\,dx \tag{0.2}$$

問 8 関数 $f(x) = h(x) - g(x)$ を考えることにより，不等式 (0.2) を示せ.

0.4 関数

0.4.1 三角関数

三角関数 $\cos\theta$, $\sin\theta$ は，通常，単位円周上の点の座標 $(x, y) = (\cos\theta, \sin\theta)$ として定義される．$\sin\theta$ と $\cos\theta$ は θ の周期関数であり，ともに **基本周期** は 2π である．また $\sin\theta$ は **奇関数**， $\cos\theta$ は **偶関数** である.

$$\sin(\theta + 2\pi) = \sin\theta,\qquad \cos(\theta + 2\pi) = \cos\theta$$

$$\sin(-\theta) = -\sin\theta,\qquad \cos(-\theta) = \cos\theta$$

三角関数のよく用いられる公式を列挙しよう.

(1) **加法定理とその派生形**

加法定理

$$\sin(x+y) = \sin x \cos y + \cos x \sin y \tag{0.3}$$

$$\cos(x+y) = \cos x \cos y - \sin x \sin y \tag{0.4}$$

から，以下の公式が導かれる．

$$2\sin x \cos y = \sin(x+y) + \sin(x-y)$$

$$2\cos x \cos y = \cos(x+y) + \cos(x-y)$$

$$2\sin x \sin y = -\cos(x+y) + \cos(x-y)$$

なお，(0.3) の両辺を x で微分すると，(0.4) が得られる．

(2) **積分公式**

a, b を実数の定数として，次の公式が成り立つ．

$$\int e^{ax}\cos bx\,dx = \frac{e^{ax}}{a^2+b^2}(a\cos bx + b\sin bx) + C \tag{0.5}$$

$$\int e^{ax}\sin bx\,dx = \frac{e^{ax}}{a^2+b^2}(-b\cos bx + a\sin bx) + C \tag{0.6}$$

問 9　以下の等式を示せ．ただし，m, n は自然数とする．

(1) $\displaystyle\int_{-\pi}^{\pi} \cos nx \cos mx\,dx = \begin{cases} 0 & (n \neq m) \\ \pi & (n = m) \end{cases}$

(2) $\displaystyle\int_{-\pi}^{\pi} \sin nx \sin mx\,dx = \begin{cases} 0 & (n \neq m) \\ \pi & (n = m) \end{cases}$

(3) $\displaystyle\int_{-\pi}^{\pi} \sin nx \cos mx\,dx = 0$

問 10　不定積分の公式 (0.5), (0.6) を次のようにして示せ．

(1) $u = e^{ax}\cos bx, v = e^{ax}\sin bx$ とおくと，次の関係式が成り立つことを示せ．

$$u' = au - bv$$

$$v' = av + bu$$

(2) u, v を u', v' で表し，u, v の原始関数を見出せ．

0.4.2 逆三角関数

三角関数には周期性があるため，$\cos\theta$ の値を与えても角度 θ は一通りに定まらない．たとえば $\cos\theta = \frac{1}{2}$ を満たす θ は，

$$\theta = \pm\frac{\pi}{3} + 2n\pi \quad (n = 0, \pm1, \pm2, \cdots)$$

のように無数にある．すなわち，三角関数の逆関数は通常の意味では存在しない．そこで，角度の範囲を限定することを考える．

- $\sin\theta$ の場合，角度を $-\frac{\pi}{2} \leqq \theta \leqq \frac{\pi}{2}$ の範囲に限定すれば，$\sin\theta$ の値から θ が定まる．
- $\cos\theta$ の場合，角度を $0 \leqq \theta \leqq \pi$ の範囲に限定すれば，$\cos\theta$ の値から θ が定まる．
- $\tan\theta$ の場合，角度を $-\frac{\pi}{2} < \theta < \frac{\pi}{2}$ の範囲に限定すれば，$\tan\theta$ の値から θ が定まる．

上記のように角度の範囲を限定した上で，$x = \sin\theta, x = \cos\theta, x = \tan\theta$ の逆関数 $\theta = \arcsin x, \theta = \arccos x, \theta = \arctan x$ を次のように定義し，これらを総称して，**逆三角関数**という (**図 0.2**，**図 0.3**)．

$$\theta = \arcsin x \quad \Longleftrightarrow \quad x = \sin\theta \text{ かつ } -\frac{\pi}{2} \leqq \theta \leqq \frac{\pi}{2}$$

$$\theta = \arccos x \quad \Longleftrightarrow \quad x = \cos\theta \text{ かつ } 0 \leqq \theta \leqq \pi$$

$$\theta = \arctan x \quad \Longleftrightarrow \quad x = \tan\theta \text{ かつ } -\frac{\pi}{2} < \theta < \frac{\pi}{2}$$

このようにすると，$\theta = \arcsin x$ の定義域は $-1 \leqq x \leqq 1$，値域は $-\frac{\pi}{2} \leqq \theta \leqq \frac{\pi}{2}$ となり，次のような関係が成立する．

$$\sin(\arcsin x) = x \quad (-1 \leqq x \leqq 1) \tag{0.7}$$

$$\arcsin(\sin\theta) = \theta \quad \left(-\frac{\pi}{2} \leqq \theta \leqq \frac{\pi}{2}\right) \tag{0.8}$$

問11 $\theta = \arccos x, \theta = \arctan x$ の場合，定義域と値域はどこか．また，(0.7), (0.8) に対応する等式を書け．

問12 $\arcsin x + \arccos x = \frac{\pi}{2}$ を示せ．

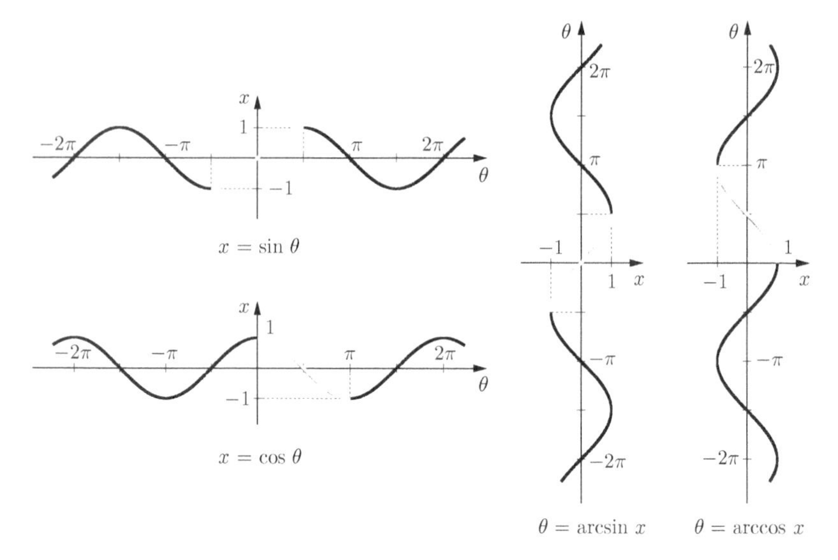

［図 0.2］三角関数と逆三角関数のグラフ (1).

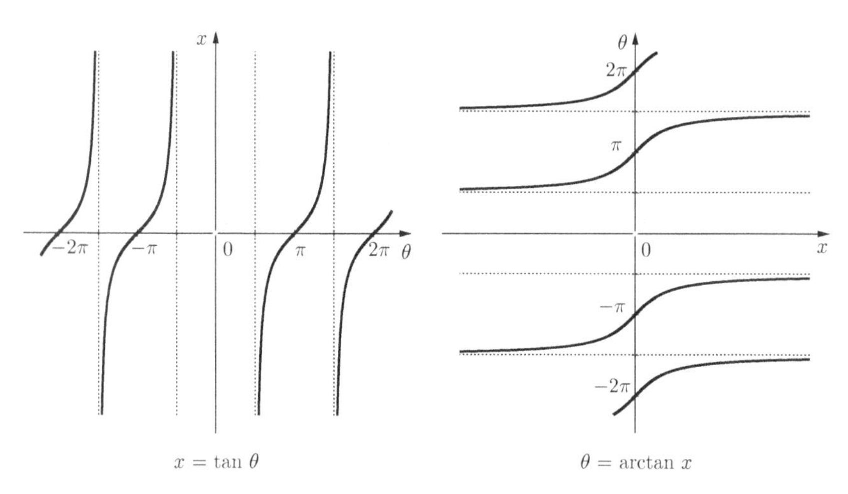

［図 0.3］三角関数と逆三角関数のグラフ (2).

0.4.3 逆三角関数の導関数

逆三角関数の導関数は，逆関数の微分公式を利用して導くことができる．$y = \arcsin x$ については，これを

$$x = \sin y \text{ かつ } -\frac{\pi}{2} \leqq y \leqq \frac{\pi}{2}$$

と言い換え，$\dfrac{dx}{dy} = \cos y$ であることを用いると，

$$\frac{dy}{dx} = \frac{1}{\cos y} = \frac{1}{\sqrt{1-x^2}}$$

すなわち

$$(\arcsin x)' = \frac{1}{\sqrt{1-x^2}}$$

となる．ここで，$-\dfrac{\pi}{2} \leqq y \leqq \dfrac{\pi}{2}$ であること，したがって $\cos y \geqq 0$ であることが効いている．

$\arcsin x$ の微分公式を積分公式の形に書けば，

$$\int \frac{1}{\sqrt{1-x^2}} dx = \arcsin x + C$$

となる．左辺の積分において $x = \sin\theta \left(-\dfrac{\pi}{2} \leqq \theta \leqq \dfrac{\pi}{2}\right)$ として置換積分することにより，上記の等式を得ることもできる．

問13　次の微分公式を導け．

$$(\arccos x)' = -\frac{1}{\sqrt{1-x^2}}, \quad (\arctan x)' = \frac{1}{1+x^2}$$

0.4.4　双曲線関数

高校の数学に明示的には登場しないが，指数関数をもとに作られる次の関数を総称して **双曲線関数** という (**図 0.4**).

$$\cosh x = \frac{e^x + e^{-x}}{2}$$
$$\sinh x = \frac{e^x - e^{-x}}{2}$$
$$\tanh x = \frac{e^x - e^{-x}}{e^x + e^{-x}}$$

双曲線関数は，以下のように三角関数に似た性質をもつ．

$$\tanh x = \frac{\sinh x}{\cosh x}$$
$$\cosh^2 x - \sinh^2 x = 1$$
$$\cosh(x+y) = \cosh x \cosh y + \sinh x \sinh y$$

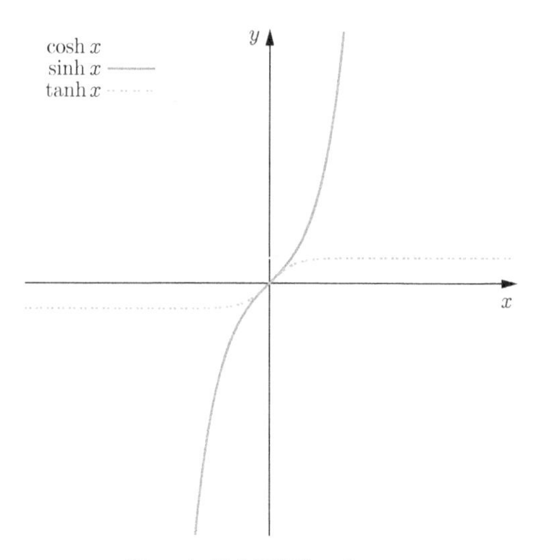

［図 0.4］ 双曲線関数のグラフ.

$$
\begin{aligned}
&\sinh(x+y) = \sinh x \cosh y + \cosh x \sinh y \\
&(\cosh x)' = \sinh x \\
&(\sinh x)' = \cosh x \\
&(\tanh x)' = \frac{1}{\cosh^2 x}
\end{aligned}
$$

ただし $\cosh^2 x, \sinh^2 x$ は，それぞれ $(\cosh x)^2, (\sinh x)^2$ を意味する.

問14 双曲線関数 $y = \tanh x$ の逆関数が

$$
x = \frac{1}{2} \log \frac{1+y}{1-y} \quad (-1 < y < 1)
$$

のように表せることを示せ.

0.5 無限大の比較

$x \to \infty$ のとき，$f_1(x) = x$ も $f_2(x) = x^2$ も $f_3(x) = x^3$ も ∞ に発散するが，次ページの表や **図 0.5** をみれば「無限大への発散の速さ」という点で，$f_2(x) = x^2$ は $f_1(x) = x$ より大きく，$f_3(x) = x^3$ は $f_2(x) = x^2$ より大きいことが直観的に納得できよう.

x	1	2	3	4	5	6	7	......
x^2	1	4	9	16	25	36	49	......
x^3	1	8	27	64	125	216	343	......

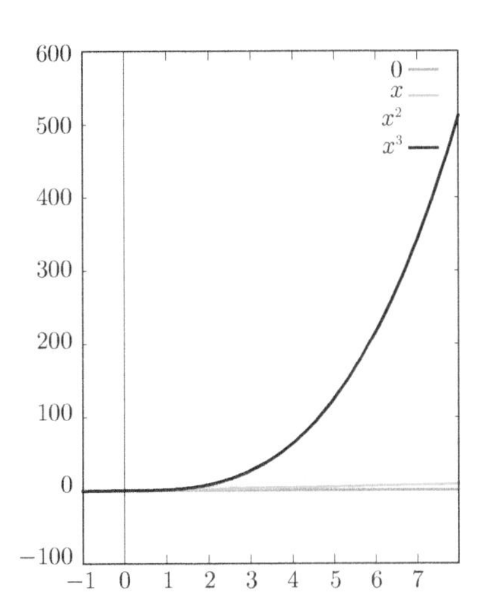

[図 0.5] 発散速度の比較．縦方向を圧縮して表示している．

関数 $f_1(x), f_2(x), f_3(x)$ は，$x \to \infty$ のときに無限大に発散するという点では同じだが，発散速度には違いがある．無限大に発散する関数 $f(x), g(x)$ について，発散速度の違いをみるには，比 $\dfrac{f(x)}{g(x)}$ をとって，その極限を調べればよい．すなわち，

(1) $\displaystyle\lim_{x\to\infty}\frac{f(x)}{g(x)} = \infty$ であるなら，$f(x)$ の無限大への発散速度は $g(x)$ のそれよりはるかに大きい．

(2) $\displaystyle\lim_{x\to\infty}\frac{f(x)}{g(x)} = 0$ であるなら，$f(x)$ の無限大への発散速度は $g(x)$ のそれよりはるかに小さい．

(3) $\displaystyle\lim_{x\to\infty}\frac{f(x)}{g(x)} = c$ (c は 0 でない定数) であるなら，$f(x)$ の無限大への発散速度は $g(x)$ のそれと同程度である．

最後の (3) は，きわめて大きな x の値に対して $f(x)$ は近似的に $cg(x)$ で

あると考えてよい，と表現することもできる．

上記のような言葉づかいによれば，無限大への発散速度の意味で，$f_2(x) = x^2$ は $f_1(x) = x$ よりもはるかに大きく，$f_3(x) = x^3$ は $f_2(x) = x^2$ よりもはるかに大きい．他方，$g(x) = \sqrt{3x^2+1}$ とすると，

$$\lim_{x\to\infty} \frac{f_1(x)}{g(x)} = \frac{1}{\sqrt{3}}$$

であるから，$g(x)$ の無限大への発散速度は $f_1(x)$ と同程度である．

また，$0 < n_1 < n_2$ ならば，x^{n_1} の無限大への発散速度は，x^{n_2} の無限大への発散速度に比べてはるかに小さい．関数列 x^n $(n = 1, 2, 3, \cdots)$ を，無限大への発散速度が小さい順に並べれば，

$$x, x^2, x^3, x^4, x^5, x^6, x^7, x^8, x^9, x^{10}, \cdots, x^{100}, \cdots, x^{1000}, \cdots \tag{0.9}$$

のように，果てしなく続く列をなしていることが分かる．

問15　$x > 0$ において，$f(x) = \dfrac{x^2}{e^x}$ を考える．

(1) $f(x) \leqq M$ となる定数 M が存在する (すなわち，$f(x)$ は上に有界である) ことを示せ．

(2) 次の極限値に関する関係式を示せ．

$$\lim_{x\to\infty} \frac{x}{e^x} = 0 \tag{0.10}$$

問 15 (2) から，指数関数 e^x の無限大への発散速度は，$f_1(x) = x$ のそれよりはるかに大きいことが分かる．さらに，(0.10) を一般化した事実

$$\lim_{x\to\infty} \frac{x^n}{e^x} = 0 \quad (n = 1, 2, 3, \cdots) \tag{0.11}$$

に注意すれば，列 (0.9) のはるか先の超越的な位置に，e^x があることになる．

$$x, x^2, x^3, x^4, x^5, x^6, x^7, x^8, x^9, x^{10}, \cdots, x^n, \cdots, e^x$$

さらに，列 (0.9) の逆方向に限りなく伸びる列

$$\cdots, x^{1/n}, \cdots, x^{1/10}, x^{1/9}, x^{1/8}, x^{1/7}, x^{1/6}, x^{1/5}, x^{1/4}, x^{1/3}, x^{1/2}, x \tag{0.12}$$

を考えることができる．ここで，

$$\lim_{x\to\infty}\frac{\log x}{x^{1/n}}=0 \quad (n=1,2,3,\cdots) \tag{0.13}$$

が成立することに注意すれば，対数関数 $\log x$ の発散速度はきわめて小さいため，列 (0.12) の左の超越的な位置におくべきことが分かる．

$$\log x,\cdots,x^{1/n},\cdots,x^{1/10},x^{1/9},x^{1/8},x^{1/7},x^{1/6},x^{1/5},x^{1/4},x^{1/3},x^{1/2},x$$

問16 次のようにして，(0.11) と (0.13) を示せ．

(1) (0.10) から (0.11) を導け ((0.10) より，任意の自然数 n について $\lim_{x\to\infty}\left(\frac{x}{e^x}\right)^n=0$ であることに留意して，$nx=t$ とおく)．
(2) (0.11) から (0.13) を導け ((0.11) より，任意の自然数 n について $\lim_{x\to\infty}\left(\frac{x^n}{e^x}\right)^{1/n}=0$ であることに留意して，$x=\log t$ とおく)．

0.6 理論的な注意など

0.6.1 極限公式

三角関数について，極限公式

$$\lim_{\theta\to 0}\frac{\sin\theta}{\theta}=1 \tag{0.14}$$

が成り立つ．$f(x)=\sin x$ とすると，(0.14) は $f'(0)=1$ を意味している．また (0.14) は，微分公式 $(\sin x)'=\cos x$ を導くときに用いられる．

(0.14) は次のようにして示すことができる．**図 0.6** において，二等辺三角形 OAC，扇形 OAC，直角三角形 OAB の面積の大小関係から

$$\sin\theta<\theta<\tan\theta \tag{0.15}$$

が成り立ち，これから

$$\cos\theta<\frac{\sin\theta}{\theta}<1 \qquad \left(0<\theta<\frac{\pi}{2}\right)$$

が得られる．$\theta\to 0$ のとき $\cos\theta$ は 1 に収束するので，$\dfrac{\sin\theta}{\theta}$ は $\cos\theta$ と 1 に挟まれる形で 1 に収束する．これは，次の一般的な定理によって保証される．

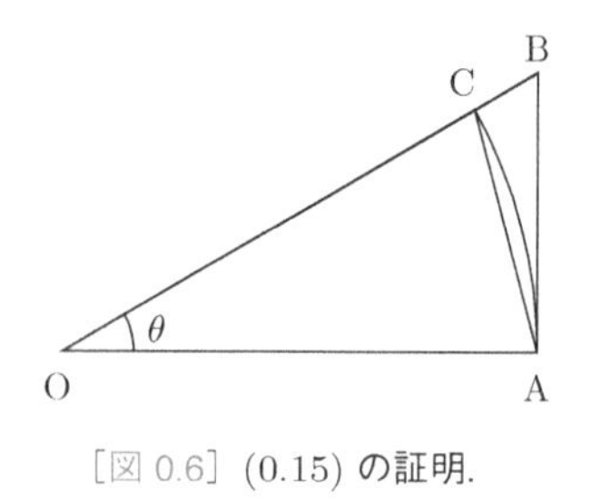

［図 0.6］(0.15) の証明.

定理 0.3

(はさみうちの原理)

$x > 0$ で定義された関数 $f(x), g(x), h(x)$ が

$$f(x) \leqq g(x) \leqq h(x)$$

$$\lim_{x \to +0} f(x) = \lim_{x \to +0} h(x) = \alpha$$

を満たすならば,

$$\lim_{x \to +0} g(x) = \alpha$$

が成り立つ. $\lim_{x \to \infty}$ についても同様である.

指数関数について, 極限公式

$$\lim_{h \to 0} \frac{e^h - 1}{h} = 1 \tag{0.16}$$

が成り立つ. $f(x) = e^x$ とおくと, (0.16) は $f'(0) = 1$ が成り立つことを意味している. また (0.16) は, 微分公式 $(e^x)' = e^x$ を導くときに用いられる.

(0.16) は, e の定義

$$e = \lim_{n \to \infty} \left(1 + \frac{1}{n}\right)^n \tag{0.17}$$

に基づいて示すことができるが, (0.17) の右辺の極限値が存在することを証明するのは高校数学では範囲外であった. この問題は下巻 **13 章**で扱う.

0.6.2 微分可能性と連続性

まず「連続性」という性質を定義する.

関数 $f(x)$ が $x = a$ において **連続** であるとは,

$$\lim_{x\to a} f(x) = \lim_{h\to 0} f(a+h) = f(a)$$

が成り立つことである．

また，極限値

$$f'(a) = \lim_{h\to 0} \frac{f(a+h) - f(a)}{h}$$

が存在するとき，$f(x)$ は $x = a$ において **微分可能** であるという．

直観的にいえば，連続であるとはグラフがつながっていることであり，微分可能であるとはグラフに接線を引くことができることである．関数 $f(x)$ が $x = a$ において微分可能ならば $x = a$ において連続であるが，逆の主張は正しくない．

0.2.2 節に挙げた微分の基本性質は，単なる計算規則ではない．たとえば「微分の線形性」は

> 関数 $f(x), g(x)$ が微分可能であるとき，関数 $af(x) + bg(x)$ も微分可能であって，
>
> $$(af(x) + bg(x))' = af'(x) + bg'(x)$$
>
> が成り立つ．

と読むべきである．また「逆関数の微分」は，厳密には

> $f(x)$ が $x = x_0$ で微分可能であり，$f'(x_0) \neq 0$ ならば，$y_0 = f(x_0)$ のまわりで逆関数 $x = g(y)$ が存在し，$g(y)$ の導関数は
>
> $$g'(y) = \frac{1}{f'(x)}$$
>
> で与えられる．

という意味である．

0.6.3 中間値の定理

あまり意識されることはないが，増減表に基づいて関数のとり得る値の範囲を求めるとき，次の定理を用いている．

定理 0.4

(中間値の定理)
a, b を $a < b$ の実数とするとき，関数 $f(x)$ が閉区間 $[a, b]$ で連続ならば，$f(a)$ と $f(b)$ の間にある任意の数 c に対して，$f(\xi) = c$ となる ξ が区間 $[a, b]$ に少なくとも 1 個存在する．

この定理の意味は明白だが，「連続性」の仮定が必要である．厳密な証明は下巻 **14.2 節**で扱う．

0.6.4 平均値の定理

0.2.3 節で述べたように，微分可能な関数の場合，導関数の符号によって，関数の増減を判定することができる．このことは，接線の傾きとの関係で直観的に理解できるだろうが，厳密に証明するには次の定理を用いる．

定理 0.5

(平均値の定理)
関数 $f(x)$ が閉区間 $[a, b]$ で連続，開区間 (a, b) で微分可能であるならば，開区間 (a, b) 内に，

$$f'(\xi) = \frac{f(b) - f(a)}{b - a}$$

となる点 ξ が存在する．

定理 0.5 は，曲線上の 2 点を結ぶ線分と平行な接線が存在することを主張している (**図 0.7**)．しかし接点の位置は分からないし，接点の数も分からない．証明は，下巻 **14.3.2 節**で行う．

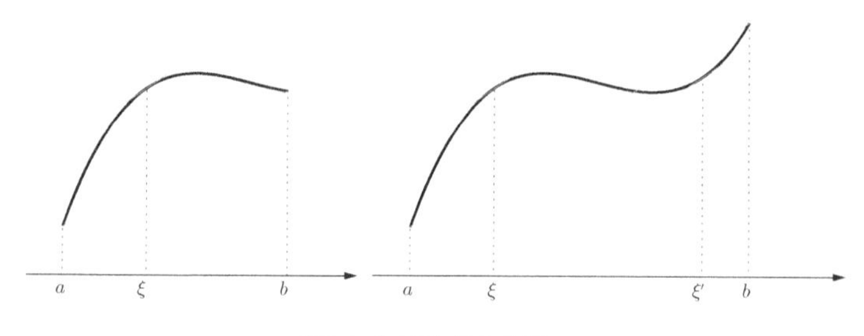

［図 0.7］平均値の定理．

それでは，ある区間において $f'(x) \geqq 0$ であるとして，$f(x)$ が単調増加であることを示そう．そのために，この区間に属する 2 点 a, b $(a < b)$ を任意にとって平均値の定理を適用すれば，

$$f(b) - f(a) = (b - a)f'(\xi) \geqq 0$$

となる点 $\xi\,(a < \xi < b)$ が存在し，$f(a) \leqq f(b)$ であることが分かる．

次に，ある区間において $f'(x) = 0$ であるとして，この区間で $f(x)$ が定数であることを示そう．この区間に属する 2 点 a, b を任意にとって平均値の定理を適用すれば，

$$f(b) - f(a) = (b - a)f'(\xi) = 0$$

となる点 $\xi\,(a < \xi < b)$ が存在し，$f(a) = f(b)$ であることが分かる．

関数の増減に関する上記のような考察では，「区間において」という一言を軽視してはならない．たとえば，関数

$$f(x) = \begin{cases} 1 & x > 0 \\ -1 & x < 0 \end{cases}$$

の定義域は 1 つの区間ではなく，2 つの部分 $x > 0$, $x < 0$ に分かれているが，定義域内の各点で $f'(x) = 0$ が成り立っている．しかし「定義域全体で $f(x)$ は定数」ではない．

関数の増減に関する上記の事実から，次の定理が得られる．

定理 0.6

$f(x)$ が区間で定義された関数であり，$F(x)$ と $G(x)$ が $f(x)$ の原始関数であるとき，$F(x) - G(x)$ はこの区間で定数である．

実際，

$$H(x) = F(x) - G(x)$$

とおくと，

$$H'(x) = F'(x) - G'(x) = f(x) - f(x) = 0$$

であるから，$H(x)$ は定数であるといえる．

原始関数を考えるとき，関数が区間で定義されていることを前提にするのは，**定理 0.6** の成立を保証したいからである．

平均値の定理は具体的な計算の役に立つわけではないが，理論的に大変重要な意味をもつ．すなわち平均値の定理は，何かを計算するためのものではなく，何かの存在を保証するためのものである．

平均値の定理の厳密な証明は下巻 **14 章**で扱う．

0.6.5 区分求積法

0.3.5 節で述べた「積分は面積を表す」という事実は，次の **区分求積法** の考え方につながる．すなわち，関数 $f(x)$ に対する適当な仮定のもとで，

$$\lim_{n\to\infty}\frac{1}{n}\sum_{k=1}^{n} f\left(\frac{k}{n}\right)=\int_0^1 f(x)\,dx$$

という等式が成り立つ．一般に

$$\lim_{n\to\infty}\frac{b-a}{n}\sum_{k=1}^{n} f\left(a+k\frac{b-a}{n}\right)=\int_a^b f(x)\,dx$$

という形の「定積分を和の極限として表す等式」が成立する．ただし，厳密な証明は高校数学の範囲外である．詳細は下巻 **15 章**で扱う．

高校の数学では積分を計算する方法をいろいろ学ぶが，積分を計算できる関数はむしろ例外的である．高校の数学では，積分を計算できない関数について原始関数をもつかどうかを問題にしない．たとえば，関数 e^{-x^2} の積分を置換積分，部分積分などの方法で計算することはできないので，関数 e^{-x^2} の原始関数について，高校数学では何もいえなかった．しかしこの関数が原始関数をもつことを理論的に保証する方法があり，原始関数の存在が保証されるなら，この関数に微積分の一般論を適用したり，定積分の近似値を数値計算するという道が開ける．

このような意味で，原始関数の存在を問うことは重要である．本書ではこの問への答えを次の定理の形で示す．

定理 0.7

連続関数は原始関数をもつ．

この定理の証明には区分求積法の考え方が用いられる．詳細は下巻 **15 章**で扱う．

Chapter 0 章末問題

Basic

問題 0.1　関数 $y=x^x$ を微分したい．x^x を e の $\boxed{}$ 乗と変形して微分すると，$y'=\boxed{}$ となる．また，$y=x^{\sin x}$ についても，$x^{\sin x}$ を e の $\boxed{}$ 乗と変形して微分すると，$y'=\boxed{}$ となる．

問題 0.2　0または正の値をとる連続関数 $f(x)$ と定数 $a>0$ に対して，3直線 $x=0,\ y=0,\ x=a$ および曲線 $y=f(x)$ で囲まれた領域の面積を $F(a)$ とする．$F(a)$ は f と積分記号 $\displaystyle\int$ を用いて $\boxed{}$ と表せるので，$F'(a)=f(a)$ となる．このことを次のように説明してみよう．$F'(a)$ は微分の定義により F と lim を用いて $\boxed{}$ と表せる．$x=a,\ y=0,\ x=a+h,\ y=f(x)$ で囲まれた領域の面積は，F を用いて $\boxed{}$ と表せるので，それを h で割った値は，底辺を h として面積が同じとなるような長方形の $\boxed{}$ に一致する．$f(x)$ は連続であるから，$h\to+0$ のとき，その値は $\boxed{}$ に近づく．

問題 0.3　$\sin\theta=-\dfrac{1}{2}$ となるような θ を $-\dfrac{\pi}{2}\leqq\theta\leqq\dfrac{\pi}{2}$ の範囲で探すと $\boxed{}$ となる．この値を $\arcsin\left(-\dfrac{1}{2}\right)$ と書く．$\cos\theta=\dfrac{\sqrt{3}}{2}$ となるような θ を $0\leqq\theta\leqq\pi$ の範囲で探すと $\boxed{}$ となる．この値を $\arccos\left(\dfrac{\sqrt{3}}{2}\right)$ と書く．$\tan\theta=-1$ となるような θ を $-\dfrac{\pi}{2}<\theta<\dfrac{\pi}{2}$ の範囲で探すと $\boxed{}$ となる．この値を $\arctan(-1)$ と書く．

Standard

問題 0.4　極限値に関する関係式

$$\lim_{x\to+0}x\log x=0$$

を，$x=\dfrac{1}{t}$ と置換する方法および $x=e^{-t}$ と置換する方法によって示せ．

問題 0.5

(1) 等式 $2\cos x\cos y=\cos(x-y)+\cos(x+y)$ の両辺を x で微分して，三角関数の積 $\sin x\cos y$ を和に直せ．

(2) (1) で得られた等式の両辺を y で微分して，三角関数の積 $\sin x\sin y$ を和に直せ.

問題 0.6

(1) $\displaystyle\int \frac{dx}{\sqrt{1-x^2}}$ を $x = \sin\theta \quad \left(-\frac{\pi}{2} < \theta < \frac{\pi}{2}\right)$ と置換することで求めよ.

(2) $\displaystyle\int \frac{dx}{\sqrt{1+x^2}}$ を $x = \sinh t$ と置換することで求めよ.

(3) $\displaystyle\int \sqrt{1+x^2}dx$ を $x = \sinh t$ と置換することで求めよ.

(4) $\displaystyle\int \sqrt{x^2-1}dx$ を $x = \cosh t \quad (t > 0)$ と置換することで求めよ.

Advanced

問題 0.7 関数

$$f(x) = \begin{cases} x^2 \sin\dfrac{1}{x} & (x \neq 0) \\ 0 & (x = 0) \end{cases}$$

について

(1) $x \neq 0$ として, $f'(x)$ を求めよ.

(2) $f'(0)$ を求めよ.

(3) $f'(x)$ は $x = 0$ で連続でないことを示せ.

問題 0.8 関数 $f(x)$ は $x = a$ の近くで微分可能であるとする,

(1) $f(x)$ が $x = a$ で極大値をとるならば, $f'(a) = 0$ であることを示せ.

(2) $x = a$ の前後で, $f'(x)$ の符号が正から負に変わるならば, $f(x)$ は $x = a$ で極大値をとることを示せ.

問題 0.9 区間 I 上の連続関数 $f(x)$ が, 任意の $x_1, x_2 \in I$ に対し,

$$f((1-t)x_1 + tx_2) \leqq (1-t)f(x_1) + tf(x_2) \qquad (0 \leqq t \leqq 1) \tag{0.18}$$

を満たすとき, f は I で **凸関数** であるという (**図 0.8**). 以下の事実を示せ.

(1) $f(x)$ が I で凸関数であるための必要十分条件は, $x_1 < u < x_2$ を満たす $x_1, u, x_2 \in I$ に対して,

$$\frac{f(u) - f(x_1)}{u - x_1} \leqq \frac{f(x_2) - f(u)}{x_2 - u}$$

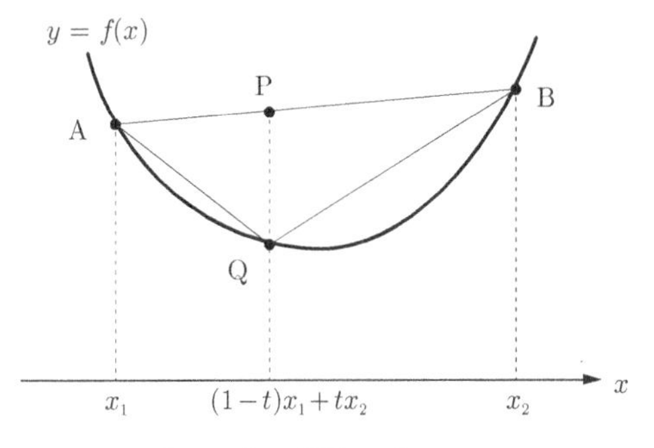

［図 0.8］凸関数のグラフ．

が成り立つことである．

(2) $f(x)$ が I で微分可能であるとする．このとき，$f(x)$ が I で凸関数であるための必要十分条件は，$x_1 < x_2$ を満たす $x_1, x_2 \in I$ に対して，

$$f'(x_1) \leqq f'(x_2)$$

が成り立つことである．

(3) $f(x)$ が I で 2 階微分可能であるとする．このとき，$f(x)$ が I で凸関数であるための必要十分条件は，任意の $x \in I$ に対して，

$$f''(x) \geqq 0$$

が成り立つことである．

問題 0.10 （マチンの公式）

(1) $\tan\alpha = \dfrac{1}{5}$ とおくとき，

$$\tan\left(4\alpha - \frac{\pi}{4}\right) = \frac{1}{239}$$

が成り立つことを示せ．

(2) 上記の結果を用いて，

$$4\arctan\frac{1}{5} - \arctan\frac{1}{239} = \frac{\pi}{4}$$

を示せ．

Chapter 0 問の解答

問 1　曲線 $y = f(x)$ 上の 2 点 $\mathrm{A}(a,\ f(a))$, $\mathrm{P}(a+h,\ f(a+h))$ を通る直線の傾きは，$\frac{1}{h}(f(a+h)-f(a))$ である．$h \to 0$ としたときの極限値 $f'(a)$ は，点 P が点 A に「限りなく近づく」とき，直線 AP は点 A における接線に近づく．すなわち，$f'(a)$ は，点 A における曲線の接線の傾きである．□

問 2　$(\tan x)' = \left(\frac{\sin x}{\cos x}\right)' = \frac{(\sin x)'\cos x - \sin x(\cos x)'}{\cos^2 x} = \frac{\cos^2 x + \sin^2 x}{\cos^2 x} = \frac{1}{\cos^2 x}$. □

問 3　合成関数の微分法により $f'(x) = e^{-x^2}(-x^2)' = -2xe^{-x^2}$ である．また，積の微分法と合成関数の微分法により $f''(x) = -2\{(x)'e^{-x^2} + x(e^{-x^2})'\} = -2(1-2x^2)e^{-x^2}$ である．□

問 4　定数 α に対して，$\frac{d}{dx}\sin(x+\alpha) = \sin\left(x+\alpha+\frac{\pi}{2}\right)$ であることから明らかである．□

問 5　$f''(x) < 0$ となる x の範囲を求める．**問 3** より $f''(x) = -2(1-2x^2)e^{-x^2} < 0$ を解けばよい．任意の実数 x に対して，$e^{-x^2} > 0$ であることに注意すれば，求める x の範囲は $-\frac{1}{\sqrt{2}} < x < \frac{1}{\sqrt{2}}$ である．□

問 6　$\int \log x\,dx = \int (x)'\log x\,dx = x\log x - \int x(\log x)'dx = x\log x - \int dx = x\log x - x + C$. □

問 7　$x = \tan t$ とおくと，$\frac{dx}{dt} = \frac{1}{\cos^2 t}$ であるから，

$$\int_0^1 \frac{1}{x^2+1}dx = \int_0^{\pi/4} \frac{1}{\tan^2 t + 1}\frac{1}{\cos^2 t}dt$$
$$= \int_0^{\pi/4} dt = \frac{\pi}{4}$$

となる．□

問 8　仮定より $a \leqq x \leqq b$ において $f(x) = h(x) - g(x) \geqq 0$ であるから，注意 **0.5** により，$\int_a^b (h(x)-g(x))dx \geqq 0$. これを書き直して，$\int_a^b g(x)dx \leqq \int_a^b h(x)dx$ を得る．□

問 9　(1) $n \neq m$ のとき，

$$\int_{-\pi}^{\pi} \cos nx \cos mx\,dx$$
$$= \frac{1}{2}\int_{-\pi}^{\pi}(\cos(n+m)x + \cos(n-m)x)dx$$
$$= \frac{1}{2}\left[\frac{\sin(n+m)x}{n+m} + \frac{\sin(n-m)x}{n-m}\right]_{-\pi}^{\pi}$$
$$= 0$$

$n = m$ のとき，

$$\int_{-\pi}^{\pi} \cos^2 nx\,dx = \frac{1}{2}\int_{-\pi}^{\pi}(1+\cos 2nx)dx$$
$$= \frac{1}{2}\left[x + \frac{1}{2n}\sin 2nx\right]_{-\pi}^{\pi}$$
$$= \pi$$

ここで，任意の自然数 n に対して，$\sin 2n\pi = 0$ であることを用いている．

(2) $n \neq m$ のとき，

$$\int_{-\pi}^{\pi} \sin nx \sin mx\,dx$$
$$= -\frac{1}{2}\int_{-\pi}^{\pi}(\cos(n+m)x - \cos(n-m)x)dx$$
$$= -\frac{1}{2}\left[\frac{\sin(n+m)x}{n+m} - \frac{\sin(n-m)x}{n-m}\right]_{-\pi}^{\pi}$$
$$= 0$$

$n = m$ のとき，

$$\int_{-\pi}^{\pi} \sin^2 nx\,dx = \frac{1}{2}\int_{-\pi}^{\pi}(1-\cos 2nx)dx$$
$$= \frac{1}{2}\left[x - \frac{1}{2n}\sin 2nx\right]_{-\pi}^{\pi}$$
$$= \pi$$

(3) $n \neq m$ のとき，

$$\int_{-\pi}^{\pi} \sin nx \cos mx\,dx$$
$$= \frac{1}{2}\int_{-\pi}^{\pi}(\sin(n+m)x + \sin(n-m)x)dx$$
$$= -\frac{1}{2}\left[\frac{\cos(n+m)x}{n+m} + \frac{\cos(n-m)x}{n-m}\right]_{-\pi}^{\pi}$$
$$= 0$$

$n = m$ のとき，

$$\int_{-\pi}^{\pi} \sin nx \cos nx\,dx$$
$$= \frac{1}{2}\int_{-\pi}^{\pi} \sin 2nx\,dx$$
$$= \frac{1}{2}\left[-\frac{1}{2n}\cos 2nx\right]_{-\pi}^{\pi}$$
$$= 0$$

ここで，任意の実数 θ に対して，$\cos(-\theta) = \cos\theta$ であるという事実を用いている． □

問 10 (1) $u' = ae^{ax}\cos bx - be^{ax}\sin bx = au - bv$．$v' = ae^{ax}\sin bx + be^{ax}\cos bx = av + bu$．

(2) (1) で示した関係式を u と v について解くと，

$$u = \frac{1}{a^2+b^2}(au' + bv')$$
$$= \frac{1}{a^2+b^2}(au + bv)'$$
$$v = \frac{1}{a^2+b^2}(av' - bu')$$
$$= \frac{1}{a^2+b^2}(av - bu)'$$

となるから，u の原始関数は $\frac{1}{a^2+b^2}(au + bv) + C$，すなわち $\frac{e^{ax}}{a^2+b^2}(a\cos bx + b\sin bx) + C$ であり，v の原始関数は $\frac{e^{ax}}{a^2+b^2}(-b\cos bx + a\sin bx) + C$ である． □

問 11 $\theta = \arccos x$ の定義域は $-1 \leqq x \leqq 1$，値域は $0 \leqq \theta \leqq \pi$ である．$\theta = \arctan x$ の定義域は実数全体，値域は $-\frac{\pi}{2} < \theta < \frac{\pi}{2}$ である．

$\arccos x$ については，(0.7)，(0.8) に対応するものはそれぞれ，$\cos(\arccos x) = x, -1 \leqq x \leqq 1$ と $\arccos(\cos\theta) = \theta, 0 \leqq \theta \leqq \pi$ である．$\arctan x$ については，(0.7)，(0.8) に対応するものはそれぞれ，$\tan(\arctan x) = x$ (x は任意の実数) と $\arctan(\tan\theta) = \theta, -\frac{\pi}{2} < \theta < \frac{\pi}{2}$ である．

□

問 12 $-1 \leqq x \leqq 1$ を満たす x に対し，$\theta = \arcsin x$ とおくと，逆三角関数の定義より $x = \sin\theta = \cos(\frac{\pi}{2} - \theta)$ かつ $-\frac{\pi}{2} \leqq \theta \leqq \frac{\pi}{2}$ である．ここで，$0 \leqq \frac{\pi}{2} - \theta \leqq \pi$ であることに注意すれば，$\frac{\pi}{2} - \theta = \arccos x$ である．ゆえに，$\arcsin x + \arccos x = \theta + \left(\frac{\pi}{2} - \theta\right) = \frac{\pi}{2}$ が成り立つ． □

問 13 $-1 \leqq x \leqq 1$ を満たす x に対し，$y = \arccos x$ とおくと，$x = \cos y$ かつ $0 \leqq y \leqq \pi$ である．よって $0 < y < \pi$ を満たす y に対して，$\frac{dx}{dy} = -\sin y$ が成り立つ．このような y の範囲においては $\sin y > 0$ であることに注意すれば，$\frac{dy}{dx} =$

$$-\frac{1}{\sin y} = -\frac{1}{\sqrt{1-\cos^2 y}} = -\frac{1}{\sqrt{1-x^2}}$$
を得る．

また，任意の実数 x に対し，$y = \arctan x$ とおくと，$x = \tan y$ かつ $-\dfrac{\pi}{2} < y < \dfrac{\pi}{2}$ である．この範囲において $\cos y \neq 0$ であるから，$\dfrac{dx}{dy} = \dfrac{1}{\cos^2 y}$ が成り立つ．よって，$\dfrac{dy}{dx} = \cos^2 y = \dfrac{1}{1+\tan^2 y} = \dfrac{1}{1+x^2}$ である． □

問14 $y = \dfrac{e^x - e^{-x}}{e^x + e^{-x}}$ を e^x について解く．$y(e^x + e^{-x}) = e^x - e^{-x}$ より，$(1-y)(e^x)^2 = 1+y$，したがって $-1 < y < 1$ の範囲の y に対して，$e^x = \sqrt{\dfrac{1+y}{1-y}}$，すなわち $x = \dfrac{1}{2}\log\dfrac{1+y}{1-y}$ となる．よって，$y = \tanh x$ の逆関数は $-1 < y < 1$ で定義され，$x = \dfrac{1}{2}\log\dfrac{1+y}{1-y}$ である． □

問15 (1) $f'(x) = x(2-x)e^{-x}$ であるから，$x > 0$ において $f'(x)$ の符号変化を調べることにより，$f(x)$ は $0 < x \leqq 2$ で増加し，$x \geqq 2$ で減少することが分かる．よって，$x > 0$ で $f(x) \leqq f(2)$ が成り立つため，示すべき不等式を満たす M は存在する (たとえば，$M = f(2) = 4/e^2$ とすればよい)．

(2) 任意の $x > 0$ に対して，$0 < x/e^x \leqq \dfrac{M}{x}$ であることが得られる．ここで，$\dfrac{M}{x} \to 0\,(x \to \infty)$ であるから，はさみうちの原理 (**定理 0.2**) により結論を得る． □

問16 (1) $nx = t$ とおくと，$x \to \infty$ のとき $t \to \infty$ となり，$\dfrac{x}{e^x} = \dfrac{t}{n}e^{-t/n}$ と表せる．両辺を n 乗すれば，$\dfrac{t^n}{e^t} = n^n\left(\dfrac{x}{e^x}\right)^n$ となるから，(0.10) を用いると，$\displaystyle\lim_{x\to\infty} n^n\left(\frac{x}{e^x}\right)^n = 0$，すなわち $\displaystyle\lim_{t\to\infty}\frac{t^n}{e^t} = 0$ を得る．

(2) $x = \log t$ とおくと，$x \to \infty$ のとき $t \to \infty$ となり，$\dfrac{x^n}{e^x} = \dfrac{(\log t)^n}{t}$ と表せる．両辺の n 乗根をとれば，$\left(\dfrac{x^n}{e^x}\right)^{1/n} = \dfrac{\log t}{t^{1/n}}$ となり，(0.11) を用いると，$\displaystyle\lim_{x\to\infty}\left(\frac{x^n}{e^x}\right)^{1/n} = 0$，すなわち $\displaystyle\lim_{t\to\infty}\frac{\log t}{t^{1/n}} = 0$ を得る． □

Chapter 0 章末問題解答

問題 0.1 関数 $y = x^x$ は $y = e^{x \log x}$ と変形できる．よって，

$$y' = e^{x \log x}(x \log x)' = x^x(\log x + 1)$$

また，$y = x^{\sin x} = e^{\sin x \log x}$ と変形して微分すると，次のようになる．

$$\begin{aligned} y' &= e^{\sin x \log x}(\sin x \log x)' \\ &= x^{\sin x}\left(\cos x \log x + \frac{\sin x}{x}\right) \end{aligned}$$

また，$y = x^x$ の両辺の対数をとって，$\log y = x \log x$ としてから，両辺を x で微分してもよい．

$y = x^{\sin x}$ については，$\log y = \sin x \log x$ の両辺を x で微分して，$\dfrac{1}{y}y' = \cos x \log x + \dfrac{\sin x}{x}$ よって $y' = x^{\sin x}\left(\cos x \log x + \dfrac{\sin x}{x}\right)$ □

問題 0.2 空欄に入るものは，順に，$\displaystyle\int_0^a f(x)dx$，$\displaystyle\lim_{h \to 0} \frac{F(a+h) - F(a)}{h}$，$F(a+h) - F(a)$，高さ，$f(a)$ □

問題 0.3 空欄に入るものは，順に，$-\dfrac{\pi}{6}$，$\dfrac{\pi}{6}$，$-\dfrac{\pi}{4}$ □

問題 0.4 $x = \dfrac{1}{t}$ と置換すると，$\displaystyle\lim_{x \to +0} x \log x = \lim_{t \to \infty} \frac{1}{t} \log \frac{1}{t} = \lim_{t \to \infty}\left(-\frac{\log t}{t}\right) = 0$ ((0.13) を用いた．)

また，$x = e^{-t}$ と置換すると，$\displaystyle\lim_{x \to +0} x \log x = \lim_{t \to \infty} e^{-t} \log e^{-t} = \lim_{t \to \infty}\left(-\frac{t}{e^t}\right) = 0$ ((0.10) を用いた．) □

問題 0.5 (1) 等式 $2 \cos x \cos y = \cos(x-y) + \cos(x+y)$ の両辺を x で微分する (y は定数として扱う) と，

$$\begin{aligned} -2 \sin x \cos y &= -\sin(x-y) \\ &\quad -\sin(x+y) \\ 2 \sin x \cos y &= \sin(x-y) \\ &\quad +\sin(x+y) \end{aligned}$$

(2) (1) で得た等式 $2 \sin x \cos y = \sin(x-y) + \sin(x+y)$ の両辺を y で微分する (x は定数として扱う) と，

$$\begin{aligned} 2 \sin x(-\sin y) &= -\cos(x-y) \\ &\quad +\cos(x+y) \\ \sin x \sin y &= \cos(x-y) \\ &\quad -\cos(x+y) \end{aligned}$$

□

問題 0.6 (1) $x = \sin\theta \left(-\dfrac{\pi}{2} < \theta < \dfrac{\pi}{2}\right)$ とおくと，$\sqrt{1-x^2} = \cos\theta$，$\dfrac{dx}{d\theta} = \cos\theta$ であるから，$\displaystyle\int \frac{dx}{\sqrt{1-x^2}} = \int d\theta = \theta + C = \arcsin x + C$ である．

(2) $x = \sinh t$ とおくと，$\sqrt{1+x^2} = \cosh t$，$\dfrac{dx}{dt} = \cosh t$ であるから，$\displaystyle\int \frac{dx}{\sqrt{1+x^2}} = \int dt = t + C = \log(x + \sqrt{x^2+1}) + C$ となる．

$x = \sinh t$ の逆関数は，$x = \frac{e^t - e^{-t}}{2}$ を t について解いて，

$$\begin{aligned} &e^{2t} - 2xe^t - 1 = 0 \\ &\therefore\ t = \log(x + \sqrt{x^2+1}) \end{aligned}$$

である．

(3) (2) と同様の置換により，

$$\int \sqrt{1+x^2}dx = \int \cosh^2 t dt$$
$$= \frac{1}{4}\int (e^{2t} + e^{-2t} + 2)dt$$
$$= \frac{1}{4}\left(\frac{1}{2}(e^{2t} - e^{-2t}) + 2t\right) + C$$
$$= \frac{1}{2}x\sqrt{x^2+1} + \frac{1}{2}\log(x + \sqrt{x^2+1})$$
$$+ C$$

となる．ここで，$e^{2t} = 2x^2 + 1 + 2x\sqrt{x^2+1}$, $e^{-2t} = 2x^2+1-2x\sqrt{x^2+1}$, $t = \log(x + \sqrt{x^2+1})$ を用いた．

(4) $x = \cosh t$ $(t > 0)$ とおくと，$\sqrt{x^2-1} = \sinh t$, $\dfrac{dx}{dt} = \sinh t$ であり，

$$\int \sqrt{x^2-1}dx = \int \sinh^2 t dt$$
$$= \frac{1}{4}\int (e^{2t} + e^{-2t} - 2)dt$$
$$= \frac{1}{4}\left(\frac{1}{2}(e^{2t} - e^{-2t}) - 2t\right) + C$$
$$= \frac{1}{2}x\sqrt{x^2-1} - \frac{1}{2}\log(x + \sqrt{x^2-1})$$
$$+ C$$

ここで，$e^{2t} = 2x^2 - 1 + 2x\sqrt{x^2-1}$, $e^{-2t} = 2x^2 - 1 - 2x\sqrt{x^2-1}$, $t = \log(x + \sqrt{x^2-1})$ を用いた． □

問題 0.7 (1) $x \neq 0$ において

$$f'(x) = 2x\sin\frac{1}{x} - \cos\frac{1}{x}$$

(2) 微分係数の定義に基づいて $f'(0)$ を計算する．

$$\frac{1}{x}(f(x) - f(0)) = x\sin\frac{1}{x}$$
$$\therefore\ f'(0) = \lim_{x\to 0} x\sin\frac{1}{x} = 0$$

(3) (1) の結果を用いると，$x \to 0$ のとき $f'(x)$ は極限をもたない．したがって，$f'(x)$ は $x = 0$ で連続ではない． □

問題 0.8 (1) $f(x)$ は $x = a$ で極大値をとるので，$x = a$ の近くでは $f(x) \leqq f(a)$ である．よって，$x > a$ ならば

$$\frac{f(x) - f(a)}{x - a} \leqq 0$$

である．$f(x)$ は $x = a$ で微分可能だから，

$$f'(a) = \lim_{x\to a+0} \frac{f(x) - f(a)}{x - a} \leqq 0$$

また，$x < a$ ならば

$$\frac{f(x) - f(a)}{x - a} \geqq 0$$
$$\therefore\ f'(a) = \lim_{x\to a-0} \frac{f(x) - f(a)}{x - a} \geqq 0$$

以上により，$f'(a) = 0$ である．

(2) 定理 0.5 の応用として，25 ページに記したように，区間 (a', a) で $f'(x) \geqq 0$ ならば，$a' < \alpha < a$ なる任意の点 α で $f(\alpha) \leqq f(a)$ が成立する．同様に，区間 (a, a'') で $f'(x) \leqq 0$ ならば，$a < \beta < a''$ なる任意の点 β で $f(a) \geqq f(\beta)$ が成立する．よって $f(x)$ は $x = a$ で極大値をとる．

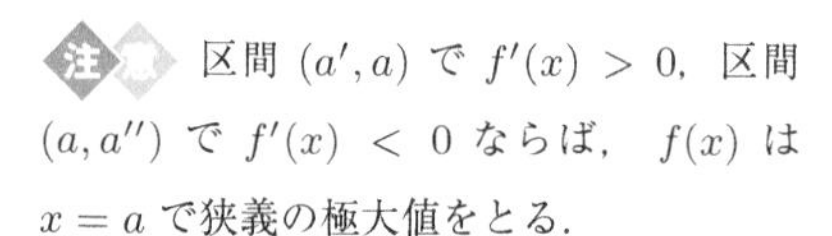
注意 区間 (a', a) で $f'(x) > 0$，区間 (a, a'') で $f'(x) < 0$ ならば，$f(x)$ は $x = a$ で狭義の極大値をとる．

問題 0.9 (1) $x_1 < u < x_2$ を満たす $x_1, u, x_2 \in I$ に対して，$u = (1-t)x_1 + tx_2$ $(0 \leqq t \leqq 1)$ のように表すことができる．逆に $x_1 < x_2$ を満たす $x_1, x_2 \in I$ と $0 \leqq t \leqq 1$ に対して，$u = (1-t)x_1 + tx_2$ とおくと，$x_1 < u < x_2$ となる．このとき

$$\frac{f(u) - f(x_1)}{u - x_1} \leqq \frac{f(x_2) - f(u)}{x_2 - u}$$
$$\iff (x_2 - u)(f(u) - f(x_1))$$
$$\leqq (u - x_1)(f(x_2) - f(u))$$

$$\iff (x_2-x_1)f(u) \leqq (x_2-u)f(x_1)+(u-x_1)f(x_2)$$

$$\iff f(u) \leqq \frac{x_2-u}{x_2-x_1}f(x_1)+\frac{u-x_1}{x_2-x_1}f(x_2)$$

$$\iff f(u) \leqq (1-t)f(x_1)+tf(x_2)$$

が成り立つ．

(2) 【十分性】 $f'(x)$ は増加関数であるとして，$x_1 < u < x_2$ を満たす任意の $x_1, u, x_2 \in I$ に対して，

$$\frac{f(u)-f(x_1)}{u-x_1} \leqq \frac{f(x_2)-f(u)}{x_2-u}$$

が成り立つことを示す．平均値の定理により，

$$\frac{f(u)-f(x_1)}{u-x_1} = f'(\xi_1)$$
$$\frac{f(x_2)-f(u)}{x_2-u} = f'(\xi_2)$$
$$x_1 < \xi_1 < u < \xi_2 < x_2$$

となる $\xi_1, \xi_2 \in I$ が存在する．仮定により $f'(\xi_1) \leqq f'(\xi_2)$ が成り立つので，(1) により $f(x)$ は凸関数である．

【必要性】 $f(x)$ が微分可能な凸関数であるとする．(1) により，$x_1 < u < x_2$ を満たす任意の $x_1, u, x_2 \in I$ に対して，

$$\frac{f(u)-f(x_1)}{u-x_1} \leqq \frac{f(x_2)-f(u)}{x_2-u}$$

が成り立つ．一般に，$a, c > 0$ を満たす実数の定数 a, b, c, d に対して，

$$\frac{b}{a} \leqq \frac{d}{c} \iff \frac{b}{a} \leqq \frac{b+d}{a+c} \leqq \frac{d}{c}$$

が成り立つ．さて，$u-x_1, x_2-u > 0$ であるから，この事実を用いると，

$$\frac{f(u)-f(x_1)}{u-x_1} \leqq \frac{f(x_2)-f(x_1)}{x_2-x_1} \leqq \frac{f(u)-f(x_2)}{u-x_2}$$

という不等式が得られる．ここで，$\alpha = \dfrac{f(x_2)-f(x_1)}{x_2-x_1}$ は u に依存しない定数であることに注意しよう．$\dfrac{f(u)-f(x_1)}{u-x_1} \leqq \alpha$ において，極限 $u \to x_1$ を考えれば $f'(x_1) \leqq \alpha$ が，他方 $\alpha \leqq \dfrac{f(u)-f(x_2)}{u-x_2}$ において，極限 $u \to x_2$ を考えれば $\alpha \leqq f'(x_2)$ が得られる．したがって $f'(x_1) \leqq f'(x_2)$ である．

(3) 【十分性】任意の $x \in I$ に対して，$f''(x) \geqq 0$ が成り立つことを仮定する．これは，$f'(x)$ が I において単調増加であることを意味するので，$x_1 < x_2$ を満たす任意の $x_1, x_2 \in I$ に対して，$f'(x_1) \leqq f'(x_2)$ が成り立つ．したがって (2) により，$f(x)$ は I で凸関数である．

【必要性】 $f(x)$ が I で凸関数であるとする．(2) により，$x_1 < x_2$ を満たす任意の $x_1, x_2 \in I$ に対して，$f'(x_1) \leqq f'(x_2)$ が成り立つ．よって，任意の $x \in I$ に対して $f''(x) \geqq 0$ である． □

問題 0.10 (1) $\tan\alpha = \dfrac{1}{5}$ のとき，$\tan 2\alpha = \dfrac{2\tan\alpha}{1-\tan^2\alpha} = \dfrac{5}{12}$，$\tan 4\alpha = \dfrac{2\tan 2\alpha}{1-\tan^2 2\alpha} = \dfrac{120}{119}$ であるから，$\tan\left(4\alpha - \dfrac{\pi}{4}\right) = \dfrac{\tan 4\alpha - \tan\frac{\pi}{4}}{1+\tan 4\alpha \tan\frac{\pi}{4}} = \dfrac{1}{239}$ となる．

(2) $-\dfrac{\pi}{2} < 4\alpha - \dfrac{\pi}{4} < \dfrac{\pi}{2} \quad \cdots \quad (*)$

が成り立つなら，$\arctan\dfrac{1}{239} = 4\arctan\dfrac{1}{5} - \dfrac{\pi}{4}$ であるといえる．そこで，$\dfrac{1}{5} < \dfrac{1}{\sqrt{3}}$，すなわち $\arctan\dfrac{1}{5} < \arctan\dfrac{1}{\sqrt{3}}$ に注意すると，$0 < \alpha < \dfrac{\pi}{6}$ で

あることが分かり，(*) が得られる． □

注意 θ が 0 に近い角度のとき，$\tan\theta$ の値は θ に近い．そこで $\arctan\frac{1}{5}$ や $\arctan\frac{1}{239}$ が 0 に近いとして，$\arctan\frac{1}{5}\fallingdotseq\frac{1}{5}$, $\arctan\frac{1}{239}\fallingdotseq\frac{1}{239}$ という近似式を用いると，$\pi\fallingdotseq 4\left(\frac{4}{5}-\frac{1}{239}\right)=3.18326\cdots$ となる．これは円周率の近似値としては粗雑だが，**1 章**の方法 (**問題 1.4** の後半) と組み合わせると，円周率の精密な近似値を得ることができる．

Chapter 1 関数の多項式近似

1 次関数，2 次関数，3 次関数などは最もなじみ深い関数であるが，多項式はその次数を高くするにつれ，次第に豊かな表現力をもつようになる．この章では，いろいろな関数を多項式で近似できることをみてみよう．

1.1 関数と多項式

読者は，

$$1+\frac{1}{2}+\frac{1}{4}+\frac{1}{8}+\cdots+\frac{1}{2^k}+\cdots \tag{1.1}$$

という「無限個の数の和」が 2 に等しいことを知っているであろう．これは無限等比級数の 1 つであり，より一般に，初項 1，公比 x の等比級数の場合，

$$\sum_{k=0}^{\infty} x^k=\frac{1}{1-x} \quad (|x|<1) \tag{1.2}$$

が成立する．

無限級数の代わりに有限和である n 次多項式

$$F_n(x)=\sum_{k=0}^{n} x^k \quad (n=1,2,3,\cdots) \tag{1.3}$$

を考える．$y=F_1(x), y=F_2(x), y=F_3(x), y=F_4(x)$ のグラフは**図 1.1** のようになり，さらに n の値を大きくすると，$y=F_n(x)$ のグラフは形を変えていく (**図 1.2**)．$-1<x<1$ の範囲で，$y=F_{20}(x)$ のグラフは

$$y=\frac{1}{1-x} \tag{1.4}$$

のグラフに確かに接近しており，n を限りなく大きくすると，ついに両者が一致する様子がみてとれる．多項式ではない関数

$$f(x)=\frac{1}{1-x}$$

が多項式で近似できるという意味で，多項式は豊かな表現力をもっていると

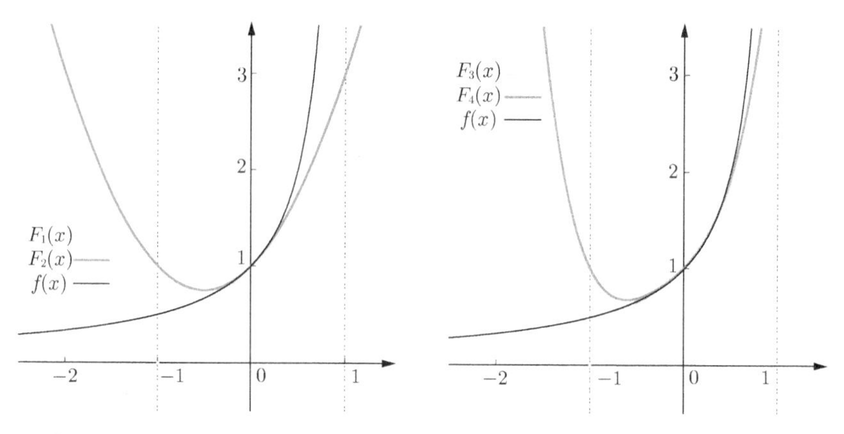

［図 1.1］ 等比数列の有限和 $F_1(x)$, $F_2(x)$, $F_3(x)$, $F_4(x)$ と無限和 $f(x)$ のグラフ.

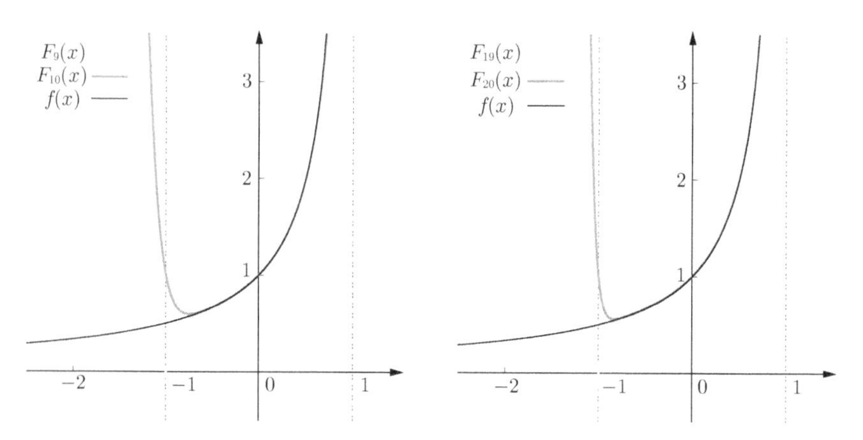

［図 1.2］ 等比数列の有限和 $F_9(x)$, $F_{10}(x)$, $F_{19}(x)$, $F_{20}(x)$ と無限和 $f(x)$ のグラフ.

いえよう.

問 1　関数 $f(x) = \dfrac{1}{2-x}$ を近似する n 次多項式を作れ.

多項式の近似能力を示すもう 1 つの例をみてみよう.

1 次関数は，そのグラフ上の 2 点を与えれば決まる．2 次関数は，そのグラフ上の 3 点を与えれば決まる．一般に，n 次関数 (高々 n 次の関数) は，そのグラフ上の $n+1$ 個の点を与えれば決まる．x 座標が一致しない限り，これらの点はどこにとってもよい.

それでは，$y = \cos x$ のグラフの上にいくつか点をとってみよう．**図 1.3** (青線) は，区間 $\left[-\frac{\pi}{2}, \frac{\pi}{2}\right]$ 上の 21 個の値

$$x_k = \frac{k\pi}{20}, \quad k = -10, -9, \cdots, 8, 9, 10$$

に対し，xy 平面上の 21 個の点 $(x_k, \cos x_k)$ を通る 20 次多項式のグラフである．この多項式は区間 $\left[-\frac{5\pi}{2}, \frac{5\pi}{2}\right]$ において $y = \cos x$ をよく近似している．多項式の次数を高くすると，近似される範囲が拡大していく．

これらの例は，さまざまな関数が多項式で近似できることを示唆している．そして多項式の次数を限りなく高くした極限である「無限次多項式」は，もとの関数を正確に表現しているのではないかと思われる．

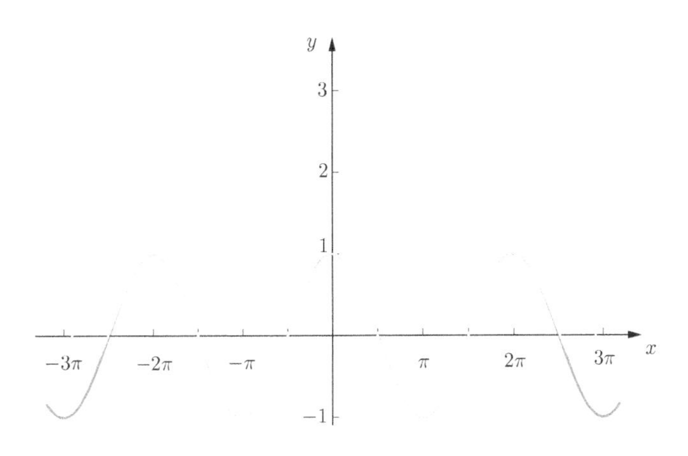

［図 1.3］ $y = \cos x$ のグラフ (赤) と 20 次多項式のグラフ (青).

1.2 べき級数展開

関数が与えられたとき，それを無限次多項式で表すことを考える．関数を無限次多項式の形に表すことを，**べき級数展開** するという．

$f(x)$ を “任意の関数” として，

$$f(x) = a_0 + a_1 x + a_2 x^2 + a_3 x^3 + \cdots + a_n x^n + \cdots \tag{1.5}$$

が成り立つように係数 $a_0, a_1, a_2, \cdots$ を定めよう．

(1) (1.5) の両辺で $x=0$ とおくと，右辺では第 2 項以下がすべて 0 になるから

$$f(0)=a_0$$

である．

(2) 次に (1.5) の両辺を x で微分する．ただし，右辺については各項ごとに微分し，それらを加え合わせると，

$$f'(x)=a_1+2a_2x+3a_3x^2+\cdots+na_nx^{n-1}+\cdots \tag{1.6}$$

となる．そこで (1.6) の両辺で， $x=0$ とおくと，右辺の第 2 項以下が 0 になって

$$f'(0)=a_1$$

が得られる．

(3) 同様に (1.6) の両辺を x で微分すると，

$$f''(x)=2a_2+6a_3x+\cdots+n(n-1)a_nx^{n-2}+\cdots \tag{1.7}$$

となって，(1.7) の両辺で $x=0$ とおくことにより

$$\frac{f''(0)}{2}=a_2$$

が得られ，さらに同様の方法で

$$\frac{f'''(0)}{6}=a_3$$
$$\frac{f^{(4)}(0)}{24}=a_4$$

が得られる．

(4) 以上の考察をまとめて一般化すると，

$$a_n=\frac{f^{(n)}(0)}{n!}\quad(n=0,1,2,\cdots) \tag{1.8}$$

となる．このことから，与えられた関数 $f(x)$ に対して，(1.8) のように係数 a_n を定めれば，(1.5) が成立するのではないか，すなわち，

$$f(x)=\sum_{n=0}^{\infty}\frac{f^{(n)}(0)}{n!}x^n \tag{1.9}$$

が成立するのではないか，という予想が立つ．

(1.9) の右辺のべき級数を $f(x)$ の **テイラー展開** という．さらにテイラー展開の "中心" を 0 以外の点 a にずらして，$x-a$ のべき級数

$$f(x) = \sum_{n=0}^{\infty} \frac{f^{(n)}(a)}{n!}(x-a)^n \tag{1.10}$$

を考えることもできる．これを $x=a$ におけるテイラー展開といい，特に $x=0$ におけるテイラー展開 (1.9) を **マクローリン展開** と呼ぶこともある．しかし，以下において「テイラー展開」といったら，$x=0$ におけるテイラー展開を指すものとする．

1.3 具体例による検証

いくつかの関数に対して，**1.2 節** の手続きを実行してみよう．

例 1.1 **1.1 節**で考えた関数 $f(x) = \dfrac{1}{1-x}$ の場合，まず導関数を求めると，

$$f'(x) = \frac{1}{(1-x)^2}$$
$$f''(x) = \frac{2}{(1-x)^3}$$
$$f'''(x) = \frac{6}{(1-x)^4}$$

一般に，

$$f^{(n)}(x) = \frac{n!}{(1-x)^{n+1}}$$

となる．したがって，

$$f^{(n)}(0) = n! \quad (n = 0, 1, 2, \cdots)$$

であるから，(1.8) より

$$a_n = 1 \quad (n = 0, 1, 2, \cdots)$$

すなわち，(1.9) は

$$f(x) = 1 + x + x^2 + \cdots + x^n + \cdots$$

となり，(1.2) の無限等比級数が現れる．

問 2　**例 1.1** にならって，関数 $g(x) = \dfrac{1}{1+2x}$ のテイラー展開を導出せよ．

例 1.2　指数関数 $f(x) = e^x$ の場合，任意の自然数 n に対し，

$$f^{(n)}(x) = e^x$$

となる．よって

$$f^{(n)}(0) = 1$$

であるから，

$$a_n = \frac{1}{n!}$$

したがって，(1.9) は

$$e^x = 1 + \frac{x}{1!} + \frac{x^2}{2!} + \frac{x^3}{3!} + \cdots + \frac{x^n}{n!} + \cdots \tag{1.11}$$

となる．

参考 1.1　(1.11) を用いると，e の無限級数による表現と近似値が得られる．(1.11) に $x = 1$ を代入すると，

$$e = 1 + \frac{1}{1!} + \frac{1}{2!} + \frac{1}{3!} + \cdots + \frac{1}{n!} + \cdots$$

となり，右辺の無限和を有限項で打ち切った和

$$e_n = 1 + \frac{1}{1!} + \frac{1}{2!} + \frac{1}{3!} + \cdots + \frac{1}{n!}$$

を考えると，

$$\begin{aligned} e_1 &= 2 \\ e_5 &= 2.71666666666666666666 \\ e_{10} &= 2.718281801146384479717 \\ e_{15} &= 2.718281828458994464285 \\ e_{20} &= 2.718281828459045235339 \end{aligned}$$

のように，次第にある値に近づいていく様子がみえる．

例 1.3 $f(x)=\sqrt{x+1}$ とすると

$$
\begin{aligned}
f'(x) &= \frac{1}{2}(x+1)^{-1/2} \\
f''(x) &= -\frac{1}{4}(x+1)^{-3/2} \\
f^{(3)}(x) &= \frac{3}{8}(x+1)^{-5/2} \\
f^{(4)}(x) &= -\frac{15}{16}(x+1)^{-7/2}
\end{aligned}
$$

より，次のようなテイラー展開を得る．

$$\sqrt{x+1} = 1 + \frac{1}{2}x - \frac{1}{8}x^2 + \frac{1}{16}x^3 - \frac{5}{128}x^4 + \cdots \tag{1.12}$$

一般項については，**2.2.4 節**を参照されたい．

参考 1.2 (1.12) を用いて平方根の近似値を求めてみよう．$\sqrt{1.1}$ を求めるために $x=0.1$ とすると，

x^3 の項までとると，1.0488125 となる．この値を 2 乗した値は 1.10000766 であり，1.1 にきわめて近い．
x^4 の項までとると，1.048808594 となる．この値を 2 乗した値は 1.099999476 であり，1.1 にさらに近づく．

ところが $\sqrt{3}$ の近似値を求めるために $x=2$ とすると，

x^3 の項までとると 2 となり，x^4 の項までとると 1.375 となる．

さらに，$\sqrt{11}$ の近似値を求めるために $x=10$ とすると，

x^3 の項までとると 56 となり，x^4 の項までとると -334.625 となる．

他方 $x<-1$ とすると，(1.12) の左辺は虚数，右辺は実数であるから，両辺間の齟齬は決定的である．

このように $|x|$ が小さいときにはよい近似値が得られるが，$|x|$ が大きくなると近似が悪くなったり不合理が起きたりする．そのような場合，展開を長くすると悪化する傾向がみえる．

このような事態は，すでに **1.1 節**で遭遇している．すなわち，テイラー展開

$$\frac{1}{1-x} = \sum_{k=0}^{\infty} x^k \tag{1.13}$$

に $x = 2$ や $x = -2$ を代入すると，次のようなナンセンスな等式が導かれる．

$$-1 = 1 + 2 + 4 + \cdots + 2^{n-1} + \cdots$$
$$\frac{1}{3} = 1 - 2 + 4 - 8 + \cdots + (-2)^{n-1} + \cdots$$

これらが正しいはずもない．実際，(1.13) は $|x| < 1$ の範囲でのみ正しい．このことから，一般にテイラー展開はすべての実数 x に対して成立するのではなく，有効な範囲があるらしいことが分かる．

例 1.4　$f(x) = \sin x$ とすると

$$f'(x) = \cos x$$
$$f''(x) = -\sin x$$
$$f^{(3)}(x) = -\cos x$$
$$f^{(4)}(x) = \sin x$$

したがって，任意の 0 以上の整数 n について

$$f^{(n+4)}(x) = f^{(n)}(x)$$

が成り立ち，$f(x)$ の n 階導関数は，n について周期 4 で循環する．

この結果を用いると，

$$f(0) = 0, \quad f'(0) = 1, \quad f''(0) = 0, \quad f^{(3)}(0) = -1$$

となり，後はこれらの 4 つの数を繰り返すだけである．したがって，次の

ようなテイラー展開を得る.

$$\sin x = x - \frac{x^3}{3!} + \frac{x^5}{5!} - \frac{x^7}{7!} + \cdots + \frac{(-1)^{k-1}}{(2k-1)!}x^{2k-1} + \cdots$$

この展開式の有限和をとってグラフを描くと**図 1.4** のようになる. これをみる限り, テイラー展開の有効な範囲が限定される様子はみえない.

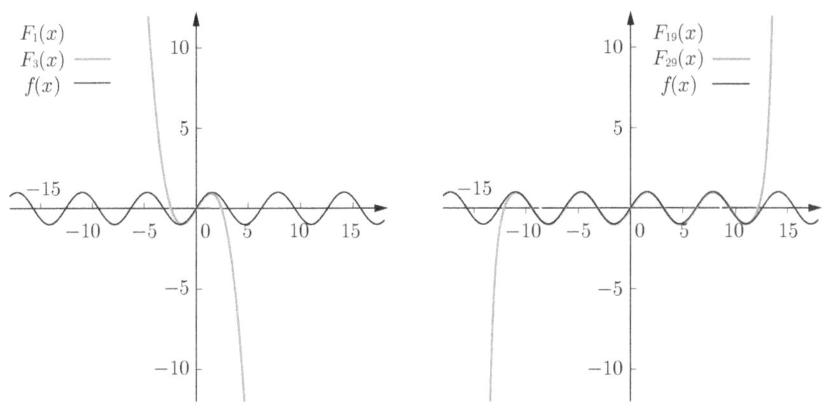

[図 1.4] $\sin x$ のテイラー展開. 有限和 $F_1(x)$, $F_3(x)$, $F_{19}(x)$, $F_{29}(x)$ のグラフ.

問 3 関数 $f(x) = \cos x$ について**例 1.4** と同様の試みを行い, テイラー展開

$$\cos x = 1 - \frac{x^2}{2!} + \frac{x^4}{4!} - \frac{x^6}{6!} + \cdots$$

を示せ.

問 4 $\sin x$ と $\cos x$ の各テイラー展開を項ごとに微分することにより, 次の関係がそれぞれ成り立つことを確かめよ.

$$(\sin x)' = \cos x$$

$$(\cos x)' = -\sin x$$

問 5 $f(x) = \log(1+x)$ のテイラー展開を求め, それを項ごとに微分することにより, 次の関係が成り立つことを確かめよ.

$$(\log(1+x))' = \frac{1}{1+x}$$

以上において，関数 $f(x)$ のテイラー展開

$$f(x) = \sum_{n=0}^{\infty} \frac{f^{(n)}(0)}{n!} x^n \tag{1.14}$$

の可能性を具体例によって検討した．その結果，

(1) **1.1 節**で取り挙げた例が (1.14) の一般的な規則に包摂されること
(2) $|x|$ が小さいときは，(1.14) の右辺の有限和が $f(x)$ をおおむねよく近似していること
(3) しかし $|x|$ が大きいとき近似がきわめて悪くなる例があること

が分かった．

さて私たちは，以上のような発見法的考察によって予想される等式 (1.14) を，数学的に信を置き得る議論によって確かなものにしたい．そのためには，無限個の項をもつ「無限次多項式」を厳密に制御する理論的基礎が必要である．しかし，この課題は **2 章**で扱うことにして，ここでは，もう少し「無限次多項式」のおもしろさをみてみよう．

1.4 オイラーの公式

1.3 節で得たテイラー展開

$$e^x = 1 + x + \frac{x^2}{2!} + \frac{x^3}{3!} + \frac{x^4}{4!} + \cdots \tag{1.15}$$

$$\sin x = x - \frac{x^3}{3!} + \frac{x^5}{5!} - \frac{x^7}{7!} + \cdots \tag{1.16}$$

$$\cos x = 1 - \frac{x^2}{2!} + \frac{x^4}{4!} - \frac{x^6}{6!} + \cdots \tag{1.17}$$

から導かれる不思議な関係式について述べよう．

まず，(1.15) において，x に複素数 $i\theta$ (θ は実数とする) を代入すると，

$$\begin{aligned} e^{i\theta} &= 1 + i\theta + \frac{(i\theta)^2}{2!} + \frac{(i\theta)^3}{3!} + \frac{(i\theta)^4}{4!} + \cdots \\ &= 1 + i\theta - \frac{\theta^2}{2!} - \frac{i\theta^3}{3!} + \frac{\theta^4}{4!} + \cdots \end{aligned}$$

となる．ここで，右辺を実部と虚部に分けて書くと

$$e^{i\theta} = \left(1 - \frac{\theta^2}{2!} + \frac{\theta^4}{4!} - \cdots\right) + i\left(\theta - \frac{\theta^3}{3!} + \frac{\theta^5}{5!} - \cdots\right)$$

となり，(1.16), (1.17) をみると，実部と虚部はそれぞれ $\cos\theta$, $\sin\theta$ と一致している．よって，

$$e^{i\theta} = \cos\theta + i\sin\theta \tag{1.18}$$

という関係が得られる．これを **オイラーの公式** という．

オイラーの公式は振動現象の分析においてしばしば用いられ，実用的な価値が高い公式であるが，数学的な意味でも，以下のような興味深い結論をもたらす．

(1) (1.18) において $\theta = 2\pi, \pi$ とおくと

$$e^{2\pi i} = 1$$
$$e^{\pi i} = -1$$

となる．

(2) (1.18) において $\theta = \alpha + \beta$ とおくと，

$$e^{i\alpha + i\beta} = \cos(\alpha+\beta) + i\sin(\alpha+\beta) \tag{1.19}$$

となり，他方 $\theta = \alpha, \beta$ とおいて掛け合わせると

$$e^{i\alpha}e^{i\beta} = (\cos\alpha + i\sin\alpha)(\cos\beta + i\sin\beta)$$

すなわち

$$e^{i\alpha}e^{i\beta} = (\cos\alpha\cos\beta - \sin\alpha\sin\beta) + i(\sin\alpha\cos\beta + \cos\alpha\sin\beta) \tag{1.20}$$

となる．(1.19) と (1.20) において，左辺同士が等しいという関係

$$e^{i\alpha + i\beta} = e^{i\alpha}e^{i\beta}$$

は指数関数の「指数法則」であり，右辺同士が等しいという関係は三角関数の「加法定理」である．したがって，指数法則と加法定理は 1 つの事実の異なる表現であって，2 つの表現がオイラーの公式 (1.18) を仲介

にして結びついていることが分かる．

(3) x, y を実数として，複素数 $z = x + iy$ に対し

$$e^z = e^x e^{iy} = e^x(\cos y + i \sin y) \tag{1.21}$$

とおくことにより，複素数 z の指数関数 e^z を定義することができる．

(4) (1.18) は，指数関数と三角関数との間に潜んでいた関係を表現するものである．(1.18) は指数関数を三角関数で表す式であるが，θ を $-\theta$ で置き換えると，

$$e^{-i\theta} = \cos\theta - i \sin\theta$$

となり，これらから

$$\cos\theta = \frac{1}{2}(e^{i\theta} + e^{-i\theta}) \tag{1.22}$$

$$\sin\theta = \frac{1}{2i}(e^{i\theta} - e^{-i\theta}) \tag{1.23}$$

が得られる．これは三角関数を指数関数で表す式である．

(5) **0.4.4 節**における双曲線関数の定義式

$$\cosh x = \frac{1}{2}(e^x + e^{-x})$$

$$\sinh x = \frac{1}{2}(e^x - e^{-x})$$

と，(1.22), (1.23) を比較すると，

$$\cosh x = \cos(ix)$$

$$\sinh x = \frac{1}{i}\sin(ix)$$

という対応関係があることになる．**0.4.4 節**でみた双曲線関数と三角関数の類似性の根拠が，これで明らかになったといえる．

問 6　オイラーの公式を用いて，ド・モアブルの定理

$$(\cos\theta + i \sin\theta)^n = \cos n\theta + i \sin n\theta$$

を，指数関数の法則として解釈せよ．

参考 1.3　オイラーの公式 (1.18) は，指数関数と三角関数のテイラー展開を用いて示されたが，これは「証明」といえるだろうか．もしも (1.18) の両辺があらかじめ定義されているなら，それらが等しいことを示す議論は「証明」である．ところが，指数関数 e^x は実数 x に対して定義されているが (それも本当は怪しいが)，「e の $i\theta$ 乗」はいかなる意味でも定義されていない．それゆえに，e^x の x に $i\theta$ を代入してよいのかという疑問が生じるわけである．これに対し，(1.15) の右辺は「無限次多項式」であるから，(収束の問題はあっても) 代入に伴う不可解さはない．つまり (1.18) の導出において問題にすべきなのは，計算過程の数学的厳密性以前に $e^{i\theta}$ の意味である．

結局，上記の議論によってなされたことは何かといえば，「無限次多項式」を仲介にして，指数関数の定義域を複素数に拡張する方法を見出したということである．複素数への拡張が理にかなった自然なものであれば，指数関数と三角関数のように表面上異なるものを統一し，それらに共通する本質を見出すことが可能になるのである．

Chapter 1 章末問題

Basic

問題 1.1 $\dfrac{1}{1-x}$ を無限次多項式で表すと $\boxed{}$ であるから，この式において x を x^2 で置き換えると $\boxed{}$ となる．

問題 1.2 $f(x) = (1+x)^{10}$ の n 階導関数は $n = 0, 1, 2, \cdots, 10$ に対して $f^{(n)}(x) = \boxed{}$，$n = 11, 12, \cdots$ に対して $f^{(n)}(x) = \boxed{}$ であるから，テイラー展開は $f(x) = \boxed{}$ となる．これは $f(x)$ の二項定理による展開に一致する．

問題 1.3 $(\sinh x)' = \boxed{}$，$(\cosh x)' = \boxed{}$，$\sinh 0 = \boxed{}$，$\cosh 0 = \boxed{}$ であることから，$\sinh x$ のテイラー展開は $\boxed{}$ となる．また $\cosh x$ のテイラー展開は $\boxed{}$ となる．

問題 1.4 $\dfrac{1}{1+t}$ のテイラー展開を，0 から x まで項ごとに積分 (項別積分) することにより，$\log(1+x)$ のテイラー展開 $\boxed{}$ を得る．

また，$\dfrac{1}{1+t^2}$ をテイラー展開すると $\boxed{}$ であるから，これを 0 から x まで項別積分することで，$\arctan x$ のテイラー展開 $\boxed{}$ を得る．

Standard

問題 1.5 等式

$$\lim_{n\to\infty}\left(1+\frac{x}{n}\right)^n = e^x$$

を念頭において，$n = 1, 2, \cdots$ に対し，

$$f_n(x) = \left(1+\frac{x}{n}\right)^n$$

とおく．$f_n(x)$ は n 次多項式であるから，x^k の係数を (n と k の二重添え字をもった) $a_{n,k}$ として，

$$f_n(x) = \sum_{k=0}^{n} a_{n,k}x^k$$

と書くことができる．このとき，k を止めて $n \to \infty$ とする極限

$$\lim_{n\to\infty} a_{n,k}$$

を求めよ．

問題 1.6 関数 $f(x) = \log(1+x)$, $g(x) = \log(1-x)$, $h(x) = \log(1-x^2)$ について考える．

(1) $f(x)$ のテイラー展開を用いて，$g(x), h(x)$ をテイラー展開せよ．

(2) $f(x)$ と $g(x)$ のテイラー展開の和を作り，$h(x)$ のテイラー展開と比較せよ．ただし，級数の項の順序を自由に変えてよいものとする．

問題 1.7 e^x のテイラー展開と e^{-x} のテイラー展開を掛け合わせ，それを展開して得られる級数 $M(x)$ を考える．

(1) $M(x)$ の定数項は何か．また，x, x^2, x^3 の項の係数を求めよ．

(2) x^n の項の係数を求めよ．

Advanced

問題 1.8 $\log(1+x)$ と $\log(1-x)$ のテイラー展開の差を昇べきの順にとることにより，$\log\dfrac{1+x}{1-x}$ をテイラー展開せよ．また，その級数に $x = \dfrac{1}{3}$ を代入して第 2 項までの和を小数第 2 位まで求めよ．

問題 1.9

(1) $e^z = 1+i$ を満たす複素数 z を求めよ．ただし実数 x, y に対し，((1.21) のように) $e^{x+iy} = e^x(\cos y + i\sin y)$ と定める．

(2) $\log(1+x)$ のテイラー展開に $x = i$ を代入した結果を実部，虚部に分けて (1) の結果と比較せよ．

Chapter 1 問の解答

問 1　n 次多項式 $1+x+x^2+\cdots+x^n$ は，$|x|<1$ において，$\dfrac{1}{1-x}$ を近似する．このことを使うと，n 次多項式 $\dfrac{1}{2}\left(1+\dfrac{x}{2}+\dfrac{x^2}{2^2}+\cdots+\dfrac{x^n}{2^n}\right)$ は，$\left|\dfrac{x}{2}\right|<1$ のとき，すなわち $|x|<2$ において，$\dfrac{1}{2-x}$ を近似する．□

$\dfrac{1}{2-x}=\dfrac{1}{1-(x-1)}$ のようにみれば，$\dfrac{1}{2-x}$ の近似多項式として，$1+(x-1)+(x-1)^2+\cdots+(x-1)^n$ を挙げることができる．ただし，この近似が有効なのは，$0<x<2$ の範囲である．

問 2　$g(x)=\dfrac{1}{1+2x}$ の導関数を逐次求めると，$g'(x)=(-1)(1+2x)^{-2}\cdot 2$, $g''(x)=(-1)^2 2(1+2x)^{-3}\cdot 2^2$, $g'''(x)=(-1)^3 3!(1+2x)^{-4}\cdot 2^3$ のようになり，一般に，$g^{(n)}(x)=(-1)^n n!(1+2x)^{-(n+1)}\cdot 2^n$ と表せる．よって，$g(x)=1-2x+4x^2-8x^3+\cdots+(-1)^n 2^n x^n+\cdots$ を得る．□

これは，**例 1.1** で考えた関数 $\dfrac{1}{1-x}=1+x+x^2+\cdots+x^n+\cdots$ において，x に $-2x$ を代入したものとなっている．

問 3　$k=0,1,2,\cdots$ に対して，$f^{(4k)}(x)=\cos x$, $f^{(4k+1)}(x)=-\sin x$, $f^{(4k+2)}(x)=-\cos x$, $f^{(4k+3)}(x)=\sin x$ であるから，$f^{(4k)}(0)=1$, $f^{(4k+1)}(0)=0$, $f^{(4k+2)}(0)=-1$, $f^{(4k+3)}(0)=0$ となる．よって，

$$
\begin{aligned}
f(x)&=\sum_{n=0}^{\infty}\frac{1}{n!}f^{(n)}(0)x^n\\
&=1-\frac{1}{2!}x^2+\frac{1}{4!}x^4-\frac{1}{6!}x^6+\cdots
\end{aligned}
$$

を得る．□

問 4　テイラー展開 $\sin x=x-\dfrac{1}{3!}x^3+\dfrac{1}{5!}x^5-\dfrac{1}{7!}x^7+\cdots$, $\cos x=1-\dfrac{1}{2!}x^2+\dfrac{1}{4!}x^4-\dfrac{1}{6!}x^6+\cdots$ において，項ごとに微分する．$\left(\dfrac{x^n}{n!}\right)'=\dfrac{x^{n-1}}{(n-1)!}$ であるから，

$$
\begin{aligned}
(\sin x)'&=1-\frac{1}{2!}x^2+\frac{1}{4!}x^4-\frac{1}{6!}x^6+\cdots\\
&=\cos x\\
(\cos x)'&=-x+\frac{1}{3!}x^3-\frac{1}{5!}x^5+\cdots\\
&=-\sin x
\end{aligned}
$$

となる．□

問 5　$f(x)=\log(1+x)$ の導関数を逐次求めると，$f'(x)=\dfrac{1}{1+x}$, $f''(x)=-\dfrac{1}{(1+x)^2}$, $f'''(x)=\dfrac{2}{(1+x)^3}$, $f^{(4)}(x)=-\dfrac{3!}{(1+x)^4}$ となり，一般に，$f^{(n)}(x)=(-1)^{n+1}\dfrac{(n-1)!}{(1+x)^n}$ のように表せる．よって $f^{(n)}(0)=(-1)^{n+1}(n-1)!$ となり，$\log(1+x)=x-\dfrac{1}{2}x^2+\dfrac{1}{3}x^3-\dfrac{1}{4}x^4+\cdots+(-1)^{n+1}\dfrac{1}{n}x^n+\cdots$ が得られる．また，項別微分すると，$(\log(1+x))'=1-x+x^2-x^3+\cdots=\dfrac{1}{1+x}$ となる．□

問 6　オイラーの公式 $e^{i\theta}=\cos\theta+i\sin\theta$ より，$(e^{i\theta})^n=(\cos\theta+i\sin\theta)^n$ である．一方，オイラーの公式から，$e^{i(n\theta)}=\cos n\theta+i\sin n\theta$ が成り立つ．それぞれの右辺が等しいことから，ド・モアブルの定理は $(e^{i\theta})^n=e^{i(n\theta)}$ という指数法則として解釈できる．□

Chapter 1 章末問題解答

問題 1.1 等式 $\dfrac{1}{1-x} = 1 + x + x^2 + \cdots + x^n + \cdots$ において，x を x^2 で置き換えると，$\dfrac{1}{1-x^2} = 1+x^2+x^4+\cdots+x^{2n}+\cdots$ となる． □

問題 1.2 $f(x)$ の n 階導関数は $0 \leqq n \leqq 10$ に対して

$$f^{(n)}(x) = \frac{10!}{(10-n)!}(1+x)^{10-n}$$
$$= {}_{10}\mathrm{C}_n n!(1+x)^{10-n}$$

$n \geqq 11$ に対して $f^{(n)}(x) = 0$ である．よって，$f(x) = \displaystyle\sum_{n=0}^{\infty} \frac{1}{n!} f^{(n)}(0)x^n = \sum_{n=0}^{10} {}_{10}\mathrm{C}_n x^n$ となり，二項定理に一致する． □

問題 1.3 $(\sinh x)' = \cosh x$, $(\cosh x)' = \sinh x$ であるから，$k = 0, 1, 2, \cdots$ に対して，$(\sinh x)^{(2k+1)} = \cosh x$, $(\sinh x)^{(2k)} = \sinh x$ が成り立つ．$\sinh 0 = 0$, $\cosh 0 = 1$ であるから，$\sinh x = x + \dfrac{1}{3!}x^3 + \dfrac{1}{5!}x^5 + \cdots + \dfrac{1}{(2n+1)!}x^{2n+1} + \cdots$，$\cosh x = 1 + \dfrac{1}{2!}x^2 + \dfrac{1}{4!}x^4 + \cdots + \dfrac{1}{(2n)!}x^{2n} + \cdots$ のようにテイラー展開することができる． □

問題 1.4 $\dfrac{1}{1+t}$ のテイラー展開 $\dfrac{1}{1+t} = 1 - t + t^2 - t^3 + \cdots + (-1)^n t^n + \cdots$ を，両辺を 0 から x まで (右辺は項別に) 積分すると，$\log(1+x) = x - \dfrac{1}{2}x^2 + \dfrac{1}{3}x^3 - \dfrac{1}{4}x^4 + \cdots + \dfrac{(-1)^n}{n+1}x^{n+1} + \cdots$ となる．

これは，**問 5** における $\log(1+x)$ のテイラー展開と一致する．

また，$\dfrac{1}{1+t^2}$ のテイラー展開 $\dfrac{1}{1+t^2} = 1 - t^2 + t^4 - t^6 + \cdots + (-1)^n t^{2n} + \cdots$ を，両辺を 0 から x まで (右辺は項別に) 積分すると，$\arctan x = x - \dfrac{1}{3}x^3 + \dfrac{1}{5}x^5 - \dfrac{1}{7}x^7 + \cdots + \dfrac{(-1)^n}{2n+1}x^{2n+1} + \cdots$ となる．

□

問題 1.5 $a_{n,k}$ は $f_n(x) = (1 + \frac{x}{n})^n$ における x^k の係数を表しているから，二項展開により，

$$a_{n,k} = {}_n\mathrm{C}_k \frac{1}{n^k} = \frac{n!}{k!(n-k)!}\frac{1}{n^k}$$
$$= \frac{1}{k!}\frac{n(n-1)(n-2)\cdots(n-k+1)}{n^k}$$
$$= \frac{1}{k!}\cdot 1\left(1-\frac{1}{n}\right)\left(1-\frac{2}{n}\right)\cdots\left(1-\frac{k-1}{n}\right)$$

と表せる．いま k が固定されているので，$\displaystyle\lim_{n\to\infty} a_{n,k} = \frac{1}{k!}$ を得る． □

問題 1.6 (1) **問 5**，**問題 1.4** の解答から，$f(x) = x - \dfrac{1}{2}x^2 + \dfrac{1}{3}x^3 - \dfrac{1}{4}x^4 + \cdots + (-1)^{n-1}\dfrac{1}{n}x^n + \cdots$ である．$g(x) = f(-x)$ および $h(x) = g(x^2)$ であるから，

$$g(x)$$
$$= -x - \frac{1}{2}x^2 - \frac{1}{3}x^3 - \cdots - \frac{1}{n}x^n - \cdots$$

$$h(x)$$
$$= -x^2 - \frac{1}{2}x^4 - \frac{1}{3}x^6 - \cdots - \frac{1}{n}x^{2n} - \cdots$$

となる．

(2) 項ごとに和を作ると，

$$f(x) + g(x)$$
$$= 0 - 2\frac{1}{2}x^2 + 0 - 2\frac{1}{4}x^4 + \cdots$$
$$+ ((-1)^{n-1} - 1)\frac{1}{n}x^n + \cdots$$

$= -x^2 - \frac{1}{2}x^4 - \frac{1}{3}x^6 - \cdots - \frac{1}{n}x^{2n} - \cdots$

となる．これは $h(x)$ のテイラー展開に一致する． □

問題 1.7 (1)

$$M(x)$$
$$= \left(1 + x + \frac{1}{2!}x^2 + \cdots + \frac{1}{n!}x^n + \cdots\right)$$
$$\times \left(1 - x + \frac{1}{2!}x^2 - \cdots + (-1)^n \frac{1}{n!}x^n + \cdots\right)$$
$$= 1 + (1-1)x + \left(\frac{1}{2!} - 1 + \frac{1}{2!}\right)x^2$$
$$+ \left(-\frac{1}{3!} + \frac{1}{2!} - \frac{1}{2!} + \frac{1}{3!}\right)x^3 + \cdots$$

より，定数項は 1 で，x, x^2, x^3 の係数はいずれも 0 である．

(2) n を正の整数とする．x^n の係数は，$\frac{1}{k!}(-1)^l\frac{1}{l!}$ を，$k+l=n$ を満たす k, l について加え合わせたものである．すなわち

$$\sum_{k=0}^{n} \frac{1}{k!}\frac{1}{(n-k)!}(-1)^{n-k}$$
$$= \frac{1}{n!}\sum_{k=0}^{n} {}_n\mathrm{C}_k(-1)^{n-k}$$
$$= \frac{1}{n!}(1 + (-1))^n = 0$$

である． □

問題 1.8 **問 5**，**問題 1.4** の解答から，$\log(1 \pm x) = \pm x - \frac{1}{2}x^2 \pm \frac{1}{3}x^3 - \frac{1}{4}x^4 + \cdots$ が分かる．よって，$\log\frac{1+x}{1-x} = \log(1+x) - \log(1-x) = 2(x + \frac{1}{3}x^3 + \frac{1}{5}x^5 + \cdots)$ となる．これに $x = \frac{1}{3}$ を代入して，第 2 項までの和を小数第 2 位まで求めると，$2\left(\frac{1}{3} + \frac{1}{3}\left(\frac{1}{3}\right)^3\right) = 0.69\cdots$ となる． □

問題 1.9 (1) $1 + i$ を極形式で表すと $\sqrt{2}\left(\cos\frac{\pi}{4} + i\sin\frac{\pi}{4}\right)$ であるから，方程式 $e^{x+iy} = 1 + i$ より，$e^x = \sqrt{2}$，$\cos y + i\sin y = \cos\frac{\pi}{4} + i\sin\frac{\pi}{4}$ すなわち $x = \frac{1}{2}\log 2$，$y = \frac{\pi}{4} + 2n\pi$ を得る．ここで n は整数である．よって，解は $z = \frac{1}{2}\log 2 + i\left(\frac{\pi}{4} + 2n\pi\right)$ である．

(2) テイラー展開

$$\log(1+x) = \sum_{n=1}^{\infty}\frac{1}{n}(-1)^{n-1}x^n \quad \cdots (*)$$

に $x = i$ を代入して，実部と虚部に分けると，

$$\log(1+i) = \sum_{n=1}^{\infty}\frac{1}{n}(-1)^{n-1}i^n$$
$$= i - \frac{1}{2}i^2 + \frac{1}{3}i^3 - \frac{1}{4}i^4 + \frac{1}{5}i^5 - \frac{1}{6}i^6 + \cdots$$
$$= i + \frac{1}{2} - \frac{1}{3}i - \frac{1}{4} + \frac{1}{5}i + \frac{1}{6} - \cdots$$
$$= \frac{1}{2}(1 - \frac{1}{2} + \frac{1}{3} + \cdots)$$
$$+ (1 - \frac{1}{3} + \frac{1}{5} - \cdots)i$$

となる．ここで最後の式の実部は，$(*)$ に $x = 1$ を代入したものの $\frac{1}{2}$ 倍であり，$\frac{1}{2}\log 2$ に等しい．また虚部は，**問題 1.4** の解答で得た $\arctan x$ のテイラー展開に $x = 1$ を代入したものであり，$\arctan 1 = \frac{\pi}{4}$ に等しい．よって $\log(1+i) = \frac{1}{2}\log 2 + \frac{\pi}{4}i$ となる．これは，(1) で得た解において $n = 0$ としたものである． □

Chapter 2 テイラー展開

テイラー展開は関数を多項式で近似する方法を与える．テイラー展開そのものは無限級数の形をしているが，無限級数を有限項で切って残りを捨てると多項式になる．この多項式がもとの関数を近似していると考えるのであるが，このとき切って捨てた部分が無視し得るほど小さいことを保証する必要がある．

2.1 剰余項

関数 $f(x)$ の $x=a$ におけるテイラー展開

$$f(x)=\sum_{k=0}^{\infty}\frac{f^{(k)}(a)}{k!}(x-a)^k \tag{2.1}$$

の右辺の和を $k \leqq n$ の範囲に限定して作られる多項式

$$F_n(x)=\sum_{k=0}^{n}\frac{f^{(k)}(a)}{k!}(x-a)^k \tag{2.2}$$

は，何らかの意味で $f(x)$ を近似していると考えられる．この節では，x が a に近いとき，$F_n(x)$ と $f(x)$ の差

$$R_{n+1}(x)=f(x)-F_n(x)\ ,\quad n=0,1,2,\cdots \tag{2.3}$$

が小さいことを確かめる．$R_{n+1}(x)$ を **剰余項** という．n を大きくしたときの $R_{n+1}(x)$ の振る舞いについては，**2.2** 節で考える．

2.1.1 微小量の比較

(2.2) において $n=0,1,2$ とすると，

$$\begin{aligned}
F_0(x)&=f(a)\\
F_1(x)&=f(a)+f'(a)(x-a)\\
F_2(x)&=f(a)+f'(a)(x-a)+\frac{1}{2}f''(a)(x-a)^2
\end{aligned}$$

となる．$y = F_1(x)$ は曲線 $y = f(x)$ の接線を表し，$y = F_2(x)$ は曲線 $y = f(x)$ に接する放物線を表す．どちらも接点 $(a, f(a))$ の近くで曲線 $y = f(x)$ を近似しているが，接線よりも放物線の方が近似の精度がよいだろう．他方，$F_0(x)$ による $f(x)$ の近似は，最も精度が低いだろうと思われる．この精度の違いを表現する方法を考える．

x の a からの増分を

$$h = x - a$$

と書き，x が a に近いとして，h を **微小量** とみる．h が微小量であるとき (たとえば $h = 10^{-100}$ とすると)，h^2 も h^3 も微小量であるが，h より h^2 の方が桁違いに小さく，h^3 はさらに小さい．

増分を表す記号 h を用いると，(2.1) は

$$\begin{aligned} f(x) &= \sum_{k=0}^{\infty} \frac{f^{(k)}(a)}{k!} h^k \\ &= f(a) + f'(a)h + \frac{1}{2!}f''(a)h^2 + \frac{1}{3!}f'''(a)h^3 + \frac{1}{4!}f^{(4)}(a)h^4 + \cdots \end{aligned} \tag{2.4}$$

と書ける．このとき剰余項 $R_1(x), R_2(x), R_3(x)$ は

$$R_1(x) = f'(a)h + \frac{1}{2!}f''(a)h^2 + \frac{1}{3!}f'''(a)h^3 + \frac{1}{4!}f^{(4)}(a)h^4 + \cdots \tag{2.5}$$

$$R_2(x) = \frac{1}{2!}f''(a)h^2 + \frac{1}{3!}f'''(a)h^3 + \frac{1}{4!}f^{(4)}(a)h^4 + \cdots \tag{2.6}$$

$$R_3(x) = \frac{1}{3!}f'''(a)h^3 + \frac{1}{4!}f^{(4)}(a)h^4 + \cdots \tag{2.7}$$

となるが，(2.5) の右辺は h の項から始まっているので，h が微小量のとき，(2.5) の右辺も大体 h 程度の大きさだろうとみる．また (2.6),(2.7) の右辺はそれぞれ h^2, h^3 の項から始まっているので，h が微小量のとき，(2.6),(2.7) の右辺はそれぞれ大体 h^2, h^3 程度の大きさの微小量だろうとみる．同様に $n = 0, 1, 2, \cdots$ に対して，剰余項 $R_{n+1}(x)$ は h^{n+1} 程度の大きさの微小量であるとみて，$\mathcal{O}(h^{n+1})$ という記号で表し，

$$R_{n+1}(x) = \mathcal{O}(h^{n+1}) \tag{2.8}$$

のように書くことにする．

注意 **2.1**　「微小量」といっても，どの範囲の数を指すのか曖昧なところがある．**2.1.2 節**で「微小量」の概念の曖昧さを解消し，**2.1.3 節**で (2.8) を証明する．(2.1) の右辺が収束して左辺に一致することの証明は **2.2 節**の目標である．

2.1.2 無限小の位数

2.1.1 節において，微小量の大きさを比較するために，$\mathcal{O}(h^n)$ という記号を用いた．この記号の意味を曖昧さのない形で定義しよう．そのために $h = 0$ の近くで定義された関数 $\varphi(h)$ について，n を正の整数として次のような性質を考える．

h を限りなく 0 に近づけるとき，$\dfrac{\varphi(h)}{h^n}$ の値は有限の範囲に留まる．

より正確にいえば，ある正の数 C が存在して，$h = 0$ の近くで，不等式

$$|\varphi(h)| \leqq C|h|^n \tag{2.9}$$

が成立するという性質を考える．C は h に依存しない定数である．$\varphi(h)$ がこの性質をもつとき，

$$\varphi(h) = \mathcal{O}(h^n) \tag{2.10}$$

と書くことにする．n を **無限小の位数** という．

注意 **2.2**　不等式 (2.9) がどんなに小さい h に対しても成立するということが，$\mathcal{O}(h^n)$ の定義の眼目である．特に，極限値

$$\lim_{h \to 0} \frac{\varphi(h)}{h^n}$$

が存在するとき，(2.10) のように書くことができる．

ただし，逆は必ずしも成り立たない．すなわち，$\varphi(h) = \mathcal{O}(h^n)$ であったとしても，極限 $\displaystyle\lim_{h \to 0} \frac{\varphi(h)}{h^n}$ が存在するとは限らない．たとえば，$\varphi(h) = h^n \sin \dfrac{1}{h}$ はそのような関数である．

なお，関数 $\varphi(h)$ は $h=0$ で定義されていなくてもいいが，その場合にも $\varphi(0)=0$ と定めれば，(2.9) により $h=0$ で連続になる．

例 2.1　$h>0$ に対し，放物線 $y=x^2$ と直線 $y=hx$ が囲む部分の面積を S とすると (**図 2.1**)，

$$S=\int_0^h (hx-x^2)dx=\frac{h^3}{6}$$

であるから，

$$S=\mathcal{O}(h^3)$$

と書くことができる．

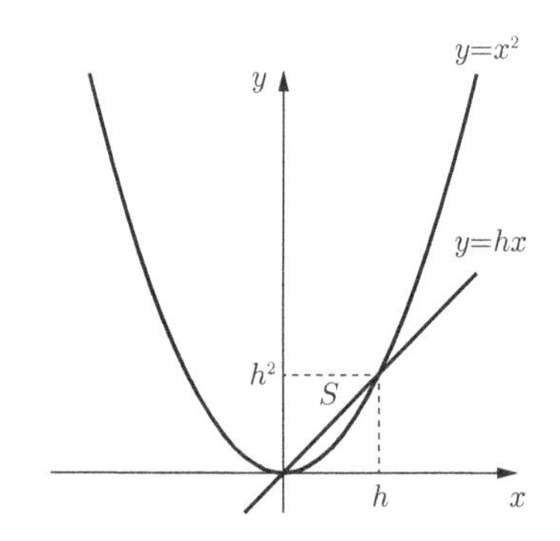

［図 2.1］ 放物線と直線が囲む部分の面積．

例 2.2

$$\lim_{h\to 0}\frac{\sin h}{h}=1$$

であるから，

$$\sin h=\mathcal{O}(h)$$

と書くことができる．

例 2.3 $|h| < 1$ の範囲で

$$\begin{aligned}|e^h - 1 - h| &= \left|\frac{1}{2!}h^2 + \frac{1}{3!}h^3 + \frac{1}{4!}h^4 + \cdots\right| \\ &\leqq |h|^2\left(\frac{1}{2!} + \frac{1}{3!}|h| + \frac{1}{4!}|h|^2 + \cdots\right) \\ &< |h|^2\left(\frac{1}{2!} + \frac{1}{3!} + \frac{1}{4!} + \cdots\right) \\ &= (e-2)|h|^2\end{aligned}$$

が成立するので，

$$e^h - 1 - h = \mathcal{O}(h^2)$$

と書くことができる．

例 2.4 x が微小量ならば，$\dfrac{1}{1-x} = 1 + \mathcal{O}(x)$ である．言い換えれば，$\varphi(x) = \dfrac{1}{1-x} - 1$ とおくと，$\varphi(x) = \mathcal{O}(x)$ となる．実際，$|\varphi(x)| = \dfrac{|x|}{|1-x|}$ であるが，$|x| \leqq \dfrac{1}{2}$ のとき，

$$|1-x| \geqq 1 - |x| \geqq 1 - \frac{1}{2} = \frac{1}{2}$$

より，$\dfrac{1}{|1-x|} \leqq 2$ となることから，$|\varphi(x)| \leqq 2|x|$ と評価できる．

注意 2.3 上の例で，「$|x| \leqq \dfrac{1}{2}$ のとき」と書いたが，$\dfrac{1}{2}$ という値は重要ではない．

問 1 x を微小量とするとき，以下の各問に答えよ．

(1) $\dfrac{1}{1+x} = 1 + \mathcal{O}(x)$ を示せ．

(2) $f(x) = \mathcal{O}(x)$ のとき，$\dfrac{1}{1+f(x)} = 1 + \mathcal{O}(x)$ を示せ．

例 2.5 h が微小量で，$f(h) = \mathcal{O}(h^n)$ ならば，$-f(h) = \mathcal{O}(h^n)$ である．

この事実は，以下のような迂回路をたどる論法で示される．

$$
\boxed{
\begin{array}{ccc}
f(h) = \mathcal{O}(h^n) & \overset{\text{ここを示したい}}{\Rightarrow} & -f(h) = \mathcal{O}(h^n) \\
\Updownarrow\text{(定義)} & & \Updownarrow\text{(定義)} \\
|f(h)| \leqq C|h|^n & \overset{\text{ここを示す}}{\Rightarrow} & |-f(h)| \leqq C'|h|^n
\end{array}
}
$$

示したいのは「$\Rightarrow$」であるが，そのために，「$\Downarrow, \Rightarrow, \Uparrow$」という迂回路をたどる．ここで，「$\Downarrow$」と「$\Uparrow$」は定義から分かる．そして「$\Rightarrow$」の部分は，

$$|-f(h)| = |f(h)| \leqq C|h|^n$$

から分かる ($C' = C$ であった).

問 2 h を微小量，a を定数とする．$f(h) = \mathcal{O}(h^n)$ のとき，$af(h) = \mathcal{O}(h^n)$ を示せ．

例 2.6 h が微小量で，$n \leqq m$, $f(h) = \mathcal{O}(h^m)$ ならば，$f(h) = \mathcal{O}(h^n)$ である．

この事実は，以下のような迂回路をたどる論法で示される．

$$
\boxed{
\begin{array}{ccc}
f(h) = \mathcal{O}(h^m) & \overset{\text{ここを示したい}}{\Rightarrow} & f(h) = \mathcal{O}(h^n) \\
\Updownarrow\text{(定義)} & & \Updownarrow\text{(定義)} \\
|f(h)| \leqq C|h|^m & \overset{\text{ここを示す}}{\Rightarrow} & |f(h)| \leqq C'|h|^n
\end{array}
}
$$

$|h|$ が 0 に近いので，$|h| \leqq 1$ としてよい．このとき，$m - n \geqq 0$ より，

$$|f(h)| \leqq C|h|^m = C|h|^n|h|^{m-n} \leqq C|h|^n$$

を得る ($C' = C$ であった).

問 3 h を微小量として，$f(h) = \mathcal{O}(h^n)$, $g(h) = \mathcal{O}(h^m)$, $n \geqq m$ であるとき，以下の事実を示せ．

(1) $f(h)g(h) = \mathcal{O}(h^{n+m})$

(2) $f(h)+g(h)=\mathcal{O}(h^m)$

(3) $\dfrac{f(h)}{h^m}=\mathcal{O}(h^{n-m})$ 　($n>m$ とする)

(4) $\dfrac{1}{1+f(h)}=1+\mathcal{O}(h^n)$

参考 2.4 無限小ではなく，無限大を比較するときにも，記号 $\mathcal{O}$ を用いる．たとえば

$$f(x)=\frac{x^3}{2x+1}$$

とする．$x\to\infty$ のとき，$f(x)\to\infty$ となるが，$\dfrac{f(x)}{x^2}$ は有限の範囲に留まるので，$f(x)$ は x^2 程度の大きさであるといえる．このことを

$$f(x)=\mathcal{O}(x^2)$$

のように表す．

それでは $\mathcal{O}(h^n)$ の定義に基づいて，$n=0,1,2,\cdots$ に対して (2.8) が成立するかどうか考える．まず $n=0$ のとき，

$$R_1(x)=f(x)-f(a)$$

であるが，もしも $f(x)$ が $x=a$ で微分可能ならば，微分係数の定義

$$\lim_{x\to a}\frac{f(x)-f(a)}{x-a}=f'(a) \tag{2.11}$$

により，

$$R_1(x)=f(x)-f(a)=\mathcal{O}(h)$$

が成り立つ．次に $n=1$ のとき，

$$R_2(x)=f(x)-f(a)-f'(a)h=\mathcal{O}(h^2) \tag{2.12}$$

が成立することを示すために，極限

$$L=\lim_{x\to a}\frac{R_2(x)}{(x-a)^2}$$

を調べる．結論からいうと，

$$L = \frac{f''(a)}{2} \tag{2.13}$$

となるので，(2.12) が成立するといえるのだが，(2.13) を示すために**ロピタルの定理**を準備する．

2.1.3 ロピタルの定理

下記の**定理 2.1** は「不定形」と呼ばれる極限値を計算する簡便な方法を与える．たとえば

$$L = \lim_{x \to 0} \frac{1 - \cos x}{x^2}$$

のように，$x = 0$ で分子・分母がともに 0 になる形の極限を求める際，分子・分母を微分して

$$\begin{aligned} L &= \lim_{x \to 0} \frac{(1 - \cos x)'}{(x^2)'} \\ &= \lim_{x \to 0} \frac{\sin x}{2x} = \frac{1}{2} \end{aligned}$$

のようにすればよいというものである．

定理 2.1

(ロピタルの定理)

関数 $F(x), G(x)$ が

$$F(a) = G(a) = 0$$

$$\lim_{x \to a} \frac{F'(x)}{G'(x)} = \gamma$$

を満たすならば，

$$\lim_{x \to a} \frac{F(x)}{G(x)} = \gamma$$

が成り立つ．ただし $F(x), G(x)$ は $x = a$ の近くで定義され微分可能であるとする．

定理 2.1 は，**4.3.2 節**で取り挙げる**定理 4.1**(コーシーの平均値の定理)(132 ページ) を用いて証明することができる．コーシーの平均値の定理をいまの状況に合わせて書くと，次のようになる．

定理 2.2

(コーシーの平均値の定理)

関数 $F(x), G(x)$ は閉区間 $[a,b]$ で連続，かつ開区間 (a,b) で微分可能であり，(a,b) において $G'(x) \neq 0$ とする．このとき，

$$\frac{F(b)-F(a)}{G(b)-G(a)} = \frac{F'(\xi)}{G'(\xi)} \tag{2.14}$$

$$a < \xi < b \tag{2.15}$$

を満たす ξ が存在する．

定理 2.2 は，$b < a$ の場合にも，文章の自明な変更を行うことにより成立する．いずれにせよ，$b \to a$ とすると $\xi \to a$ となり，**定理 2.1** が得られる．

さて，**定理 2.1** を

$$\begin{aligned} F(x) &= R_2(x) \\ &= f(x) - f(a) - f'(a)(x-a) \end{aligned} \tag{2.16}$$

$$G(x) = (x-a)^2 \tag{2.17}$$

として用いると，

$$\begin{aligned} \lim_{x \to a} \frac{F(x)}{G(x)} &= \lim_{x \to a} \frac{F'(x)}{G'(x)} \\ &= \lim_{x \to a} \frac{f'(x) - f'(a)}{2(x-a)} = \frac{1}{2} f''(a) \end{aligned} \tag{2.18}$$

のように (2.13) が得られる．ただし $f(x)$ は $x = a$ の近くで定義され 2 階微分可能であることを前提とする．

さらに

$$\begin{aligned} P(x) &= R_3(x) \\ &= f(x) - f(a) - f'(a)(x-a) - \frac{1}{2} f''(a)(x-a)^2 \\ Q(x) &= (x-a)^3 \end{aligned}$$

とすると

$$P'(x) = f'(x) - f'(a) - f''(a)(x-a)$$

$$Q'(x) = 3(x-a)^2$$

であるから，(2.16) における $f(x)$ を $f'(x)$ で置き換えて (2.18) を用いると，

$$\lim_{x \to a} \frac{P(x)}{Q(x)} = \lim_{x \to a} \frac{f'(x) - f'(a) - f''(a)(x-a)}{3(x-a)^2} = \frac{1}{6} f'''(a)$$

となり，$n = 2$ のときの (2.8) が示される．ただし $f(x)$ は $x = a$ の近くで定義され 3 階微分可能であることを前提とする．

この論法を繰り返すことにより，次の定理が得られる．

定理 2.3

n を 0 以上の整数とする．$f(x)$ が $x = a$ の近くで定義され $n+1$ 階微分可能であるとき，(2.3) で定義される剰余項 $R_{n+1}(x)$ は

$$\lim_{x \to a} \frac{R_{n+1}(x)}{(x-a)^{n+1}} = \frac{1}{(n+1)!} f^{(n+1)}(a) \tag{2.19}$$

を満たす．よって，

$$R_{n+1}(x) = \mathcal{O}((x-a)^{n+1}) \tag{2.20}$$

が成り立つ．

例 2.7 $f(x) = \sin x$ に対し，$a = 0, n = 2$ として**定理 2.3** を用いると，次式が得られる．

$$\sin x = x + \mathcal{O}(x^3)$$

ロピタルの定理を用いて，**定理 2.3** の証明の道筋をたどり直せば，

$$\lim_{x \to 0} \frac{\sin x - x}{x^3} = \lim_{x \to 0} \frac{\cos x - 1}{3x^2} = \lim_{x \to 0} \frac{-\sin x}{6x} = -\frac{1}{6}$$

から，$\sin x - x = \mathcal{O}(x^3)$ が得られる．

問 4 x を微小量として，次の等式を示せ．

$$\cos x = 1 + \mathcal{O}(x^2)$$

$$\tan x = x + \mathcal{O}(x^3)$$

2.2 剰余項の評価

関数 $f(x)$ のテイラー展開

$$f(x) = \sum_{k=0}^{\infty} \frac{f^{(k)}(a)}{k!}(x-a)^k \tag{2.21}$$

において，右辺の無限和が収束して左辺に一致するかどうかを問題にする．言い換えれば，有限和

$$F_n(x) = \sum_{k=0}^{n} \frac{f^{(k)}(a)}{k!}(x-a)^k \ , \quad n = 0, 1, 2, \cdots$$

を考え，

$$f(x) = \lim_{n\to\infty} F_n(x) \tag{2.22}$$

が成立するかどうか調べるのである．

2.2.1 テイラーの定理

剰余項

$$R_{n+1}(x) = f(x) - F_n(x) \ , \quad n = 0, 1, 2, \cdots \tag{2.23}$$

を用いれば，(2.22) は

$$\lim_{n\to\infty} R_{n+1}(x) = 0 \tag{2.24}$$

と同値である．

例 2.8 $f(x) = \dfrac{1}{1-x}$ のテイラー展開

$$\frac{1}{1-x} = \sum_{k=0}^{\infty} x^k$$

の場合，

$$F_n(x) = \sum_{k=0}^{n} x^k = \frac{1-x^{n+1}}{1-x}$$

であるから，剰余項は

$$R_{n+1}(x) = \frac{x^{n+1}}{1-x}$$

のように表せる．したがって，$|x| < 1$ の範囲で (2.24) が成立する．

関数 $f(x)$ は $x=a$ の近くで微分可能であるとして，剰余項 $R_1(x)$ を考える．

$$R_1(x) = f(x) - f(a)$$

であるから，平均値の定理を用いると，

$$\frac{R_1(x)}{x-a} = \frac{f(x)-f(a)}{x-a} = f'(c) \tag{2.25}$$

を満たす $c \in (a,x)$(または $c \in (x,a)$) が存在することが分かる．

ここで，**定理 2.3** で得られた結果

$$\lim_{x \to a} \frac{R_{n+1}(x)}{(x-a)^{n+1}} = \frac{1}{(n+1)!} f^{(n+1)}(a)$$

を踏まえれば，(2.25) の一般化として

$$\frac{R_{n+1}(x)}{(x-a)^{n+1}} = \frac{1}{(n+1)!} f^{(n+1)}(c)$$

を満たす $c \in (a,x)$ が存在すると予想できる．**2.2.2 節**において，この予想を次の定理の形で示す．

定理 2.4

(テイラーの定理)

関数 $f(t)$ の n 階導関数が閉区間 $[a,x]$ で連続，$n+1$ 階導関数が開区間 (a,x) で存在するならば，テイラー展開 (2.21) の剰余項 (2.23) について，

$$R_{n+1}(x) = \frac{(x-a)^{n+1}}{(n+1)!} f^{(n+1)}(c) \tag{2.26}$$

を満たす $c \in (a,x)$ が存在する．

注意 2.5 (2.26) の形に表された剰余項を**ラグランジュの剰余**という．なお $x < a$ のときは，$[a, x], (a, x)$ をそれぞれ $[x, a], (x, a)$ で置き換えて考える．

参考 2.6 **定理 2.3** と**定理 2.4** の関係に注意しよう．$x = a$ の近くで $|f^{(n+1)}(x)| \leqq C$ のように評価できることを仮定すれば，(2.26) から (2.20) を得ることができる．

問 5 関数 $f(x) = 1 + 2x + 3x^2 + 4x^3$ に，$a = 0, n = 1$ として**定理 2.4** を適用する．ラグランジュの剰余 (2.26) における c を x を用いて表せ．

例 2.9 $f(x) = \sin x$，$a = 0, n = 2$ とすれば，(2.26) は

$$\sin x = x - \frac{1}{6}(\cos c)x^3$$

となる．ただし，c は $(0, x)$ (または $(x, 0)$) の範囲にある．よって

$$|\sin x - x| \leqq \frac{1}{6}|x|^3$$

が成り立つ (このことから，$\sin x - x = O(x^3)$ が分かる)．また $x = \dfrac{\pi}{180} (= 1^\circ)$ とすれば

$$\left|\sin\frac{\pi}{180} - \frac{\pi}{180}\right| \leqq \frac{1}{6}\left(\frac{\pi}{180}\right)^3$$

となり，

$$0.017452 < \sin 1^\circ < 0.017455$$

が得られる．

問 6 $f(x) = \cos x$，$a = 0, n = 3$ として**定理 2.4** を適用して，

$$\left|\cos x - 1 + \frac{1}{2}x^2\right| \leqq \frac{1}{24}x^4$$

を示せ．

2.2.2 テイラーの定理の証明♠

定理 2.4 を証明することを考える．

$n=0$ のときは，平均値の定理を用いてすでに示した．そこで $n=1$ のときを考え，

$$\frac{R_2(x)}{(x-a)^2}=\frac{1}{2}f''(c) \tag{2.27}$$

を満たす $c\in(a,x)$ が存在することを示そう．そのために，コーシーの平均値の定理 (**定理 2.2**) を用いる．**定理 2.2** において，

$$\begin{aligned}F(x)&=R_2(x)=f(x)-f(a)-f'(a)(x-a)\\G(x)&=(x-a)^2\end{aligned}$$

とすると，

$$F(a)=G(a)=0$$

であるから，$b=x$ として (2.14) を書くと，

$$\frac{F(x)}{G(x)}=\frac{F'(\xi)}{G'(\xi)}$$

すなわち

$$\frac{R_2(x)}{(x-a)^2}=\frac{R_2'(\xi)}{2(\xi-a)}$$

となる．ただし，ξ は a と x の間の数である．ここで，

$$R_2'(c)=f'(c)-f'(a)$$

に注意して平均値の定理を用いれば，

$$\frac{R_2(x)}{(x-a)^2}=\frac{1}{2}\frac{f'(\xi)-f'(a)}{\xi-a}=\frac{1}{2}f''(c)$$

を満たす c_1 が a と c の間に存在するといえる．これで (2.27) が示された．

注意 2.7　上記の議論において，コーシーの平均値の定理や平均値の定理を適用し得るための条件は，

$R_2(t)$ が $[a,x]$ で連続，(a,x) で微分可能であること

$$f'(t) \text{ が } [a,c] \text{ で連続，} (a,c) \text{ で微分可能であること}$$

である．よって

$$f'(t) \text{ が } [a,x] \text{ で連続，} f''(x) \text{ が } (a,x) \text{ で存在すること}$$

を仮定すればよい．

また上記の論法を繰り返すことにより，(2.26) を $n \geqq 2$ に対しても示すことができる．

研究 2.8 (2.27) は，以下のようにして示すこともできる．

次のように問題を設定する．$R_2(x)$ を次のように書く．

$$R_2(x) = \frac{1}{2}k(x-a)^2 \tag{2.28}$$

すなわち

$$f(x) - f(a) - (x-a)f'(a) - \frac{1}{2}k(x-a)^2 = 0 \tag{2.29}$$

これを k に対する方程式とみて，解 k を求める．k が実数全体を動くとすると，(2.28) の右辺は任意の実数値をとるので，解 k は存在する．

さて若干技巧的だが，t の関数

$$F(t) = f(x) - f(t) - (x-t)f'(t) - \frac{1}{2}k(x-t)^2, \quad a \leqq t \leqq x$$

を考える．すると

$$F(x) = F(a) = 0 \tag{2.30}$$

$$F'(t) = -(x-t)f''(t) + k(x-t) \tag{2.31}$$

が成り立ち，平均値の定理により，

$$\frac{F(x) - F(a)}{x-a} = F'(c) \tag{2.32}$$

を満たす $c \in (a,x)$ が存在する．(2.30) より，(2.32) は

$$F'(c) = 0$$

を意味し，また (2.31) より，上式は

$$k = f''(c)$$

を意味する．これで (2.27) が示された．

2.2.3 テイラー展開の収束

定理 2.4 により，剰余項 $R_{n+1}(x)$ の表現が得られた．この表現を用いて，$f(x)$ のテイラー展開が収束して $f(x)$ に一致するための条件

$$\lim_{n \to \infty} R_n(x) = 0 \tag{2.33}$$

について考察する．

$f(x) = e^x$ のテイラー展開

$$e^x = \sum_{n=0}^{\infty} \frac{x^n}{n!}$$

を例として，剰余項 $R_n(x)$ を調べる．

$$f^{(n)}(x) = e^x \ , \quad n = 0, 1, 2, \cdots$$

であるから，$|c| \leqq |x|$ ならば，

$$|f^{(n)}(c)| \leqq e^{|x|} \ , \quad n = 0, 1, 2, \cdots \tag{2.34}$$

となる．よって，(2.26) において $a = 0$ とし，$n+1$ を n で置き換えれば，剰余項は

$$|R_n(x)| \leqq \frac{|x|^n}{n!} e^{|x|} \tag{2.35}$$

のように評価できる．

剰余項の評価 (2.35) を用いて，(2.33) を示す．このとき x を固定して n を限りなく大きくする極限を調べることになるので，

$$r_n = \frac{t^n}{n!}$$

とおき，$n \to \infty$ での r_n の振る舞いを調べる．ただし $t \geqq 0$ とする ((2.35) を調べるときは $t = |x|$ とする)．

まず，$0 \leqq t < 1$ のとき分子 t^n は 0 に収束し，$t = 1$ のとき $t^n = 1$ であるが，分母の $n!$ は ∞ に発散するので，$0 \leqq t \leqq 1$ ならば $r_n \to 0$ となる．

次に，$t > 1$ のとき分子の t^n も ∞ に発散するが，分母の発散速度は分子のそれよりもはるかに大きい．たとえば $t = 3$ とすると次のようになる．

n	1	2	3	4	5	6	7	8	$\cdots$
3^n	3	9	27	81	243	729	2187	6561	$\cdots$
$n!$	1	2	6	24	120	720	5040	40320	$\cdots$

3^n が同じ 3 を繰り返し掛けているのに対し，$n!$ では 4, 5, 6, 7, $\cdots$ と次々と大きな数を掛けていくから，いつかは $n!$ が 3^n を追い越してしまう．より厳密にいえば，$n \geqq 4$ のとき

$$\frac{3^n}{n!} = \underbrace{\frac{3}{n}\frac{3}{n-1}\cdots\frac{3}{4}}_{n-3\text{ 個}}\times\frac{3}{3}\frac{3}{2}\frac{3}{1} < \left(\frac{3}{4}\right)^{n-3}\times\frac{3^3}{3!}$$

となるので

$$\lim_{n\to\infty}\frac{3^n}{n!} = 0$$

である．

t としてどのような正の数をとっても同様の議論を組み立てることができる．実際，t より大きい最小の整数 (t の整数部分 $+1$) を m とする．このとき，$n \geqq m$ ならば

$$\begin{aligned}
\frac{t^n}{n!} &= \underbrace{\frac{t}{n}\frac{t}{n-1}\cdots\frac{t}{m+1}\frac{t}{m}}_{n-m+1\text{ 個}}\times\frac{t}{m-1}\cdots\frac{t}{2}\frac{t}{1} \\
&< \underbrace{\frac{t}{m}\frac{t}{m}\cdots\frac{t}{m}\frac{t}{m}}_{n-m+1\text{ 個}}\times\frac{t}{m-1}\cdots\frac{t}{2}\frac{t}{1} \\
&= \left(\frac{t}{m}\right)^{n-m+1}\times\frac{t}{m-1}\cdots\frac{t}{2}\frac{t}{1}
\end{aligned}$$

となる．$\dfrac{t}{m} < 1$ だから，

$$\left(\frac{t}{m}\right)^{n-m+1} \underset{n\to\infty}{\to} 0$$

となり，

$$\lim_{n\to\infty}\frac{t^n}{n!} = 0$$

が成立することが分かる．

以上により，次の定理が得られた．

定理 2.5

$t \geqq 0$ に対し,

$$\lim_{n\to\infty} \frac{t^n}{n!} = 0$$

が成り立つ.

$t = |x|$ としてこの定理を用いると, $f(x) = e^x$ に対する剰余項の評価 (2.35) から

$$\lim_{n\to\infty} R_n(x) = 0$$

が得られ, $f(x) = e^x$ のテイラー展開は, 任意の実数 x に対して収束して $f(x)$ に一致することが分かる.

問 7 $\sin x, \cos x$ のテイラー展開は, すべての実数 x に対して, それぞれ $\sin x, \cos x$ に収束することを示せ.

2.2.4 テイラー展開の収束域 ♠

テイラー展開が, 実数全体ではなく, ある限定された範囲で可能になることがある. **例 2.8** はその端的な例であるが, もう 1 つの例として, $f(x) = \sqrt{x+1}$ のテイラー展開 (1.12), すなわち

$$\sqrt{x+1} = 1 + \frac{1}{2}x - \frac{1}{8}x^2 + \frac{1}{16}x^3 - \frac{5}{128}x^4 + \cdots \tag{2.36}$$

を考える.

まず, 関数 $f(x) = \sqrt{x+1}$ の n 階導関数の一般形を書き表しておこう. (1.12) を得るための計算をみれば,

$$f^{(n)}(x) = a_n(x+1)^{b_n}, \quad n = 0, 1, 2, \cdots$$

のような表現が可能であることが分かる. この式の両辺を x で微分すると

$$f^{(n+1)}(x) = a_n b_n (x+1)^{b_n - 1}$$

となるから, 漸化式

$$a_{n+1} = a_n b_n$$

$$b_{n+1} = b_n - 1$$

が得られる．そこで初期値

$$a_0 = 1$$

$$b_0 = \frac{1}{2}$$

のもとでこの漸化式を解くと，b_n については

$$b_n = \frac{1}{2} - n\,, \quad n \geqq 0 \tag{2.37}$$

となり，また a_n については

$$a_n = a_0 b_0 b_1 b_2 \cdots b_{n-1} = b_0 b_1 b_2 \cdots b_{n-1} \tag{2.38}$$

より，(2.37) を用いて

$$a_n = \frac{1}{2} \cdot \left(\frac{1}{2} - 1\right) \cdot \left(\frac{1}{2} - 2\right) \cdots \left(\frac{1}{2} - (n-1)\right) \tag{2.39}$$

となる．

すると，(2.36) において x^n の係数は

$$\frac{f^{(n)}(0)}{n!} = \frac{a_n}{n!} = \frac{\frac{1}{2} \cdot \left(\frac{1}{2} - 1\right) \cdot \left(\frac{1}{2} - 2\right) \cdots \left(\frac{1}{2} - (n-1)\right)}{n!} \tag{2.40}$$

と表せる．

 **2.9**　(2.40) を，二項係数の定義

$${}_m\mathrm{C}_n = \frac{m(m-1)(m-2)\cdots(m-n+1)}{n!}$$

と見比べると，(2.40) は ${}_m\mathrm{C}_n$ において $m = \frac{1}{2}$ とした形であることが分かる．そこで ${}_{\frac{1}{2}}\mathrm{C}_n$ という記号を使って (2.36) を書いてみると，

$$\sqrt{x+1} = \sum_{n=0}^{\infty} {}_{\frac{1}{2}}\mathrm{C}_n x^n \tag{2.41}$$

となり，二項定理と類似の形になる．

関数 $f(x) = \sqrt{x+1}$ の n 階導関数は

$$f^{(n)}(x) = a_n(x+1)^{b_n}$$

のように表すことができて，a_n, b_n は (2.38), (2.37) で与えられることが分かった．すなわち

$$b_n = \frac{1}{2} - n \ , \quad n = 0, 1, 2, \cdots \tag{2.42}$$

$$a_n = b_0 b_1 b_2 \cdots b_{n-1} \ , \quad n = 1, 2, \cdots \tag{2.43}$$

この結果を用いて，$0 < x \leqq 1$ なる x に対し，剰余項 $R_n(x)$ について，

$$\lim_{n \to \infty} R_n(x) = 0 \tag{2.44}$$

が成立することを示そう．

剰余項を

$$\begin{aligned} R_n(x) &= \frac{f^{(n)}(c)}{n!} x^n \\ &= \frac{a_n}{n!}(c+1)^{b_n} x^n \end{aligned}$$

のように表す．ただし c は n ごとに異なるとみるべきであるから，

$$R_n(x) = \frac{a_n}{n!}(c_n+1)^{b_n} x^n \tag{2.45}$$

と書こう．c_n については，

$$0 < c_n < x \leqq 1 \tag{2.46}$$

を満たすということが分かっている．

まず (2.43) を用いて得られる表式

$$\frac{a_n}{n!} = b_0 \cdot \frac{b_1}{1} \cdot \frac{b_2}{2} \cdot \frac{b_3}{3} \cdots \frac{b_{n-1}}{n-1} \cdot \frac{1}{n}$$

の右辺において，(2.42) から

$$\left| \frac{b_k}{k} \right| \leqq 1 \ , \quad k = 1, 2, \cdots, n-1$$

が成り立ち，$b_0 = \dfrac{1}{2}$ であるから

$$\left| \frac{a_n}{n!} \right| < \frac{1}{2n}$$

が得られる．また (2.42), (2.46) を用いると，$n \geqq 1$ に対し，

$$0 < (c_n + 1)^{b_n} < 1$$

となる．したがって，(2.45) より

$$|R_n(x)| < \frac{1}{2n}, \quad n \geqq 1$$

のような評価が得られ，$0 < x \leqq 1$ なる x に対し，(2.44) が成立することが分かる．

注意 2.10　(2.44) が $x < 0$ のときや $x > 1$ のときに成立するかどうかは，上記の議論からは分からない．

Chapter 2 章末問題

Basic

問題 2.1 $h>0$ を微小量として，1辺の長さが $\mathcal{O}(h)$ である正四面体 $T(h)$ がある．$T(h)$ の表面積は $\mathcal{O}(h^2)$，内接球の体積は $\mathcal{O}(h^3)$ である．その理由を説明せよ．

問題 2.2 x を微小量とする．このとき，以下の各問に答えよ．

(1) $e^x = 1 + x + \mathcal{O}(x^2)$ を示せ．
(2) (1) を用いて，$\sinh x = x + \mathcal{O}(x^2)$ を示せ．
(3) $e^x = 1 + x + \dfrac{1}{2}x^2 + \mathcal{O}(x^3)$ を示せ．
(4) (3) を用いて，$\sinh x = x + \mathcal{O}(x^3)$ を示せ．

問題 2.3 関数 $f(x) = \dfrac{1}{1-x}$ の $x=0$ におけるテイラー展開について，(2.26) で与えられるラグランジュの剰余 $R_{n+1}(x) = \dfrac{x^{n+1}}{(n+1)!}f^{(n+1)}(c)$ を考える．$x = \dfrac{1}{2}$ として，ラグランジュの剰余における c の値を求めよ．

Standard

問題 2.4 関数 $f(x) = \dfrac{1}{3}e^x + \dfrac{2}{3}e^{-\frac{x}{2}}\cos\left(\dfrac{\sqrt{3}}{2}x\right)$ について，以下の各問に答えよ．

(1) $f^{(n)}(0)$ を求めよ．
(2) $f(x)$ の $x=0$ におけるテイラー展開は，任意の実数 x において収束し，$f(x)$ に一致することを示せ．

問題 2.5 何度でも微分できる関数 $f(x)$ に対し，次式が成り立つことを示せ．

$$\lim_{h\to 0}\frac{f(h) - 2f(0) + f(-h)}{h^2} = f''(0)$$

また，次式が成り立つような定数 a, b を求めよ．

$$\lim_{h\to 0}\frac{af(h) - af(-h) + bf(2h) - bf(-2h)}{h^3} = f'''(0)$$

問題 2.6 関数 $\log(1+x)$ にテイラーの定理 (**定理 2.4**) を適用して $\log 1.1$ の近似値を求めたい．

(1) $\log(1+x)$ を $x=0$ において x^2 までテイラー展開することにより $\log 1.1$ の近似値を求め，ラグランジュの剰余 (2.26) を用いて誤差を評価せよ．

(2) $\log 1.1$ の近似値の誤差を 10^{-5} 以下にするには，$\log(1+x)$ を x の何乗までテイラー展開すればよいか．

Advanced

問題 2.7 方程式 $\sin x = 0.1$ は近似解 $x = 0.1$ をもつ．この近似解を改良して，より精密な近似解を求め，誤差を評価せよ．

問題 2.8 定数 h に対し，xy 平面上の直線 $y = h$ を l，方程式 $x = f(y)$ が定める曲線を M，l と M の交点を P とする．直線 l に沿って $x > 0$ の方向から入射した光線が曲線 M 上の点 P で反射するとする．ただし，入射光線と反射光線は点 P における曲線 M の法線に関して対称であるとする．このとき反射光線が x 軸上の点 Q を通るとして，点 Q の x 座標を x_{Q} とし，極限値 $x_* = \lim_{h\to 0} x_{\mathrm{Q}}$ を考える．以下の各問に答えよ．

(1) 原点 O を中心とする半径 1 の円の $x < 0$ を満たす部分を M とする．h を微小量として，$x_* - x_{\mathrm{Q}} = \mathcal{O}(h^2)$ を示せ．

(2) $f(y)$ は何度でも微分できる偶関数で，$f''(0) > 0$ であるとする．曲線 M の方程式を $x = f(y)$ とする．このとき，

$$x_{\mathrm{Q}} = f(h) - \frac{1}{2}hf'(h) + \frac{h}{2f'(h)}$$

が成立することを示せ．また h を微小量として，$x_* - x_{\mathrm{Q}} = \mathcal{O}(h^2)$ を示せ．

問題 2.9 関数 $f(x)$ は開区間 I で何度でも微分可能であるとする．このとき，平均値の定理から，異なる 2 点 $a, x \in I$ に対して，$\dfrac{f(x)-f(a)}{x-a} = f'(c)$ を満たす点 c が a と x の間に存在する．

(1) $f''(a) \neq 0$ であるとき，$\displaystyle\lim_{x\to a}\frac{c-a}{x-a} = \frac{1}{2}$ を示せ．

(2) $f''(a) = 0$ かつ $f'''(a) \neq 0$ であるとき，$\displaystyle\lim_{x\to a}\frac{c-a}{x-a} = \frac{1}{\sqrt{3}}$ を示せ．

Chapter 2 問の解答

問 1　(1) $\varphi(x)=\dfrac{1}{1+x}-1$ とおくと，$|\varphi(x)|=\dfrac{|x|}{|1+x|}$ である．ここで，$|x|\leqq 1/2$ とすると，$|\varphi(x)|\leqq 2|x|$ となるから，$\varphi(x)=\mathcal{O}(x)$ が分かる．

あるいは，$\displaystyle\lim_{x\to 0}\frac{\varphi(x)}{x}=\lim_{x\to 0}\frac{-1}{1+x}=-1$ (収束) より，$\varphi(x)=\mathcal{O}(x)$ が分かる．

(2) $\varphi(x)=\dfrac{1}{1+f(x)}-1$ とおくと，$|\varphi(x)|=\dfrac{|f(x)|}{|1+f(x)|}$ である．$f(x)=\mathcal{O}(x)$ より，正数 C があって，$x=0$ の近くで $|f(x)|\leqq C|x|$ となるから，$|1+f(x)|\geqq 1-C|x|$ が分かる．よって，たとえば $|x|\leqq\dfrac{1}{2C}$ であれば，$|1+f(x)|\geqq 1/2$ となって，$|\varphi(x)|\leqq 2|f(x)|\leqq 2C|x|$ を得る．　□

$f(x)=\mathcal{O}(x)$ という仮定のもとで，極限 $\displaystyle\lim_{x\to 0}\frac{f(x)}{x}$ の存在は保証されていない．

問 2　$f(h)=\mathcal{O}(h^n)$ より，正数 C があって，$h=0$ の近くで $|f(h)|\leqq C|h|^n$ が成り立つ．よって，$|af(h)|\leqq C'|h|^n$ を得る (ここで $C'=|a|C$ とした)．したがって，$af(h)=\mathcal{O}(h^n)$ である．　□

問 3　$f(h)=\mathcal{O}(h^n),\ g(h)=\mathcal{O}(h^m)$ より，正数 C_1, C_2 があって，$h=0$ の近くで $|f(h)|\leqq C_1|h|^n,\ |g(h)|\leqq C_2|h|^m$ が成り立つ．

(1) $C=C_1C_2$ とすれば，$|f(h)g(h)|\leqq C|h|^{n+m}$ であるから，$f(h)g(h)=\mathcal{O}(h^{n+m})$ となる．

(2) h は 0 に近いから，$|h|\leqq 1$ としてよい．このとき $|h|^n\leqq|h|^m$ であるから，$|f(h)+g(h)|\leqq|f(h)|+|g(h)|\leqq C_1|h|^m+C_2|h|^m=C|h|^m$ を得る ($C=C_1+C_2$ とした)．よって，$f(h)+g(h)=\mathcal{O}(h^m)$ が成り立つ．

(3) $\left|\dfrac{f(h)}{h^m}\right|\leqq\dfrac{C|h|^n}{|h|^m}=C|h|^{n-m}$

(4) $\dfrac{1}{1+f(h)}-1=\dfrac{-f(h)}{1+f(h)}$

h を十分小さくとると，$|f(h)|\leqq C|h|^n<\dfrac{1}{2}$ が成立するようにできるので，$\left|\dfrac{1}{1+f(h)}-1\right|\leqq 2|f(h)|=\mathcal{O}(h^n)$ よって，$\dfrac{1}{1+f(h)}=1+\mathcal{O}(h^n)$ となる．　□

ただし，仮定 $f(h)=\mathcal{O}(h^n),\ g(h)=\mathcal{O}(h^m)$ のもとで，$\dfrac{f(h)}{g(h)}=\mathcal{O}(h^{n-m})$ が成り立つとはいえない．

問 4　いずれも**定理 2.3** からただちに得られるが，ロピタルの定理を用いて，**定理 2.3** の証明の道筋をたどり直せば，

$$\lim_{x\to 0}\frac{\cos x-1}{x^2}=\lim_{x\to 0}\frac{-\sin x}{2x}=-\frac{1}{2}$$

$$\lim_{x\to 0}\frac{\tan x-x}{x^3}=\lim_{x\to 0}\frac{\dfrac{1}{\cos^2 x}-1}{3x^2}$$

$$=\lim_{x\to 0}\frac{\sin^2 x}{3x^2\cos^2 x}$$

$$=\frac{1}{3}\lim_{x\to 0}\left(\frac{\sin x}{x}\right)^2\frac{1}{\cos^2 x}=\frac{1}{3}$$

から，$\cos x=1+\mathcal{O}(x^2),\ \tan x=x+\mathcal{O}(x^3)$ を得る．　□

なお，$\sin x=x+\mathcal{O}(x^3),\ \cos x=1+\mathcal{O}(x^2)$ から $\tan x=\dfrac{x+\mathcal{O}(x^3)}{1+\mathcal{O}(x^2)}$ が成り立つ．**問 1**(2) と同様にして，$f(x)=\mathcal{O}(x^2)$ のとき，$\dfrac{1}{1+f(x)}=1+\mathcal{O}(x^2)$ を示すこ

とができるので，さらに**問 3** の結果を用いれば，

$$\tan x = (x + \mathcal{O}(x^3))(1 + \mathcal{O}(x^2))$$
$$= x + \mathcal{O}(x^3) + x\mathcal{O}(x^2) + \mathcal{O}(x^3)\mathcal{O}(x^2)$$
$$= x + \mathcal{O}(x^3)$$

が得られる．

問 5 $f(x) = 1+2x+3x^2+4x^3$ に対し，$f'(x) = 2+6x+12x^2$, $f''(x) = 6+24x$ である．$f(x)$ の $x=0$ におけるテイラー展開を 1 次の項までとると $F_1(x) = 1+2x$ となるから，この場合の剰余項は

$$R_2(x) = f(x) - F_1(x) = 3x^2 + 4x^3$$

である．他方，ラグランジュの剰余は $\dfrac{x^2}{2!}f''(c) = (3+12c)x^2$ であるから，$3x^2+4x^3 = (3+12c)x^2$ より，$c = \dfrac{1}{3}x$ を得る． □

問 6 $f(x) = \cos x$ に対し，$a = 0$, $n = 3$ とすれば，(2.26) は

$$\cos x = 1 - \frac{1}{2}x^2 + \frac{1}{4!}(\cos c)x^4$$

となる．ただし，c は $(0, x)$ (または $(x, 0)$) の範囲にある．よって

$$\left|\cos x - 1 + \frac{1}{2}x^2\right| \leqq \frac{1}{24}|x|^4$$

が成り立つ． □

問 7 $f(x) = \sin x$ に対して，$f^{(n)}(x)$ は $\pm\sin x$ または $\pm\cos x$ であるから，$|f^{(n)}(x)| \leqq 1$ である．よって，$|R_n(x)| \leqq \dfrac{1}{n!}|x|^n$ が成り立ち，$\lim_{n\to\infty} R_n(x) = 0$ が得られる．$f(x) = \cos x$ についても同様である． □

Chapter 2 章末問題解答

問題 2.1　$T(h)$ の 1 辺の長さを $a(h)$ とする．$a(h) = \mathcal{O}(h)$ であるとは，$0 < a(h) \leqq Ch$ が成り立つことを意味する．C は正の定数である．$T(h)$ の表面積 $S(h)$ は $C_1 a(h)^2$ と表せるので (C_1 は正の定数)，$0 < S(h) \leqq C_1 C^2 h^2$ が成り立つ．よって $S(h) = \mathcal{O}(h^2)$ である．$T(h)$ の内接球の体積 $V(h)$ は $C_2 a(h)^3$ と表せるので (C_2 は正の定数)，$0 < V(h) \leqq C_2 C^3 h^3$ が成り立つ．よって $V(h) = \mathcal{O}(h^3)$ である．□

問題 2.2　(1) e^x を $x = 0$ において 1 次の項までテイラー展開すると，$e^x = 1 + x + R_2(x)$ となる．剰余項 $R_2(x)$ は，**定理 2.3** より $\mathcal{O}(x^2)$ である．テイラーの定理 (**定理 2.4**) を用いてもよい．

またロピタルの定理 (**定理 2.1**) を用いて**定理 2.3** の証明の道筋をたどり直せば，

$$\lim_{x\to 0}\frac{e^x - 1 - x}{x^2} = \lim_{x\to 0}\frac{e^x - 1}{2x} = \lim_{x\to 0}\frac{e^x}{2} = \frac{1}{2} \tag{2.47}$$

となり，$e^x - 1 - x = \mathcal{O}(x^2)$ が得られる．

(2) x が微小量のとき $-x$ も微小量だから，(1) より，$e^{-x} = 1 + (-x) + \mathcal{O}((-x)^2) = 1 - x + \mathcal{O}(x^2)$ である．よって，

$$\begin{aligned}\sinh x &= \frac{e^x - e^{-x}}{2}\\ &= \frac{1 + x + \mathcal{O}(x^2) - (1 - x + \mathcal{O}(x^2))}{2}\\ &= x + \mathcal{O}(x^2)\end{aligned}$$

である．もちろん (1) の結果ではなく，(1) の方法を用いることもできる．

(3) e^x を $x = 0$ において 2 次の項までテイラー展開すると，$e^x = 1 + x + \frac{1}{2}x^2 + R_3(x)$ となる．剰余項 $R_3(x)$ は，**定理 2.3** より $\mathcal{O}(x^3)$ である．テイラーの定理やロピタルの定理を用いてもよい．

(4) x が微小量のとき $-x$ も微小量だから，(3) より，$e^{-x} = 1 + (-x) + \frac{1}{2}(-x)^2 + \mathcal{O}((-x)^3) = 1 - x + \frac{1}{2}x^2 + \mathcal{O}(x^3)$ である．よって，

$$\begin{aligned}\sinh x &= \frac{e^x - e^{-x}}{2}\\ &= \frac{\begin{array}{l}1 + x + x^2/2 + \mathcal{O}(x^3)\\ \quad -(1 - x + x^2/2 + \mathcal{O}(x^3))\end{array}}{2}\\ &= x + \mathcal{O}(x^3)\end{aligned}$$

□

問題 2.3　$\frac{1}{1-x}$ を $x = 0$ において n 次の項までテイラー展開すると，$\frac{1}{1-x} = 1 + x + x^2 + \cdots + x^n + R_{n+1}(x)$ となる．剰余項は

$$\begin{aligned}R_{n+1}(x) &= \frac{1}{1-x} - (1 + x + x^2 + \cdots + x^n)\\ &= \frac{x^{n+1}}{1-x}\end{aligned}$$

であるが，ラグランジュの剰余は $R_{n+1}(x) = \frac{x^{n+1}}{(1-c)^{n+2}}$ と表せる (c は 0 と x の間の数である)．すなわち $1 - x = (1-c)^{n+2}$ であるが，$x = \frac{1}{2}$ とすると，$c = 1 - \frac{1}{2^{1/(n+2)}}$ が得られる．

□

問題 2.4　(1) 3 階までの導関数を計算すると，

$$f'(x) = \frac{1}{3}e^x - \frac{1}{3}e^{-\frac{x}{2}}\cos\left(\frac{\sqrt{3}}{2}x\right)$$

$$-\frac{1}{\sqrt{3}}e^{-\frac{x}{2}}\sin\left(\frac{\sqrt{3}}{2}x\right)$$

$$f''(x)=\frac{1}{3}e^{x}-\frac{1}{3}e^{-\frac{x}{2}}\cos\left(\frac{\sqrt{3}}{2}x\right)$$

$$+\frac{1}{\sqrt{3}}e^{-\frac{x}{2}}\sin\left(\frac{\sqrt{3}}{2}x\right)$$

$$f'''(x)=\frac{1}{3}e^{x}+\frac{2}{3}e^{-\frac{x}{2}}\cos\left(\frac{\sqrt{3}}{2}x\right)$$

となるので，n 階導関数 $f^{(n)}(x)$ は，n について周期 3 で繰り返す．特に $x=0$ とすると，$f^{(3k)}(0)=1$，$f^{(3k+1)}(0)=0$，$f^{(3k+2)}(0)=0$ となる．

(2) x を (0 以外の) 任意の実数として，ラグランジュの剰余 $R_n(x)=\frac{1}{n!}f^{(n)}(c)x^n$ を調べる．c を 0 と x の間の数として，

$$0<e^{c}<e^{|x|}, \quad 0<e^{-c/2}<e^{|x|/2}$$

が成り立つので，$|f^{(n)}(c)|<\frac{1}{3}e^{|x|}+\left(\frac{1}{3}+\frac{1}{\sqrt{3}}\right)e^{|x|/2}$ のように評価できる．したがって**定理 2.5** から，$\lim_{n\to\infty}|R_n(x)|=0$ が得られる．□

$f(x)$ の n 階導関数を

$$f^{(n)}(x)$$
$$=\frac{1}{3}e^{x}+\frac{2}{3}(-1)^{n}e^{-\frac{x}{2}}\cos\left(\frac{\sqrt{3}}{2}x-\frac{n}{3}\pi\right)$$

のような形に表すこともできる．また $f(x)$ のテイラー展開は

$$f(x)=1+\frac{x^3}{3!}+\frac{x^6}{6!}+\frac{x^9}{9!}+\cdots$$

のようになる．

問題 2.5 ロピタルの定理を用いて，

$$\lim_{h\to0}\frac{f(h)-2f(0)+f(-h)}{h^2}$$

(分子は $h=0$ のとき 0 になる)

$$=\lim_{h\to0}\frac{f'(h)-f'(-h)}{2h}$$

(分子は $h=0$ のとき 0 になる)

$$=\lim_{h\to0}\frac{f''(h)+f''(-h)}{2}=f''(0)$$

を得る．

また，$F(h)=af(h)-af(-h)+bf(2h)-bf(-2h)$ とおくと，

$$F'(h)=af'(h)+af'(-h)+2bf'(2h)$$
$$+2bf'(-2h)$$
$$F''(h)=af''(h)-af''(-h)+4bf''(2h)$$
$$-4bf''(-2h)$$
$$F'''(h)=af'''(h)+af'''(-h)+8bf'''(2h)$$
$$+8f'''(-2h)$$

である．もしも $F(0)=F'(0)=F''(0)=0$ であれば，ロピタルの定理を用いて，

$$\lim_{h\to0}\frac{F(h)}{h^3}=\lim_{h\to0}\frac{F'(h)}{3h^2}=\lim_{h\to0}\frac{F''(h)}{6h}$$
$$=\frac{F'''(0)}{6}$$

となるが，もしも $F(0)=F'(0)=F''(0)=0$ でなければ，$\lim_{h\to0}\frac{F(h)}{h^3}$ は存在しない．

よって，a,b に対する条件は，$F(0)=F'(0)=F''(0)=0$, $F'''(0)=6f'''(0)$，すなわち $a+2b=0$, $2(a+8b)=6$ であり，$a=-1$, $b=\frac{1}{2}$ を得る．□

問題 2.6 関数 $f(x)=\log(1+x)$ の n 階導関数は，$f^{(n)}(x)=\frac{(-1)^{n+1}(n-1)!}{(1+x)^{n+1}}$ である．

(1) 関数 $\log(1+x)$ に $a=0$, $n=2$ としてテイラーの定理を適用すると，

$$\log(1+x)=x-\frac{1}{2}x^2+R_3(x)$$

$$R_3(x) = \frac{1}{3}(1+c)^{-3}x^3$$

となる．c は 0 と x の間の数である．$x = 0.1$ とすると，

$$\log 1.1 = 0.095 + R_3(0.1)$$
$$R_3(0.1) = \frac{0.1^3}{3}(1+c)^{-3}$$

となり，近似値 0.095 が得られ，誤差は

$$|\log 1.1 - 0.095|$$
$$= R_3(0.1) < \frac{0.1^3}{3} < 3.4 \times 10^{-4}$$

のように評価できる．

(2) $\log(1+x)$ を x^n まで展開して得られる $\log 1.1$ の近似値の誤差は $R_{n+1}(0.1)$ である．そこで $|R_{n+1}(0.1)| \leqq 10^{-5}$ となる最小の n を求める．ラグランジュの剰余を用いると，

$$R_{n+1}(0.1) = \frac{(-1)^n 0.1^{n+1}}{(n+1)(1+c)^{n+1}},$$
$$0 < c < 0.1$$

と表せるから，

$$\frac{0.1^{n+1}}{(n+1)1.1^{n+1}} < |R_{n+1}(0.1)| < \frac{0.1^{n+1}}{n+1}$$

と評価される．$n = 3$ とすると $1.707\cdots \times 10^{-5} < |R_4(0.1)| < 2.5 \times 10^{-5}$，$n = 4$ とすると $1.241\cdots \times 10^{-6} < |R_5(0.1)| < 2 \times 10^{-6}$ であるから，$n = 4$ とすればよい． □

注意 このとき，$\log 1.1$ の近似値は 0.09531 となる．

問題 2.7 $\arcsin x$ のテイラー展開を用いて，$\arcsin 0.1$ の近似値を求める．$f(x) = \arcsin x$ の 5 階までの導関数は，

$$f'(x) = \frac{1}{(1-x^2)^{1/2}}$$
$$f''(x) = \frac{x}{(1-x^2)^{3/2}}$$
$$f'''(x) = \frac{1+2x^2}{(1-x^2)^{5/2}}$$
$$f^{(4)}(x) = \frac{9x+6x^3}{(1-x^2)^{7/2}}$$
$$f^{(5)}(x) = \frac{9+72x^2+24x^4}{(1-x^2)^{9/2}}$$

である．$\arcsin x$ を $x = 0$ において x^4 までテイラー展開すると $f(x) = x + \frac{1}{6}x^3 + R_5(x)$ となり，ラグランジュ剰余は $R_5(x) = \frac{1}{120}f^{(5)}(c)x^5$ と表せる．c は 0 と x の間の数である．

$x = 0.1$ とすれば，$\arcsin 0.1$ の近似値 $0.1 + \frac{1}{6}0.1^3 = 0.1001667$ が得られ，誤差は

$$|R_5(0.1)| \leqq \frac{9 + 72 \cdot 0.1^2 + 24 \cdot 0.1^4}{120(1-0.1^2)^{9/2}} 0.1^5$$
$$< 8.5 \times 10^{-7}$$

のように評価される． □

注意 $\alpha = 0.1001667$ とすると，$\sin\alpha - 0.1 = 7.5\cdots \times 10^{-7}$ となるが，これに対して $\sin 0.1 - 0.1 = 1.6\cdots \times 10^{-4}$ であるから，α は 0.1 より精密な近似解であることが分かる．また x^3 までのテイラー展開とそのラグランジュ剰余を用いても同じ近似解 α が得られるが，誤差の評価が甘くなる．

問題 2.8 (1) 直線 l に沿った光線が半円弧 M で反射する様子は図 **2.2** のようになる．ここで $h = \sin\theta$ とし，黒点 ● が角度

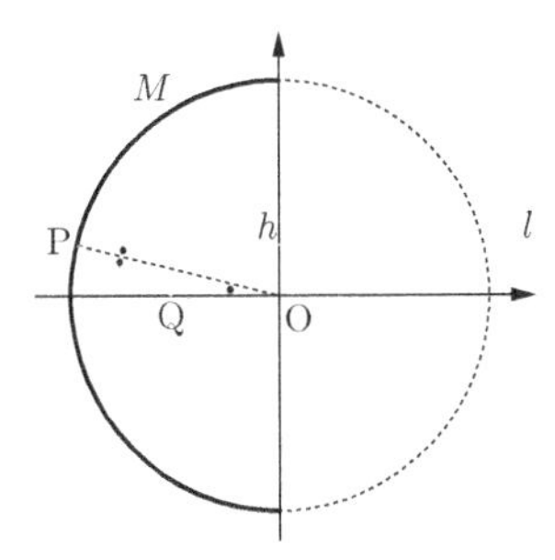

[図 2.2] M による反射 ($\bullet = \theta$).

θ を表す．半円弧 M の法線は常に原点 O を通り，直線 l と x 軸は平行である．入射光線と反射光線は点 P における半円弧 M の法線に関して対称であるから，$\angle\mathrm{OPQ} = \angle\mathrm{QOP}$ となり，

$$x_{\mathrm{Q}} = -\frac{\overline{\mathrm{OP}}}{2\cos\theta} = -\frac{1}{2\sqrt{1-h^2}}$$

を得る．したがって，$x_* = -\dfrac{1}{2}$ であり，

$$\begin{aligned} x_* - x_{\mathrm{Q}} &= -\frac{1-\sqrt{1-h^2}}{2\sqrt{1-h^2}} \\ &= -\frac{h^2}{2\sqrt{1-h^2}(1+\sqrt{1-h^2})} = \mathcal{O}(h^2) \end{aligned}$$

となる．

また $x_* - x_{\mathrm{Q}} = \dfrac{1-\cos\theta}{2\cos\theta} = \mathcal{O}(\theta^2)$ であるが，$h = \sin\theta$ より h と θ は同位の微小量 ($\theta = \mathcal{O}(h)$) であるから，ある定数 C が存在して，十分小さい h に対し

$$\left|\frac{x_* - x_{\mathrm{Q}}}{h^2}\right| = \left|\frac{x_* - x_{\mathrm{Q}}}{Q^2}\right| \left(\frac{\theta}{h}\right)^2 < C$$

が成立する．すなわち，$x_* - x_{\mathrm{Q}} = \mathcal{O}(h^2)$ である．

(2) $f(y)$ についての仮定により，$f'(0) = 0$ であり，$h > 0$ ならば $f'(h) > 0$，$h < 0$ ならば $f'(h) < 0$ である．

点 $\mathrm{P}(f(h), h)$ における M の法線ベクトルは $\begin{pmatrix} 1 \\ -f'(h) \end{pmatrix}$ と表せる．入射光と反射光の単位方向ベクトルを $-\begin{pmatrix} 1 \\ 0 \end{pmatrix}$，$\begin{pmatrix} a \\ b \end{pmatrix}$ とすると，

$$\begin{pmatrix} 1 \\ 0 \end{pmatrix} + \begin{pmatrix} a \\ b \end{pmatrix} = s\begin{pmatrix} 1 \\ -f'(h) \end{pmatrix}$$

と表せる．$a^2 + b^2 = 1$ より $s = \dfrac{2}{1+f'(h)^2}$ となり，

$$\begin{pmatrix} a \\ b \end{pmatrix} = \frac{1}{1+f'(h)^2}\begin{pmatrix} 1-f'(h)^2 \\ -2f'(h) \end{pmatrix}$$

を得る．直線 PQ の傾きは b/a であるから，x 軸との交点の座標は

$$x_{\mathrm{Q}} = f(h) - \frac{a}{b}h = f(h) - \frac{1}{2}hf'(h) + \frac{h}{2f'(h)}$$

である．また $f'(0) = 0$ であるから，ロピタルの定理により

$$x_* = f(0) + \lim_{h\to 0}\frac{h}{2f'(h)} = f(0) + \frac{1}{2f''(0)}$$

である．

さて**定理 2.3** を用いると $f'(0) = f'''(0) = 0$ のもとで，$f(h) = f(0) + \dfrac{1}{2}f''(0)h^2 + \mathcal{O}(h^4)$，$f'(h) = f''(0)h + \mathcal{O}(h^3)$ が成り立つ．したがって，**問 3** で示したことを用いると，

$$\begin{aligned} &x_* - x_{\mathrm{Q}} \\ &= f(0) + \frac{1}{2f''(0)} - f(h) + \frac{1}{2}hf'(h) - \frac{h}{2f'(h)} \\ &= \frac{1}{2f''(0)} + \mathcal{O}(h^4) - \frac{1}{2f''(0) + \mathcal{O}(h^2)} \\ &= \frac{1}{2f''(0)} + \mathcal{O}(h^4) - \frac{1}{2f''(0)}(1 + \mathcal{O}(h^2)) \end{aligned}$$

$= \mathcal{O}(h^2)$

を得る． □

注意 もしも $f^{(4)}(0) = 0$ ならば，$x_* - x_{\mathrm{Q}}$ はさらに高位の無限小になる．特に $f(y) = ay^2$ ならば，すべての h に対して $x_* - x_{\mathrm{Q}} = 0$ である．

問題 2.9 (1) テイラーの定理より，

$$f(x) = f(a) + f'(a)(x-a) + \frac{1}{2!}f''(\xi)(x-a)^2$$

$$f'(c) = f'(a) + f''(\eta)(c-a)$$

が成り立つ．ここで，ξ は a と x の間の数，η は a と c の間の数である．したがって

$$\frac{f(x)-f(a)}{x-a} = f'(c)$$

$$\Leftrightarrow\ f'(a) + \frac{1}{2}f''(\xi)(x-a) = f'(a) + f''(\eta)(c-a)$$

$$\Leftrightarrow\ \frac{c-a}{x-a} = \frac{1}{2}\frac{f''(\xi)}{f''(\eta)}$$

が分かる．ここで $x \to a$ とすると，$\xi \to a$，$\eta \to a$ となり，$f''(\xi), f''(\eta)$ はともに $f''(a)(\neq 0)$ に収束する．よって $\displaystyle\lim_{x\to a}\frac{c-a}{x-a} = \frac{1}{2}$ が成り立つ．

(2) $f''(a) = 0$ であるから，テイラーの定理により

$$f(x) = f(a) + f'(a)(x-a) + \frac{1}{3!}f'''(\xi)(x-a)^3$$

$$f'(c) = f'(a) + \frac{1}{2}f'''(\eta)(c-a)^2$$

が成り立つ．ここで，ξ は a と x の間の数，η は a と c の間の数である．したがって

$$\frac{f(x)-f(a)}{x-a} = f'(c)$$

$$\Leftrightarrow\ f'(a) + \frac{1}{3!}f'''(\xi)(x-a)^2 = f'(a) + \frac{1}{2}f'''(\eta)(c-a)^2$$

$$\Leftrightarrow\ \left(\frac{c-a}{x-a}\right)^2 = \frac{1}{3}\frac{f'''(\xi)}{f'''(\eta)}$$

が分かる．ここで (1) と同様に $x \to a$ とすれば，$\displaystyle\lim_{x\to a}\left(\frac{c-a}{x-a}\right)^2 = \frac{1}{3}$ を得る． □

Chapter 3 1変数関数の積分法

この章では，定積分の定義を若干拡張し，実際的な応用に備える．また定積分を正確に計算するのではなく，不等式によって評価する方法を考える．

3.1 広義積分

0章では，有限の閉区間で定義された連続関数について，定積分を考えた．この節では，定積分の定義を拡張して，不連続関数の定積分や積分区間を実数全体にした定積分などを考える．

3.1.1 広義積分の基本的な考え方

本論に入る前に，定積分の定義を拡張するための基本的な考え方を説明しよう．

無限区間における定積分

関数 $y = \dfrac{1}{x^2}$ の定積分

$$I = \int_1^{\infty} \frac{1}{x^2}\,dx$$

は無限区間での定積分であるから，高校数学では扱わないが，次のようにして計算することができる．まず，$t > 1$ として，区間 $[1, t]$ における定積分

$$I(t) = \int_1^t \frac{1}{x^2}\,dx = 1 - \frac{1}{t}$$

を考え，$t \to \infty$ としたときの極限値をとる．

$$\int_1^{\infty} \frac{1}{x^2}\,dx = \lim_{t \to \infty} \int_1^t \frac{1}{x^2}\,dx = 1$$

I は図 **3.1 (左)** の青色の部分の面積を表す．

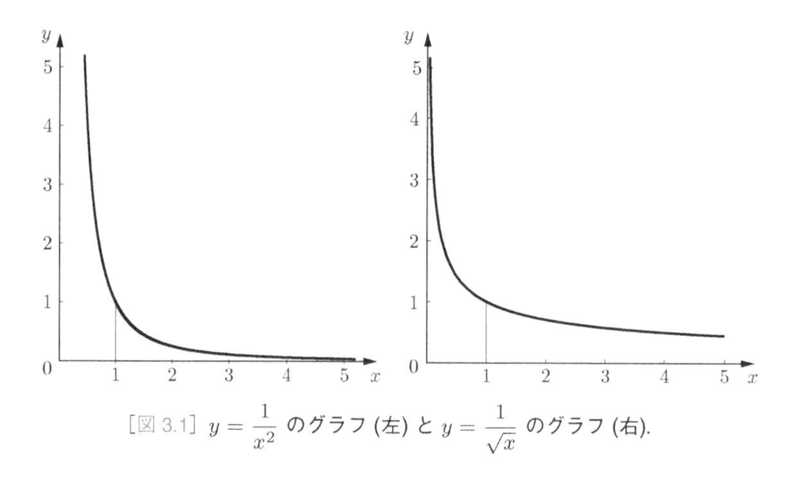

［図 3.1］ $y = \dfrac{1}{x^2}$ のグラフ (左) と $y = \dfrac{1}{\sqrt{x}}$ のグラフ (右).

端点で発散する関数の定積分

関数 $y = \dfrac{1}{\sqrt{x}}$ の定積分

$$I = \int_0^1 \frac{1}{\sqrt{x}}\, dx$$

は，関数 $y = \dfrac{1}{\sqrt{x}}$ が $x \to +0$ のとき発散するため，高校では扱わないが，次のようにして計算することができる． $0 < t < 1$ として，区間 $[t, 1]$ における定積分

$$I(t) = \int_t^1 \frac{1}{\sqrt{x}}\, dx = 2(1 - \sqrt{t})$$

を考え， $t \to +0$ としたときの極限値をとる．

$$\int_0^1 \frac{1}{\sqrt{x}}\, dx = \lim_{t \to +0} \int_t^1 \frac{1}{\sqrt{x}}\, dx = 2 \tag{3.1}$$

I は図 **3.1 (右)** の青色の部分の面積を表す．

不連続関数の定積分

関数 $f(x) = |x|$ の定積分は，たとえば

$$\int_{-1}^1 |x|\, dx = \int_{-1}^0 (-x)\, dx + \int_0^1 x\, dx = 1$$

のように，積分区間を分割することにより計算することができる．同様に，

$x=0$ で不連続な関数

$$g(x)=\begin{cases}1 & (x>0)\\ -1 & (x\leqq 0)\end{cases} \tag{3.2}$$

の積分も，積分区間を分割して考えれば

$$\int_{-1}^{1} g(x)\,dx=\int_{-1}^{0}(-1)\,dx+\int_{0}^{1}1\,dx=0 \tag{3.3}$$

となる．

(1) (3.3) において，区間 $[0,1]$ 上の積分 (第 2 項)

$$\int_0^1 g(x)\,dx=\int_0^1 1\,dx$$

は，「端点で発散する関数の積分」の考え方 (3.1) に従っているといえる．$g(x)$ の定義 (3.2) において，1 点 $x=0$ での値 $g(0)$ をどのように定めても，積分値は変わらない．

(2) 関数 $f(x)=|x|$ は原始関数をもつ．すなわち

$$F(x)=\int_0^x |t|\,dt=\begin{cases}\frac{1}{2}x^2 & (x\geqq 0)\\ -\frac{1}{2}x^2 & (x<0)\end{cases}$$

の導関数は $f(x)=|x|$ である．しかし，関数 (3.2) は原始関数をもたない．実際，

$$G(x)=\int_0^x g(t)\,dt=|x|$$

とおくと，$x\neq 0$ のとき $G'(x)=g(x)$ が成り立つが，$G(x)$ は $x=0$ で微分可能ではないので，$x=0$ のとき $G'(x)=g(x)$ という等式は成立しない．つまり，$G(x)$ は $g(x)$ の原始関数ではない．このようなわけで，一般に不連続関数の定積分において，原始関数を用いることはできず，「積分は微分の逆である」という考え方は制約を受けることになる．

上記のような積分は，高校数学で扱う積分の範囲外ではあるが，その自然

な延長であるといえる．これを一般化して，定積分の定義を拡張することを考える．

これからの便宜のために，区間の定義を整理しておく．実数 a, b ($a < b$ とする) に対して，有限の開区間，閉区間を表す記号 (a, b), $[a, b]$ はすでに用いているが，さらに次のような **半開区間** を考える．

$$(a, b] \quad a < x \leqq b$$

$$[a, b) \quad a \leqq x < b$$

また次のような **無限区間** を考えることもある．

$$(-\infty, a), \quad (a, \infty), \quad (-\infty, a], \quad [a, \infty), \quad (-\infty, \infty)$$

特に $(-\infty, \infty)$ は実数全体を表す．有限区間と無限区間をまとめて **区間** という．

3.1.2 区分的に連続な関数の定積分

有限閉区間 $[a, b]$ で定義された関数 $f(x)$ が，区間 $[a, b]$ 内の有限個の点を除いて連続で，除外された各点において片側極限が存在するとする．すなわち，除外された 1 点 $c \in (a, b)$ において，左右からの片側極限

$$f(c \pm 0) = \lim_{x \to c \pm 0} f(x)$$

がそれぞれ存在し (等しくなくてもよい)，左端点 $x = a$ における右側極限 $f(a + 0)$ と，右端点 $x = b$ における左側極限 $f(b - 0)$ が存在するとする．このとき，関数 $f(x)$ は $[a, b]$ で **区分的に連続** (区間ごとに連続) であるという．

例 3.1 関数

$$f(x) = \begin{cases} 1 & (x > 0) \\ 0 & (x = 0) \\ -1 & (x < 0) \end{cases}$$

を $\mathrm{sgn}(x)$ と書き，符号関数という (**図 3.2 (左)**)．符号関数は任意の有限閉区間で区分的に連続である．実際，$\mathrm{sgn}(x)$ は 1 点 $x = 0$ を除いて連続で，$x = 0$ において片側極限 $\mathrm{sgn}(\pm 0) = \pm 1$ をもつ．

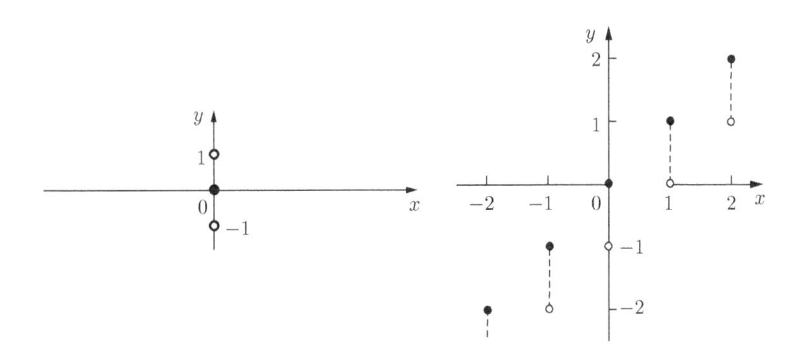

［図 3.2］ $y = \mathrm{sgn}(x)$ のグラフ (左) と $y = [x]$ のグラフ (右).

例 3.2 実数 x を超えない最大の整数を $[x]$ と書く．すなわち，$n \leqq x < n+1$ が成立するような整数 n を $[x]$ と書く．関数 $y = [x]$ (**図 3.2 (右)**) は，任意の有限区間 $[a, b]$ において区分的に連続である．実際 $f(x) = [x]$ は，整数でない点 x において連続であり，整数点 $x = n$ において片側極限が存在して $[n+0] = n$ と $[n-0] = n-1$ が成り立つ．

区間 $[a, b]$ で区分的に連続な関数 $f(x)$ の定積分は，有限個の不連続点で区間 $[a, b]$ を分割して定義することができる．すなわち，定積分

$$I = \int_a^b f(x)\, dx$$

は，分割された各小区間上での定積分の和として定義する．いくつか例をみてみよう．

例 3.3 関数 $y = \mathrm{sgn}(x)$ の $[-3, 5]$ における定積分は，積分区間を $x = 0$ の前後で分けると，

$$\begin{aligned}\int_{-3}^5 \mathrm{sgn}(x)\, dx &= \int_{-3}^0 \mathrm{sgn}(x)\, dx + \int_0^5 \mathrm{sgn}(x)\, dx \\ &= \int_{-3}^0 (-1)\, dx + \int_0^5 dx = 2\end{aligned}$$

となる．

例 3.4 自然数 n に対して，定積分

$$I_n = \int_0^n [x]\,dx$$

を考える．不連続点 $1, 2, \cdots, n-1$ で積分区間を分けると，

$$\begin{aligned}\int_0^n [x]\,dx &= \int_0^1 [x]\,dx + \int_1^2 [x]\,dx + \cdots + \int_{n-1}^n [x]\,dx \\ &= 0 + 1 + \cdots + (n-1) = \frac{n(n-1)}{2}\end{aligned}$$

となる．

注意 3.2 区分的に連続な関数を不連続点で分割して各小区間で考えるとき，小区間の端点での不連続性が残る．しかし端点での値は，積分を考えるとき気にしないでよい．

問 1 関数

$$H(x) = \begin{cases} 1 & (x > 0) \\ 1/2 & (x = 0) \\ 0 & (x < 0) \end{cases}$$

を **ヘビサイド関数** という．この関数について，積分

$$\int_{-3}^5 H(x)\,dx$$

を求めよ．

3.1.3 端点で発散する関数の定積分

半開区間 $(a, b]$ で連続で，左端点 $x = a$ で発散している関数 $f(x)$ に対して，閉区間 $[t, b]$ 上の定積分

$$J(t) = \int_t^b f(x)\,dx, \quad t \in (a, b]$$

を考え，$t \to a + 0$ としたときの極限値

$$J = \lim_{t \to a+0} \int_t^b f(x)\,dx$$

が存在するとする．このとき

$$\int_a^b f(x)\,dx = \lim_{t \to a+0} \int_t^b f(x)\,dx$$

と定義し，$f(x)$ の **広義積分** という (「広義積分は収束する」ということもある)．

注意 3.3　半開区間 $[a, b)$ で連続な関数についても，同様の方法で広義積分を考えることができる．

例 3.5　関数 $y = \log x$ は区間 $(0, 1]$ で連続であり，$0 < t < 1$ の範囲の t に対し，

$$\int_t^1 \log x\,dx = -t \log t - 1 + t$$

となる．そこで $t \to +0$ として，

$$\int_0^1 \log x\,dx = \lim_{t \to +0} \int_t^1 \log x\,dx = -1$$

を得る．

問 2　積分区間を $x = 0$ で分割することにより，広義積分

$$\int_{-1}^1 \log |x|\,dx$$

を計算せよ．

開区間 (a, b) で連続で，両端点で発散している関数 $f(x)$ に対しては，

$$\int_a^b f(x)\,dx = \lim_{\substack{s \to a+0 \\ t \to b-0}} \int_s^t f(x)\,dx$$

のような二重の極限として計算することができる．

例 3.6　関数 $\dfrac{1}{\sqrt{1-x^2}}$ は区間 $(-1,1)$ で連続で，両端点 $x=\pm 1$ で発散している (**図 3.3 (左)**).

このとき，

$$\begin{aligned}\int_{-1}^{1}\frac{1}{\sqrt{1-x^2}}\,dx &= \lim_{\substack{t\to 1-0\\ s\to -1+0}}\int_{s}^{t}\frac{1}{\sqrt{1-x^2}}\,dx\\ &= \lim_{\substack{t\to 1-0\\ s\to -1+0}}\left[\arcsin x\right]_{s}^{t}\\ &= \arcsin 1-\arcsin(-1)=\pi\end{aligned}$$

となる.

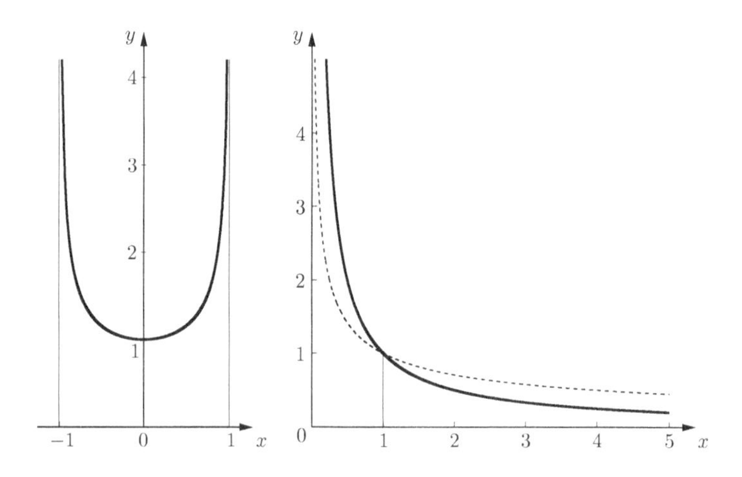

［図 3.3］ $y=\dfrac{1}{\sqrt{1-x^2}}$ のグラフ (左) と $y=\dfrac{1}{x}$ のグラフ (右，破線は $y=\dfrac{1}{\sqrt{x}}$).

例 3.7　関数 $y=\dfrac{1}{x}$ の場合，

$$\lim_{t\to +0}\int_{t}^{1}\frac{1}{x}\,dx=\lim_{t\to +0}(-\log t)=\infty$$

となり，広義積分 $\displaystyle\int_{0}^{1}\frac{1}{x}\,dx$ は定義されない (「広義積分は発散する」ということもある). これは，**図 3.3 (右)** の青色の部分の面積が無限大であることを意味する.

 **3.4**　上記の例を，収束する広義積分

$$\int_0^1 \frac{1}{\sqrt{x}}\,dx = 2$$

と比較してみる．2 曲線 $y = \dfrac{1}{x}$, $y = \dfrac{1}{\sqrt{x}}$ の違いは，$x \to +0$ としたときの y 軸への漸近の仕方である．**図 3.3 (右)** の実線と破線を見比べると，曲線 $y = \dfrac{1}{\sqrt{x}}$ の方が曲線 $y = \dfrac{1}{x}$ よりも速く y 軸に漸近している．

　$a > 0$ とする．広義積分

$$\int_0^1 \frac{1}{x^a}\,dx$$

が収束するための a の条件を求めよ．

参考 **3.5**　2 つの関数

$$f(x) = \frac{x}{|x|^{3/2}} = \begin{cases} \dfrac{1}{\sqrt{x}} & (x > 0) \\ \dfrac{-1}{\sqrt{-x}} & (x < 0) \end{cases}$$

$$g(x) = \frac{1}{x} \quad (x \neq 0)$$

を考える．$f(0) = g(0) = 0$ と定義しておこう．どちらも奇関数であるから，

$$\int_{-1}^1 f(x) = 0 \tag{3.4}$$

$$\int_{-1}^1 g(x) = 0 \tag{3.5}$$

が成立するようにみえる．しかし，(3.4) は正しいが，(3.5) は正しくない．なぜなら，積分区間を $x = 0$ の前後で分けて考えると，**注意 3.4** で指摘したように，(3.4) は広義積分として定義できるが，(3.5) は定義できないからである．

3.1.4 無限区間上の関数の定積分

無限区間 $[a,\infty)$ で連続な関数 $f(x)$ に対して，$t > a$ として，有限区間 $[a,t]$ 上の定積分

$$I(t) = \int_a^t f(x)\,dx$$

を考え，$t \to \infty$ としたときの極限値が存在するとき

$$\int_a^\infty f(x)\,dx = \lim_{t\to\infty} \int_a^t f(x)\,dx$$

と定義し，$f(x)$ の **広義積分** という．

例 3.8 関数 $y = e^{-x}$ は $[0,\infty)$ で連続であり，

$$\int_0^\infty e^{-x}\,dx = \lim_{t\to\infty} \int_0^t e^{-x}\,dx = \lim_{t\to\infty} \left[-e^{-x}\right]_0^t = 1$$

となる (**図 3.4**).

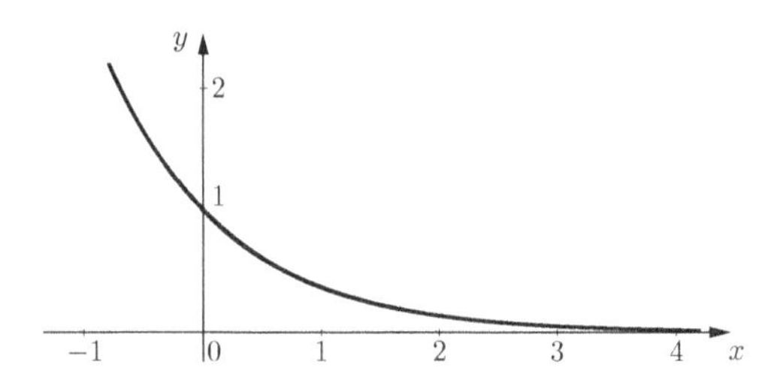

[図 3.4] $y = e^{-x}$ のグラフ.

注意 3.6 無限区間 $(-\infty,a]$ で連続な関数に対しても，同様の方法で広義積分を考えることができる．

実数全体で連続な関数 $f(x)$ に対しては，その定積分を

$$\int_{-\infty}^\infty f(x)\,dx = \lim_{\substack{s\to-\infty \\ t\to\infty}} \int_s^t f(x)\,dx$$

のように，二重の極限として定式化することができる．

例 3.9 関数 $y = \dfrac{1}{x^2+1}$ に対し,

$$\begin{aligned}\int_{-\infty}^{\infty} \frac{1}{x^2+1}\,dx &= \lim_{\substack{s\to-\infty \\ t\to\infty}} \int_s^t \frac{1}{x^2+1}\,dx \\ &= \lim_{\substack{s\to-\infty \\ t\to\infty}} [\arctan x]_s^t \\ &= \lim_{\substack{s\to-\infty \\ t\to\infty}} (\arctan t - \arctan s) = \pi\end{aligned}$$

となる (**図 3.5**).

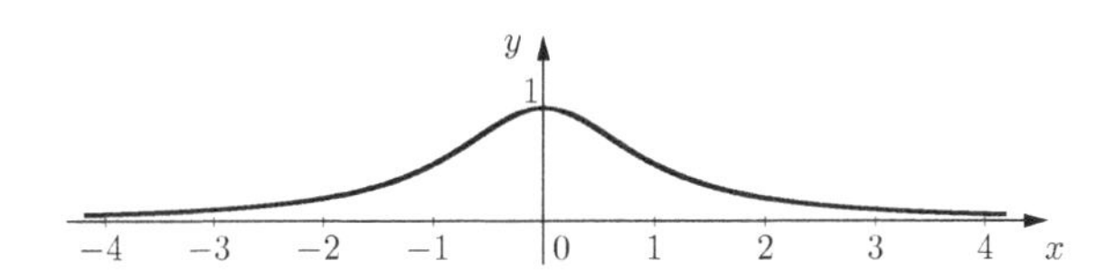

[図 3.5] $y = \dfrac{1}{x^2+1}$ のグラフ.

問 4 広義積分 $\displaystyle\int_{-\infty}^{\infty} e^{-|x|}\,dx$ を計算せよ.

例 3.10 関数 $y = \dfrac{1}{x}$ の場合,

$$\lim_{t\to\infty} \int_1^t \frac{1}{x}\,dx = \lim_{t\to\infty} \log t = \infty$$

となり, 広義積分 $\displaystyle\int_1^{\infty} \frac{1}{x}\,dx$ は定義されない. これは, **図 3.6** の青色の部分の面積が無限大であることを意味する.

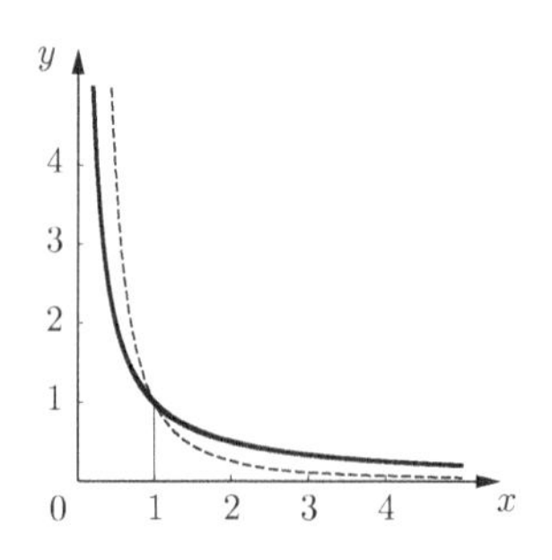

［図 3.6］ $y = \dfrac{1}{x}$ のグラフ (破線は $y = \dfrac{1}{x^2}$).

注意 3.7 上記の例を，収束する広義積分

$$\int_1^\infty \frac{1}{x^2}\,dx = 1$$

と比較してみる．2 曲線 $y = \dfrac{1}{x}$, $y = \dfrac{1}{x^2}$ の違いは，$x \to \infty$ としたときの x 軸への漸近の仕方である．**図 3.6** の実線と破線を見比べると，曲線 $y = \dfrac{1}{x^2}$ の方が曲線 $y = \dfrac{1}{x}$ よりも速く x 軸に漸近している．

問 5 $a > 0$ とする．広義積分

$$\int_1^\infty \frac{1}{x^a}\,dx$$

が収束するための a の条件を求めよ．

問 6 関数

$$y = \frac{x}{x^2+1}$$

は奇関数であるから，

$$\int_{-\infty}^\infty \frac{x}{x^2+1}\,dx = 0$$

が成り立つようにみえるが，これは正しいか．

3.2 複素数値関数の微積分

複素数の値をとる関数の微積分を考えると，応用上便利なことがある．

3.2.1 複素数値関数

1.4 節で学んだオイラーの公式

$$e^{ix} = \cos x + i \sin x$$

は，与えられた実数 x に複素数 $\cos x + i\sin x$ を対応させる関数を，e^{ix} という記号で表現しているとみることができる．一般に，実数 x に対して定義され，実数の値をもつ関数 $u(x)$，$v(x)$ と虚数単位 i を用いて

$$f(x) = u(x) + iv(x)$$

によって複素数値をとる関数を定義することができる．これは，実数 x に複素数を対応させる関数である．

この関数 $f(x) = u(x) + iv(x)$ に対して，その導関数 $f'(x)$ を考えるとすれば，それを

$$f'(x) = u'(x) + iv'(x)$$

と定義するのは，ごく自然であろう．ただし，$u(x), v(x)$ は微分可能でなくてはならない．この定義に従えば，たとえば，$f(x) = \cos x + i\sin x$ なら $f'(x) = -\sin x + i\cos x$ となる．

問 7 以下の各問に答えよ．

(1) この定義に基づいて，$(e^{ix})' = ie^{ix}$ であることを示せ．

(2) それを利用して，一般に複素数の定数 $\alpha = a + bi$ (a, b は実数) に対して $(e^{\alpha x})' = \alpha e^{\alpha x}$ が成り立つことを証明せよ．

このように，関数の実部 $u(x)$ と虚部 $v(x)$ に分けて微分を考えることができたなら，微分の逆の操作として積分についても同様に考えることができるであろう．すなわち，与えられた関数 $f(x) = u(x) + iv(x)$ に対して

$$\begin{cases} U'(x) = u(x) \\ V'(x) = v(x) \end{cases}$$

となる関数 $U(x)$，$V(x)$ (つまり，$u(x)$，$v(x)$ それぞれの原始関数) をとることができたとしよう．すると，これらを用いて

$$F(x) = U(x) + iV(x)$$

と表される関数 $F(x)$ を考えれば，これは

$$F'(x) = u(x) + iv(x) = f(x)$$

を満たすから，$F(x)$ は $f(x)$ の原始関数と考えられるということである．不定積分の記法を用いて

$$\int u(x)\,dx = U(x) + C_1$$
$$\int v(x)\,dx = V(x) + C_2$$

と表せば (ただし，C_1，C_2 は積分定数で任意の実数値をとり得る)，

$$\int f(x)\,dx = U(x) + iV(x) + C$$

となる．$C = C_1 + C_2 i$ は任意の複素定数である．

ここで述べた関係は

$$\int \{u(x) + iv(x)\}\,dx = \int u(x)\,dx + i\int v(x)\,dx$$

と表すこともできる．こうして，関数 $f(x) = u(x) + iv(x)$ の不定積分を考えることができるということになる．

3.2.2 指数関数

問 7 で示したように微分公式

$$\frac{d}{dx}e^{\alpha x} = \alpha e^{\alpha x}$$

は α が複素数であっても成り立つ．これから，積分公式

$$\int e^{\alpha x}\,dx = \frac{1}{\alpha}e^{\alpha x} + C \quad (C : \text{積分定数})$$

が導かれる．ただし，α は 0 でない複素数の定数である．

特に，$\alpha = a + bi$ (a，b は実数で $(a, b) \neq (0, 0)$) の場合には

$$\int e^{(a+bi)x}\,dx = \frac{1}{a+bi}e^{(a+bi)x} + C$$

となる．左辺は

$$\int e^{ax} e^{ibx}\, dx = \int e^{ax}(\cos bx + i \sin bx)\, dx$$
$$= \int e^{ax} \cos bx\, dx + i \int e^{ax} \sin bx\, dx$$

であり，他方，右辺は

$$\frac{a - bi}{a^2 + b^2} e^{ax}(\cos bx + i \sin bx)$$
$$= \frac{e^{ax}}{a^2 + b^2}\Big\{(a \cos bx + b \sin bx) + i(a \sin bx - b \cos bx)\Big\}$$

である．そこで，最初の積分等式の実部同士，虚部同士を比較すれば，

$$\int e^{ax} \cos bx\, dx = \frac{e^{ax}}{a^2 + b^2}(a \cos bx + b \sin bx) + C$$
$$\int e^{ax} \sin bx\, dx = \frac{e^{ax}}{a^2 + b^2}(a \sin bx - b \cos bx) + C$$

という 2 つの不定積分の公式が一緒に導かれる．

実数値をとる関数しか考えていない高校数学の範囲では，上記の積分は，部分積分を 2 回繰り返すという技巧的な方法でしか実行できなかった．ここでは，

$$\int e^{\alpha x}\, dx = \frac{1}{\alpha} e^{\alpha x} + C$$

という単純な積分において，$\alpha = a + bi$ とおき，両辺を実部，虚部に分けた表現として直ちに得ることができたということである．

問 8 $\displaystyle\int e^{-3x} \sin 4x\, dx$ を求めよ．

定積分についても不定積分と同様である．いま，$u(x)$, $v(x)$ が閉区間 $[a,\ b]$ で連続であるとすると，それぞれの原始関数 $U(x)$, $V(x)$ を用いると，定積分

$$\int_a^b u(x)\, dx = U(b) - U(a)$$
$$\int_a^b v(x)\, dx = V(b) - V(a)$$

が得られる．そこで，関数 $f(x) = u(x) + iv(x)$ に対して，

$$\int_a^b f(x)\, dx = \int_a^b \big(u(x) + iv(x)\big)\, dx$$

$$
\begin{aligned}
&= \int_a^b u(x)\,dx + i\int_a^b v(x)\,dx \\
&= U(b) - U(a) + i(V(b) - V(a))
\end{aligned}
$$

とする.

問 9　この定義に従って，$\displaystyle\int_0^\pi e^{ix}\,dx$ の値を求めよ.

3.3 積分の評価

定積分の正確な値を示す等式を得るのではなく，積分値についての不等式を得ることを，積分を **評価する** という．この節では，積分を評価する方法を考える.

3.3.1 積分を評価する原理

定積分を評価するために，すなわち定積分についての不等式を得るために，**0.3.6 節**の (0.2) として述べた事実

> 関数 $f(x), g(x)$ が区間 $a \leqq x \leqq b$ でつねに $f(x) \leqq g(x)$ であるならば，
>
> $$\int_a^b f(x)\,dx \leqq \int_a^b g(x)\,dx$$
>
> が成り立つ.

を用いる．ただし，この事実が成立するための前提として，定積分が定義されていなければならないので，関数 $f(x), g(x)$ は区間 $a \leqq x \leqq b$ で連続 (または区分的に連続) であるとする.

例 3.11　関数 e^{-x^2} は実数全体で連続であるから原始関数をもつ．しかし原始関数はよく知られた関数 (初等関数) で表せないので，不定積分をもとにして定積分

$$I = \int_0^1 e^{-x^2}\,dx$$

の値を計算することは不可能である．しかし

$$0 \leqq e^{-x^2} \leqq 1\,,\quad 0 \leqq x \leqq 1$$

が成り立つことを用いれば，

$$\int_0^1 0\,dx \leqq \int_0^1 e^{-x^2}\,dx \leqq \int_0^1 1\,dx$$

より，I の評価

$$0 \leqq I \leqq 1$$

が得られる．

$I \geqq 0$ という“下からの評価”を改良しよう．不等式

$$e^{-x^2} \geqq 1 - x^2\,,\quad x \in [0,1]$$

を用いれば，

$$I \geqq \int_0^1 (1 - x^2)\,dx = \frac{2}{3}$$

したがって

$$\frac{2}{3} \leqq I \leqq 1 \tag{3.6}$$

という評価が得られる．

3.8　積分 I の評価 (3.6) を，等号を除いた形

$$\frac{2}{3} < I < 1$$

にすることもできるが，(3.6) のままでも間違っているわけではない．

問10　不等式

$$1 + x^2 \leqq e^{x^2}$$

を用いて，(3.6) の“上からの評価”を改良し，

$$I \leqq \frac{\pi}{4}$$

が成立することを示せ.

3.3.2 積分の評価の応用

積分を評価する方法を用いて，円周率 π などの定数を評価することができる.

例 3.12 定積分

$$I = \int_0^1 \sqrt{1-t^2}\,dt$$

は 4 分円の面積を表し,

$$I = \frac{\pi}{4}$$

となる．そこで，定積分 I を評価することにより，π の値を評価することを考える.

$0 \leqq t \leqq 1$ として,

$$\sqrt{1-t^2} = \sqrt{1+t}\sqrt{1-t}$$
$$1 \leqq \sqrt{1+t} \leqq \sqrt{2}$$

が成立するので,

$$\sqrt{1-t} \leqq \sqrt{1-t^2} \leqq \sqrt{2}\sqrt{1-t}$$

となる．これを用いて積分 I を評価すると,

$$\int_0^1 \sqrt{1-t}\,dt \leqq I \leqq \int_0^1 \sqrt{2}\sqrt{1-t}\,dt$$

よって

$$\frac{2}{3} \leqq I \leqq \frac{2\sqrt{2}}{3}$$

が得られる．π の値の評価としては,

$$\frac{8}{3} \leqq \pi \leqq \frac{8\sqrt{2}}{3} \tag{3.7}$$

となる.

 **3.9**　π の近似値を得るという意味では，(3.7) の結果は貧弱である．積分の精密な近似値を得ることについては，**8.3 節**で考える．

問 11　積分

$$\int_0^1 \frac{1}{1+x^2}\,dx = \frac{\pi}{4}$$

と不等式

$$1 - x^2 \leqq \frac{1}{1+x^2} \leqq 1 - x^2 + x^4, \quad 0 \leqq x \leqq 1$$

を用いて，π の値を評価せよ．

3.3.3　広義積分の評価

積分を評価する方法を広義積分に適用する．

例 3.13　**例 3.7** において，発散する広義積分

$$\int_1^\infty \frac{1}{x}\,dx = \infty$$

について考えた．それでは，広義積分

$$\int_1^\infty \frac{1}{x - \log x}\,dx$$

はどうだろうか．被積分関数の原始関数を計算することはできないが，不等式

$$\frac{1}{x} \leqq \frac{1}{x - \log x} \quad (x \geqq 1)$$

が成立することは分かる．したがって，$t > 1$ に対し

$$\int_1^t \frac{1}{x}\,dx \leqq \int_1^t \frac{1}{x - \log x}\,dx$$

となり，左辺は $t \to \infty$ のとき ∞ に発散するから，右辺も発散する．よって

$$\int_1^\infty \frac{1}{x - \log x}\,dx = \infty$$

である．

問12 広義積分

$$\int_1^\infty \frac{1}{x+1-\log x}\,dx$$

は発散することを示せ.

同様の方法を用いて，広義積分が収束することを示すこともできる.

例 3.14 積分

$$I = \int_0^1 \frac{1}{\sqrt{x}}\,dx$$

は広義積分として定義され，

$$I = 2 \tag{3.8}$$

となることが **3.1.1 節**で分かっていた．それでは積分

$$J = \int_0^1 \frac{1}{\sqrt{x+x^3}}\,dx$$

はどうだろうか．原始関数を使って右辺の積分を計算することはできないが，不等式

$$\sqrt{x} \leqq \sqrt{x+x^3}\,, \quad x > 0$$

すなわち

$$\frac{1}{\sqrt{x+x^3}} \leqq \frac{1}{\sqrt{x}}\,, \quad x > 0 \tag{3.9}$$

を用いると，

$$J \leqq I = 2$$

のように J を評価することができる．すなわち，広義積分 J は収束する.

 3.10

(1) **例 3.14** において，積分 J の被積分関数 $\dfrac{1}{\sqrt{x+x^3}}$ は $x \to 0$ で発散するので，積分 J が収束するかどうか心配だったのだが，$\dfrac{1}{\sqrt{x+x^3}}$ よりも $\dfrac{1}{\sqrt{x}}$ の方が値が大きいので，後者の積分 I が収束するなら，前者の積分 J も収束すると考えるのである．

(2) **例 3.14** の論法や，上記の (1) の見方には，厳密にいえば，論理の飛躍がある．それは，広義積分 J の定義式

$$J = \lim_{\varepsilon \to +0} \int_{\varepsilon}^{1} \frac{1}{\sqrt{x+x^3}}\, dx$$

において，右辺の極限値が存在することが示されていないのではないかというところである．

状況を整理するために，$0 < t < 1$ として，

$$F(t) = \int_{t}^{1} \frac{1}{\sqrt{x}}\, dx$$

$$G(t) = \int_{t}^{1} \frac{1}{\sqrt{x+x^3}}\, dx$$

とおく．目標は極限

$$\lim_{t \to +0} G(t) \tag{3.10}$$

の存在を示すことである．さて，(3.9) から

$$0 \leqq G(t) \leqq F(t)\,, \quad 0 < t < 1$$

が，(3.8) から

$$F(t) \leqq 2\,, \quad 0 < t < 1$$

が示される．すると

$$0 \leqq G(t) \leqq 2\,, \quad 0 < t < 1$$

が成立することは分かるが，これだけの理由で極限 (3.10) が存在するとはいえない．極限の存在を保証するには，さらに $G(t)$ が t の減少関数であること (t を 0 に向かって減少させると $G(t)$ が増加すること) に注意する必要がある．この注意に基づいて極限

(3.10) の存在を主張することができる．

しかし，ここに数学的にデリケートな問題がある．詳細は下巻の**定理 14.2** (214 ページ) で扱うが，次のような一般的な定理があり，**例 3.14** の論法はこの定理によって正当化される．

定理 3.1

開区間 (a,b) で連続な関数 $f(x), g(x)$ が

$$0 \leqq g(x) \leqq f(x), \quad x \in (a,b)$$

を満たし，$f(x)$ の広義積分

$$I = \int_a^b f(x)\,dx$$

が収束するとき，$g(x)$ の広義積分も収束し，

$$0 \leqq \int_a^b g(x)\,dx \leqq I$$

が成り立つ．

ただし区間 (a,b) は，有限区間でも無限区間でもよい．

3.3.4 テイラー展開の剰余項 ♠

$x = 0$ におけるテイラー展開

$$f(x) = f(0) + f'(0)x + \frac{f''(0)}{2!}x^2 + \cdots + \frac{f^{(n)}(0)}{n!}x^n + R_{n+1}(x) \quad (3.11)$$

の剰余項 $R_{n+1}(x)$ を積分を用いて表す方法がある．以下において，剰余項の積分表式を導き，具体的な例についてその積分を評価する．

まず $R_1(x)$ は

$$\begin{aligned} R_1(x) &= f(x) - f(0) \\ &= \int_0^x f'(t)\,dt \end{aligned} \quad (3.12)$$

のように積分形で表せる．

次に $R_2(x)$ を考える．その定義から

$$R_2(x) = f(x) - f(0) - xf'(0)$$
$$= R_1(x) - xf'(0)$$

のように $R_1(x)$ と関係づけられる．ここで，(3.12) の積分に部分積分を用いると，

$$\begin{aligned} R_1(x) &= \int_0^x (t-x)' \cdot f'(t)\,dt \\ &= \big[(t-x)f'(t)\big]_0^x - \int_0^x (t-x)f''(t)\,dt \\ &= xf'(0) + \int_0^x (x-t)f''(t)\,dt \end{aligned}$$

となり，

$$R_2(x) = \int_0^x (x-t)f''(t)\,dt$$

が得られる．

問13 上記の同様の方法により，

$$R_3(x) = \frac{1}{2}\int_0^x (x-t)^2 f'''(t)\,dt$$

を示せ．

以下同様に進むと，次のような一般的な結果が得られる．

定理 3.2

テイラー展開 (3.11) の剰余項は，

$$R_{n+1}(x) = \frac{1}{n!}\int_0^x (x-t)^n f^{(n+1)}(t)\,dt \tag{3.13}$$

のように表せる．ただし関数 $f(t)$ は閉区間 $[0,x]$ で (または $[x,0]$ で)$n+1$ 回微分可能で，$f^{(n+1)}(t)$ は連続であるとする．

それでは具体的な例について，(3.13) を用いて剰余項を評価してみよう．

例 3.15 $f(x) = e^x$ の場合，$f^{(n+1)}(x) = e^x$ より，

$$R_{n+1}(x) = \frac{1}{n!}\int_0^x (x-t)^n e^t\,dt \tag{3.14}$$

となる．$x > 0$ として，右辺の積分を評価しよう．$t \in [0, x]$ に対し，

$$0 \leqq (x-t)^n \leqq x^n$$
$$0 \leqq e^t \leqq e^x$$

が成り立つので，

$$\begin{aligned} 0 \leqq R_{n+1}(x) &\leqq \frac{x^n e^x}{n!}\int_0^x dt \\ &= \frac{x^n e^x}{n!}x \end{aligned}$$

のように評価できる．そこで**定理 2.5** (72 ページ) を用いれば，

$$\lim_{n\to\infty} R_{n+1}(x) = 0$$

が得られる．

例 3.16 $f(x) = \dfrac{1}{1-x}$ のとき，

$$f^{(n+1)}(x) = \frac{(n+1)!}{(1-x)^{n+2}}$$

であるから，

$$R_{n+1}(x) = (n+1)\int_0^x \frac{(x-t)^n}{(1-t)^{n+2}}\,dt$$

となる．

x が $0 < x < 1$ の範囲にあるとして，この積分を評価しよう．$t \in [0, x]$ に対し，

$$0 \leqq \frac{x-t}{1-t} \leqq x$$

が成り立つので

$$\frac{(x-t)^n}{(1-t)^{n+2}} = \left(\frac{x-t}{1-t}\right)^n \cdot \frac{1}{(1-t)^2}$$

より

$$0 \leqq \frac{(x-t)^n}{(1-t)^{n+2}} \leqq \frac{x^n}{(1-t)^2}$$

となる．よって

$$\begin{aligned}0 \leqq R_{n+1}(x) &\leqq (n+1)x^n \int_0^x \frac{1}{(1-t)^2}\,dt \\ &= (n+1)x^n \left(\frac{1}{1-x} - 1\right)\end{aligned}$$

したがって，$0 < x < 1$ に対し，

$$\lim_{n\to\infty} R_{n+1}(x) = 0$$

が得られる．

問14 関数 $f(x) = \sin x$ に対し，剰余項 (3.13) を書き，$x > 0$ の場合に，それを評価せよ．

Chapter 3 章末問題

Basic

問題 3.1 次の広義積分をそれぞれ計算せよ.

$$(1)\ \int_0^1 \frac{1}{\sqrt{1-x}}\,dx \quad (2)\ \int_0^\infty xe^{-x^2}\,dx$$

問題 3.2 $I=\displaystyle\int_{-1}^1 \frac{1}{x^2}\,dx$ を次のように計算した.

$$I=\int_{-1}^1 \frac{1}{x^2}\,dx=\left[-\frac{1}{x}\right]_{-1}^1=-1-\left(-\frac{1}{-1}\right)=-2$$

しかし, 正の値をとる関数の定積分が負の値をもつはずはない. どこが間違っているのかを指摘せよ.

問題 3.3 関数 $f(x)=(ax+b)e^{ix}$ を考える.

(1) $f'(x)=xe^{ix}$ となるように, 複素数の定数 a,b を定めよ.

(2) 上記の結果を用いて, 積分 $\displaystyle\int_0^{2\pi} xe^{ix}dx$ を計算せよ.

問題 3.4

(1) $x>0$ に対し, 次の不等式を示せ.

$$x-\frac{x^2}{2}<\log(1+x)<x$$

(2) 次の等式を示せ.

$$\int_0^1 \log(1+x)\,dx=2\log 2-1$$

(3) 次の不等式を示せ.

$$\frac{2}{3}<\log 2<\frac{3}{4}$$

Standard

問題 3.5 次の広義積分の収束・発散を調べ, 収束するものについてはその値を計算せよ.

$$(1)\ \int_{-\infty}^{\infty}\frac{1}{e^x+e^{-x}}\,dx \quad (2)\ \int_{-1}^{1}\frac{1}{e^x-e^{-x}}\,dx \quad (3)\ \int_{-1}^{1}\frac{2x^2-1}{\sqrt{1-x^2}}\,dx$$

問題 3.6　次の積分を計算せよ．ただし，n は自然数とする．

$$(1)\ \int_0^n [x]\left[x+\frac{1}{2}\right]dx \quad (2)\ \int_0^{\infty}[x]e^{-x}\,dx \quad (3)\ \int_{-1}^{1}\frac{1}{x+i}\,dx$$

問題 3.7　複素数値関数 $f(x)=e^{\alpha x}$ が，方程式

$$f''(x)+f'(x)+f(x)=0$$

を満たすように複素数の定数 α を定め，定積分

$$I=\int_0^{\infty} f(x)\,dx$$

の値を求めよ．

問題 3.8　関数 $f(x)=\log(x+1)$ の $x=0$ におけるテイラー展開を考える．積分形の剰余項 (3.13) を用いて，$0<x<1$ において剰余項を評価し，テイラー展開は収束することを示せ．

Advanced

問題 3.9　次の広義積分を考える．

$$I=\int_0^{\infty}\frac{\log x}{1+x^2}\,dx$$

(1) 広義積分 I が収束することを仮定する．このとき，変数変換 $y=\dfrac{1}{x}$ を用いて，$I=0$ となることを示せ．

(2) **注意 3.10** (1) の考え方を使って，広義積分 I は収束することを示せ．

問題 3.10　次の広義積分を考える．

$$I=\int_0^{\pi/2}\log\sin x\,dx$$

(1) 広義積分 I は収束することを示せ．

(2) $x=2\theta$ とおくことにより，$I=-\dfrac{\pi}{2}\log 2$ となることを示せ．

Chapter 3 問の解答

問 1 $\int_{-3}^{5} H(x)\,dx = \int_{-3}^{0} H(x)\,dx + \int_{0}^{5} H(x)\,dx = \int_{0}^{5} dx = 5$ □

問 2 積分区間を $x=0$ で分割すると，

$$\int_{-1}^{1} \log|x|\,dx = \int_{-1}^{0} \log|x|\,dx + \int_{0}^{1} \log|x|\,dx$$

となる．第 2 項は，$\lim_{t\to+0}\int_{t}^{1} \log x\,dx = \lim_{t\to+0}(-1-t\log t+t) = -1$．第 1 項は第 2 項に等しい．よって，$\int_{-1}^{1} \log|x|\,dx = -2$ となる． □

問 3 $a \neq 1$ のとき，$\int_{t}^{1} \frac{1}{x^a}\,dx = \frac{1}{1-a}(1-t^{1-a})$ であり，$t\to+0$ で収束するための条件は $0<a<1$ である．また，$a=1$ のとき，$\int_{t}^{1} \frac{1}{x^a}\,dx = \log t$ であり，$t\to+0$ で発散する．以上により，収束条件は $0<a<1$ である． □

問 4 $s<0<t$ のとき，$\int_{s}^{t} e^{-|x|}\,dx = 2-e^{s}-e^{-t}$ であり，$s\to-\infty, t\to\infty$ のとき 2 に収束するので，$\int_{-\infty}^{\infty} e^{-|x|}\,dx = 2$ である． □

問 5 $a \neq 1$ のとき，$\int_{1}^{t} \frac{1}{x^a}\,dx = \frac{1}{a-1}(1-t^{1-a})$ であり，$t\to\infty$ で収束する条件は $a>1$ である．また，$a=1$ のとき，$\int_{1}^{t} \frac{1}{x^a}\,dx = \log t$ であり，$t\to\infty$ で発散する．以上により，収束条件は $a>1$ である． □

問 6 この広義積分は，

$$\int_{-\infty}^{\infty} \frac{x}{x^2+1}\,dx = \lim_{\substack{s\to-\infty \\ t\to\infty}} \int_{s}^{t} \frac{x}{x^2+1}\,dx$$

のような二重極限として定義される．ここで，

$$\int_{s}^{t} \frac{x}{x^2+1}\,dx = \left[\frac{1}{2}\log(x^2+1)\right]_{s}^{t} = \frac{1}{2}\log\frac{t^2+1}{s^2+1}$$

であるが，これは $s\to-\infty, t\to\infty$ のとき収束しない．実際，

$$\frac{1}{2}\log\frac{t^2+1}{s^2+1} = \frac{1}{2}\log\frac{1+(1/t)^2}{(s/t)^2+(1/t)^2}$$

と変形すると，たとえば，$s=-t$ の関係を保ちながら $t\to\infty$ の極限をとる場合は $(1/2)\log 1 = 0$ となり，$s=-2t$ の関係を保ちながら $t\to\infty$ の極限をとる場合は $(1/2)\log(1/4) = -\log 2$ となって，極限値が異なる． □

問 7

(1) $e^{ix} = \cos x + i\sin x$ であるから，$(e^{ix})' = (\cos x)' + i(\sin x)' = -\sin x + i\cos x = ie^{ix}$

(2) $e^{\alpha x} = e^{ax}(\cos bx + i\sin bx)$ において，実数部分の微分は $(e^{ax}\cos bx)' = ae^{ax}\cos bx - be^{ax}\sin bx$ であり，虚数部分の微分は $(e^{ax}\sin bx)' = ae^{ax}\sin bx + be^{ax}\cos bx$ であるから，$(e^{\alpha x})' = (a+bi)e^{ax}(\cos bx + i\sin bx) = \alpha e^{\alpha x}$ となる． □

問 8 $e^{-3x}(\cos 4x + i\sin 4x) = e^{(-3+4i)x}$ に注意する．

$$\int e^{(-3+4i)x}\,dx = \frac{1}{-3+4i}e^{(-3+4i)x} + C$$

$$= e^{-3x}\frac{-3-4i}{25}(\cos 4x + i\sin 4x) + C$$

であり，虚数部分をとれば $\int e^{-3x}\sin 4x\,dx$ $= -\dfrac{e^{-3x}}{25}(3\sin 4x + 4\cos 4x) + C$ となる． □

問 9

$$\int_0^\pi e^{ix}\,dx = \int_0^\pi (\cos x + i\sin x)\,dx$$
$$= \int_0^\pi \cos x\,dx + i\int_0^\pi \sin x\,dx$$
$$= 2i$$

また，次のようにしてもよい．$\displaystyle\int_0^\pi e^{ix}\,dx = \left[\frac{1}{i}e^{ix}\right]_0^\pi = 2i$ □

問 10 $e^{-x^2} \leqq \dfrac{1}{1+x^2}$ を用いると，$I \leqq \displaystyle\int_0^1 \frac{1}{1+x^2}\,dx = \frac{\pi}{4}$ となる． □

問 11 $\displaystyle\int_0^1 (1-x^2)\,dx = \frac{2}{3}$，$\displaystyle\int_0^1 (1-x^2+x^4)\,dx = \frac{13}{15}$ であるから，$\dfrac{2}{3} \leqq \dfrac{\pi}{4} \leqq \dfrac{13}{15}$，よって $\dfrac{8}{3} \leqq \pi \leqq \dfrac{52}{15}$ を得る． □

問 12 $x \geqq 1$ において $\log x \geqq 0$ であるから，不等式 $\dfrac{1}{x+1} \leqq \dfrac{1}{x+1-\log x}$ が成り立つ．よって，$t > 1$ に対し，

$$\int_1^t \frac{1}{x+1}\,dx \leqq \int_1^t \frac{1}{x+1-\log x}\,dx$$

である．左辺は $\displaystyle\int_1^t \frac{1}{x+1}\,dx = \log(t+1) - \log 2$ となり，$t \to \infty$ のとき発散するから，右辺も発散する． □

問 13 $R_3(x) = R_2(x) - \dfrac{1}{2}f''(0)x^2$ が成り立つ．ここで，

$$R_2(x) = \int_0^x (x-t)f''(t)\,dt$$
$$= \int_0^x \left(-\frac{1}{2}(x-t)^2\right)' f''(t)\,dt$$
$$= \left[-\frac{1}{2}(x-t)^2 f''(t)\right]_0^x$$
$$+ \frac{1}{2}\int_0^x (x-t)^2 f'''(t)\,dt$$
$$= \frac{1}{2}x^2 f''(0) + \frac{1}{2}\int_0^x (x-t)^2 f'''(t)\,dt$$

であるから，

$$R_3(x) = \frac{1}{2}\int_0^x (x-t)^2 f'''(t)\,dt$$

となる． □

問 14 剰余項は

$$R_{2n}(x) = \frac{1}{(2n-1)!}\int_0^x (x-t)^{2n-1} f^{(2n)}(t)\,dt$$
$$= \frac{1}{(2n-1)!}\int_0^x (x-t)^{2n-1}(-1)^n \sin t\,dt$$
$$R_{2n+1}(x) = \frac{1}{(2n)!}\int_0^x (x-t)^{2n} f^{(2n+1)}(t)\,dt$$
$$= \frac{1}{(2n)!}\int_0^x (x-t)^{2n}(-1)^n \cos t\,dt$$

のように表せる．$x > 0$ とすると，

$$|R_{2n}(x)| \leqq \frac{1}{(2n-1)!}\int_0^x (x-t)^{2n-1}\,dt$$
$$= \frac{1}{(2n-1)!}\left[-\frac{1}{2n}(x-t)^{2n}\right]_{t=0}^{t=x}$$
$$= \frac{|x|^{2n}}{(2n)!}$$

となるので，$n \to \infty$ のとき，0 に収束する．同様に，

$$|R_{2n+1}(x)| \leqq \frac{1}{(2n)!}\int_0^x (x-t)^{2n}\,dt$$
$$= \frac{|x|^{2n+1}}{(2n+1)!}$$

となるので，$n \to \infty$ のとき，0 に収束する． □

Chapter 3 章末問題解答

問題 3.1 (1) 積分の上端 $x=1$ で被積分関数が定義されていない形の広義積分である．

$$\int_0^1 \frac{1}{\sqrt{1-x}}\,dx = \lim_{t\to 1-0}\int_0^t \frac{1}{\sqrt{1-x}}\,dx$$
$= -2\lim_{t\to 1-0}\left[\sqrt{1-x}\right]_0^t = 2$

(2) 積分区間が無限区間の広義積分である．

$$\int_0^\infty xe^{-x^2}\,dx = \lim_{t\to\infty}\int_0^t xe^{-x^2}\,dx = -\frac{1}{2}\lim_{t\to\infty}\left[e^{-x^2}\right]_0^t = \frac{1}{2}$$ □

問題 3.2 関数 $\frac{1}{x^2}$, $-\frac{1}{x}$ は $x=0$ で定義されておらず，「区間で定義された関数」とはいえないため，後者は前者の原始関数ではない．したがって，この積分は $-\frac{1}{x}$ を原始関数として用いて計算することはできず，積分区間を $x=0$ で分割して考える必要がある．

$$I = \int_{-1}^0 \frac{1}{x^2}\,dx + \int_0^1 \frac{1}{x^2}\,dx$$

ここで第1項，第2項とも端点 $x=0$ で被積分関数が定義されていない広義積分であるが，第2項は**問 3** の $a=2$ の場合に当たり，発散する．第1項も同様に発散する．

□

問題 3.3 (1) $f'(x) = ((ax+b)e^{ix})' = (iax+a+bi)e^{ix}$ であるから，$iax+a+bi = x$ より，$a=-i, b=1$ である．

(2) xe^{ix} の原始関数は $(-ix+1)e^{ix}$ であるから，$\int_0^{2\pi} xe^{ix}dx = \left[(-ix+1)e^{ix}\right]_0^{2\pi} = -2\pi i$ となる． □

問題 3.4 (1) $f(x) = \log(1+x) - x + \frac{x^2}{2}$, $g(x) = x - \log(1+x)$ とおくと，$x>0$ のとき，$f'(x)>0$, $g'(x)>0$ であり，また，$f(0)=g(0)=0$ であることから，$f(x)>0$, $g(x)>0$ を得る．

(2) 定積分を計算すると，$\int_0^1 \log(1+x)\,dx = \left[(1+x)(\log(1+x)-1)\right]_0^1 = 2\log 2 - 1$

(3) $\int_0^1 \left(x - \frac{x^2}{2}\right)dx = \frac{1}{3}$, $\int_0^1 x\,dx = \frac{1}{2}$ であるから，(1)(2) より $\frac{1}{3} < 2\log 2 - 1 < \frac{1}{2}$, したがって $\frac{2}{3} < \log 2 < \frac{3}{4}$ を得る． □

問題 3.5 (1) 無限区間上の積分を有限区間の積分の極限と考える．

$$\int_{-\infty}^\infty \frac{1}{e^x+e^{-x}}\,dx = \lim_{\substack{s\to-\infty\\ t\to\infty}}\int_s^t \frac{1}{e^x+e^{-x}}\,dx$$

$y=e^x$ とおくと，

$$上式 = \lim_{\substack{s\to-\infty\\ t\to\infty}}\int_{e^s}^{e^t} \frac{1}{1+y^2}\,dy = \lim_{\substack{s\to-\infty\\ t\to\infty}}\left[\arctan y\right]_{e^s}^{e^t} = \frac{\pi}{2}$$

となる．

(2) $x=0$ で被積分関数が定義されないので，積分区間を $x=0$ で分割する．

$$\int_{-1}^1 \frac{1}{e^x-e^{-x}}\,dx = \int_{-1}^0 \frac{1}{e^x-e^{-x}}\,dx + \int_0^1 \frac{1}{e^x-e^{-x}}\,dx$$

$y=e^x$ とおくと，

$$上式 = \lim_{t\to-0}\int_{-1}^t \frac{1}{e^x-e^{-x}}\,dx + \lim_{s\to+0}\int_s^1 \frac{1}{e^x-e^{-x}}\,dx$$

$$= \lim_{t \to -0} \int_{e^{-1}}^{e^t} \frac{1}{y^2-1}\,dy$$
$$+ \lim_{s \to +0} \int_{e^s}^{e} \frac{1}{y^2-1}\,dy$$
$$= \frac{1}{2} \lim_{t \to -0} \left[\log \left| \frac{y-1}{y+1} \right| \right]_{e^{-1}}^{e^t}$$
$$+ \frac{1}{2} \lim_{s \to +0} \left[\log \left| \frac{y-1}{y+1} \right| \right]_{e^s}^{e}$$

ここで，$\lim_{t \to -0} \log |e^t - 1|$ や $\lim_{s \to +0} \log |e^s - 1|$ は発散するので，この広義積分は発散する．

(3) $x = \pm 1$ で被積分関数が定義されない．

$$\int_{-1}^{1} \frac{2x^2-1}{\sqrt{1-x^2}}\,dx$$
$$= \lim_{\substack{s \to -1+0 \\ t \to 1-0}} \int_s^t \frac{2x^2-1}{\sqrt{1-x^2}}\,dx$$

$x = \sin\theta$ とおくと，

$$\text{上式} = \lim_{\substack{\alpha \to -\pi/2+0 \\ \beta \to \pi/2-0}} \int_\alpha^\beta (-\cos 2\theta)\ d\theta$$
$$= \lim_{\substack{\alpha \to -\pi/2+0 \\ \beta \to \pi/2-0}} \left[-\frac{1}{2} \sin 2\theta \right]_\alpha^\beta = 0$$

となる．□

問題 3.6 (1) 被積分関数は，$x =$ 整数，および $x = \left(\text{整数} + \frac{1}{2} \right)$ で不連続である．まず積分区間を $x = 1, 2, \cdots, n-1$ で区切って

$$I = \int_0^n [x] \left[x + \frac{1}{2} \right] dx$$
$$= \sum_{k=0}^{n-1} \int_k^{k+1} [x] \left[x + \frac{1}{2} \right] dx$$
$$= \sum_{k=0}^{n-1} \int_k^{k+1} k \left[x + \frac{1}{2} \right] dx$$

とする．さらに積分区間を $x = k + \frac{1}{2}$ で区切ると，

$$I = \sum_{k=0}^{n-1} \left(\int_k^{k+\frac{1}{2}} k^2\,dx + \int_{k+\frac{1}{2}}^{k+1} k(k+1)\,dx \right)$$
$$= \sum_{k=0}^{n-1} \left(\frac{1}{2}k^2 + \frac{1}{2}k(k+1) \right)$$
$$= \sum_{k=0}^{n-1} \left(k^2 + \frac{1}{2}k \right)$$

ここで，

$$\sum_{k=0}^{n-1} k = \frac{1}{2}n(n-1),$$
$$\sum_{k=0}^{n-1} k^2 = \frac{1}{6}n(n-1)(2n-1)$$

を用いると，$I = \frac{1}{12}n(n-1)(4n+1)$ となる．

(2) 積分区間を $x = 1, 2, \cdots$ で分割し，無限級数の形にする．

$$\int_0^\infty [x] e^{-x}\,dx = \sum_{k=0}^{\infty} \int_k^{k+1} [x] e^{-x}\,dx$$
$$= \sum_{k=0}^{\infty} \int_k^{k+1} k e^{-x}\,dx$$
$$= \sum_{k=1}^{\infty} \left(\frac{k}{e^k} - \frac{k}{e^{k+1}} \right)$$

ここで $\frac{k}{e^k} - \frac{k}{e^{k+1}} = \frac{1}{e^k} + \left(\frac{k-1}{e^k} - \frac{k}{e^{k+1}} \right)$ のような変形をすると，

$$\text{上式} = \sum_{k=1}^{\infty} \frac{1}{e^k} - \lim_{n \to \infty} \frac{n}{e^{n+1}} = \frac{1}{e-1}$$

となる．

(3) 被積分関数を実数部分と虚数部分に分けると，$\frac{1}{x+i} = \frac{x}{x^2+1} -$

$\dfrac{i}{x^2+1}$ となるから，$\displaystyle\int_{-1}^{1} \frac{1}{x+i}\,dx = \frac{1}{2}\left[\log(x^2+1)\right]_{-1}^{1} - i\left[\arctan x\right]_{-1}^{1} = -\frac{\pi}{2}i$ □

問題 3.7 $f(x)=e^{\alpha x}$ を方程式に代入すると，$f''(x)+f'(x)+f(x)=(\alpha^2+\alpha+1)e^{\alpha x}=0$ より，$\alpha=\dfrac{1}{2}\left(-1\pm\sqrt{3}i\right)$ を得る．よって

$$\left|e^{\alpha t}\right| = \left|e^{-\frac{1}{2}t}e^{\pm\frac{\sqrt{3}}{2}ti}\right| = e^{-\frac{1}{2}t} \underset{t\to\infty}{\to} 0$$

であるから，

$$I = \lim_{t\to\infty}\frac{1}{\alpha}\left[e^{\alpha x}\right]_0^t = \frac{1}{\alpha}\left(\lim_{t\to\infty}e^{\alpha t}-1\right)$$
$$= -\frac{1}{\alpha} = \frac{1}{2}\left(1\pm\sqrt{3}i\right)$$

を得る． □

問題 3.8 $f^{(n+1)}(x) = (-1)^n n!(x+1)^{-(n+1)}$ であるから，

$$R_{n+1}(x) = (-1)^n\int_0^x \frac{(x-t)^n}{(t+1)^{n+1}}\,dt \tag{3.15}$$

が成り立つ．

$x\in(0,1)$, $t\in[0,x]$ のとき，$0 \leqq \dfrac{x-t}{t+1} \leqq x$ であるから，

$$0 \leqq \frac{(x-t)^n}{(t+1)^{n+1}} = \left(\frac{x-t}{t+1}\right)^n\cdot\frac{1}{t+1}$$
$$\leqq \frac{x^n}{t+1}$$

よって，

$$0 \leqq |R_{n+1}(x)| \leqq x^n\int_0^x\frac{1}{t+1}\,dt$$
$$= x^n\log(x+1)$$

となり，$0<x<1$ に対して，

$\displaystyle\lim_{n\to\infty}R_{n+1}(x)=0$ を得る． □

問題 3.9 (1) 仮定によりこの広義積分 I はある確定値をもつ．$y=\dfrac{1}{x}$ と変数変換すると，

$$\int_0^\infty\frac{\log x}{1+x^2}\,dx = -\int_0^\infty\frac{\log y}{1+y^2}\,dy$$

となる．よって，$I=-I$ すなわち $I=0$ である．

(2) $x\geqq 1$ のとき，$2\sqrt{x}-\log x>0$ である．実際，$f(x)=2\sqrt{x}-\log x$ とおくと，$f(1)=2$ かつ $f'(x)=\dfrac{\sqrt{x}-1}{x}\geqq 0$ であるから，$f(x)\geqq 2>0$ を得る．また $1+x^2\geqq x^2$ であるから，$\dfrac{\log x}{1+x^2} < \dfrac{2\sqrt{x}}{x^2} = \dfrac{2}{x^{3/2}}$．よって

$$\int_1^t\frac{\log x}{1+x^2}\,dx \leqq \int_1^t\frac{2}{x^{3/2}}\,dx$$
$$= -4\left(\frac{1}{\sqrt{t}}-1\right)\underset{t\to\infty}{\to} 4$$

したがって，**注意 3.10** (1) の考え方により，$\displaystyle\int_1^\infty\frac{\log x}{1+x^2}\,dx$ は収束することが分かる．

また，$y=\dfrac{1}{x}$ と変数変換すると

$$\int_1^\infty\frac{\log x}{1+x^2}dx = -\int_0^1\frac{\log y}{1+y^2}dy$$

となり，$\displaystyle\int_0^1\frac{\log y}{1+y^2}dy$ も収束する． □

注意 $2x^{1/2}>\log x$ の代わりに，($a>1$ として) $ax^{1/a}>\log x$ という評価を用いることもできる ($a=1$ のときの $x>\log x$ という評価ではうまくいかない)．また，関数 $\dfrac{\log x}{x^2}$ の原始関数は $-\dfrac{\log x}{x}-\dfrac{1}{x}$ であるから，$\dfrac{\log x}{1+x^2}\leqq\dfrac{\log x}{x^2}$ という評価でも十分である．

問題 3.10 (1) $0<x\leqq\dfrac{\pi}{2}$ において，$\sin x \geqq \dfrac{2}{\pi}x$ であるから，$\log\sin x \geqq \log\dfrac{2}{\pi}+\log x$ が成り立つ．よって

$$0 > \int_{\varepsilon}^{\pi/2} \log \sin x \, dx$$
$$\geqq \left[\log \frac{2}{\pi} + x(\log x - 1) \right]_{\varepsilon}^{\pi/2} \underset{\varepsilon \to 0}{\to} -\frac{\pi}{2}$$

となり，**注意 3.10** (1) の考え方を用いると，広義積分 I は収束することが分かる．

(2) $x = 2\theta$ と変数変換すると，

$$\int_{\varepsilon}^{\pi/2} \log \sin x \, dx$$
$$= 2\int_{\varepsilon/2}^{\pi/4} (\log 2 + \log \sin \theta + \log \cos \theta) \, d\theta$$
$$= \left(\frac{\pi}{2} - \varepsilon\right) \log 2 + 2\int_{\varepsilon/2}^{\pi/4} \log \sin \theta \, d\theta$$
$$+ 2\int_{\varepsilon/2}^{\pi/4} \log \sin \left(\frac{\pi}{2} - \theta\right) \, d\theta$$
$$= \left(\frac{\pi}{2} - \varepsilon\right) \log 2 + 2\int_{\varepsilon/2}^{\pi/4} \log \sin \theta \, d\theta$$
$$+ 2\int_{\pi/4}^{\pi/2-\varepsilon/2} \log \sin t \, dt$$

となる．最後のステップで，$t = \frac{\pi}{2} - \theta$ として，変数変換を行った．よって

$$\int_{\varepsilon}^{\pi/2} \log \sin x \, dx$$
$$= \left(\frac{\pi}{2} - \varepsilon\right) \log 2 + 2\int_{\varepsilon/2}^{\pi/2-\varepsilon/2} \log \sin t \, dt$$

が成り立つ．そこで $\varepsilon \to 0$ とすれば $I = \frac{\pi}{2} \log 2 + 2I$．したがって $I = -\frac{\pi}{2} \log 2$ が得られる． □

Chapter 4 曲線

微積分法の応用として，曲線の幾何的性質を調べる．そのために平面上に座標をとり，曲線の媒介変数表示を用いる．このとき，媒介変数表示が点の運動を表すという見方をすると理解の助けになり，力学への応用も可能になる．

4.1 曲線と接ベクトル

微積分法を用いて曲線の幾何的性質を調べるには，まず曲線を数式で表す必要がある．

4.1.1 媒介変数表示

曲線 C 上の点の x 座標と y 座標の間に成立する関係式

$$f(x, y) = 0 \tag{4.1}$$

を **曲線の方程式** という．また曲線 C 上の点の座標 (x, y) を，

$$x = x(t) \tag{4.2}$$

$$y = y(t) \tag{4.3}$$

のように表す **媒介変数表示** を用いることもある．以下において，しばしば

$$\boldsymbol{x}(t) = \begin{pmatrix} x(t) \\ y(t) \end{pmatrix} \tag{4.4}$$

のような位置ベクトルの記法を用いて，(4.2),(4.3) を $\boldsymbol{x} = \boldsymbol{x}(t)$ と書く．

曲線によっては，極座標を用いるとよいことがある．原点を極，x 軸の正の方向を始線とする極座標 (r, θ) を考える．曲線 C 上の点の極座標が媒介変数 t の関数として $(r(t), \theta(t))$ と表されるとき，

$$x(t) = r(t) \cos \theta(t) \tag{4.5}$$

$$y(t) = r(t) \sin \theta(t) \tag{4.6}$$

のようにして，直交座標による媒介変数表示を作ることができる．

例 4.1 a を正の定数として，方程式

$$|x|^{2/3} + |y|^{2/3} = a^{2/3} \tag{4.7}$$

が表す曲線を **アステロイド** という (**図 4.1 (左)**)．この曲線は，媒介変数 t を用いて

$$x(t) = a\cos^3 t \tag{4.8}$$

$$y(t) = a\sin^3 t \tag{4.9}$$

のように表すことができる．

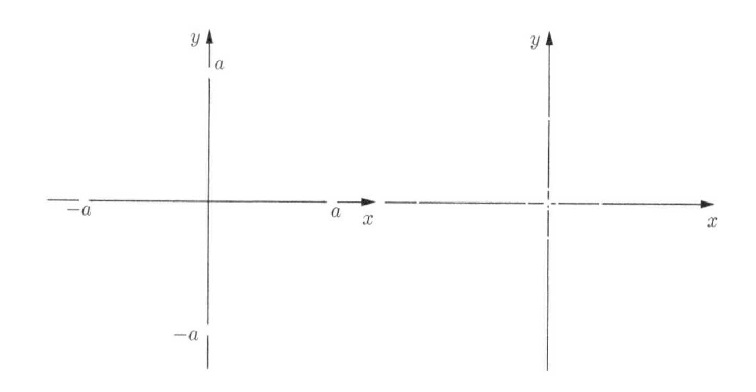

［図 4.1］アステロイド (左) と螺旋 (右).

例 4.2 極方程式

$$r = \alpha e^{k\theta}$$

が表す曲線を **螺旋** (らせん) という (**図 4.1 (右)**)．α は正の定数，k は実数の定数である．直交座標を用いるなら，媒介変数表示

$$x(t) = \alpha e^{kt}\cos t$$

$$y(t) = \alpha e^{kt}\sin t$$

が便利である．

参考 4.1

(1) 形式的にいえば，曲線の方程式 (4.1) は，媒介変数表示 (4.2),(4.3) から媒介変数 t を消去した式である．詳しくいえば，曲線 C の方程式 (4.1) は，点 (x,y) が C 上にあるための必要十分条件である．また曲線 C は，方程式 (4.1) の解の全体を xy 平面に図示したものであり，媒介変数表示 (4.2),(4.3) は，これらの解を列挙したものであるといえる．

(2) 媒介変数 t を時刻を表す変数とし，媒介変数表示 (4.2),(4.3) を時刻 t における動点 P の座標を表すと考えると，直観的に分かりやすい．またこれは，微積分法を力学に応用するための出発点でもある．

4.1.2 接ベクトル

曲線 C 上の点 P において C に接するベクトルを，点 P における C の **接ベクトル** という．

曲線 C が媒介変数表示 (4.2),(4.3) をもつとき，微分係数 $\dfrac{dx}{dt}$, $\dfrac{dy}{dt}$ を成分とするベクトル

$$\boldsymbol{v}(t) = \begin{pmatrix} \dfrac{dx}{dt} \\ \dfrac{dy}{dt} \end{pmatrix} \tag{4.10}$$

は，点 $(x(t), y(t))$ における C の接ベクトルの 1 つを与える (**図 4.2**)．ベクトル記法 (4.4) を用いれば，(4.10) は

$$\boldsymbol{v}(t) = \frac{d}{dt}\boldsymbol{x}(t) \tag{4.11}$$

のように表される．

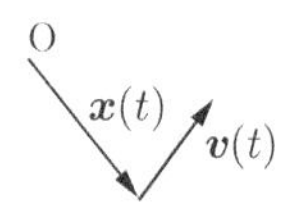

［図 4.2］位置ベクトル $\boldsymbol{x}(t)$ と接ベクトル $\boldsymbol{v}(t)$.

参考 4.2

(1) 媒介変数表示 (4.2),(4.3) が時刻 t における点 P の座標を表すとすると，(4.10) の $\boldsymbol{v}(t)$ は点 P の速度ベクトルを与える．

(2) 曲線の接ベクトルの定義は，媒介変数表示に用いる関数 $x(t), y(t)$ が微分可能であることを前提としている．しかし，

$$\frac{d}{dt}\boldsymbol{x}(t) = \boldsymbol{0} \tag{4.12}$$

となる点では，(4.10) は接ベクトルとしての意味を失う．たとえば，アステロイドの媒介変数表示 (4.8),(4.9) において，$t = 0$ で (4.12) が成り立ち，曲線はこの点 (1,0) で尖っている．このように，$x(t), y(t)$ が微分可能でも，(4.12) が成り立つ点では接ベクトルをもたないことがあり得る．結局，曲線の媒介変数表示に基づいて接ベクトルを論ずるには，$x(t), y(t)$ が微分可能であり，(4.12) が成り立たないことを前提とする．

問 1　曲線の媒介変数表示 (4.5),(4.6) の両辺を t で微分して，接ベクトル (4.11) は

$$\boldsymbol{v}(t) = r'(t)\begin{pmatrix} \cos\theta(t) \\ \sin\theta(t) \end{pmatrix} + r(t)\theta'(t)\begin{pmatrix} -\sin\theta(t) \\ \cos\theta(t) \end{pmatrix} \tag{4.13}$$

と表されることを示せ．

4.1.3 弧長

接ベクトルを用いると，**弧長** (曲線の長さ) を計算することができる．

平面上の曲線 C の媒介変数表示を，ベクトル記法により

$$\boldsymbol{x} = \boldsymbol{x}(t)\,, \quad a \leqq t \leqq b \tag{4.14}$$

とし，C の接ベクトルを

$$\boldsymbol{v}(t) = \frac{d}{dt}\boldsymbol{x}(t) \tag{4.15}$$

と表すと，C の弧長 $l(C)$ は，

$$l(C) = \int_a^b |\boldsymbol{v}(t)| dt \tag{4.16}$$

で与えられる．

 **4.3**

(1) 弧長は媒介変数の選び方によらない．

(2) (4.14), (4.15) が時刻 t における動点の位置と速度を表すとき，「速さ (速度ベクトルの大きさ) を時間で積分した値」である (4.16) は，動点が動いた道のりを表す．

問 2　極座標による接ベクトルの表式 (4.13) を用いて，弧長の公式

$$l(C) = \int_a^b \sqrt{(r'(t))^2 + (r(t)\theta'(t))^2} dt$$

を示せ．

4.2 弧長パラメータとその応用

曲線の幾何的性質は，媒介変数表示の選び方によらない．そこで，なるべく式が単純になるような媒介変数を選ぶことを考える．

4.2.1 弧長パラメータ

曲線 C の媒介変数表示 $\boldsymbol{x} = \boldsymbol{x}(t)$ に対し，接ベクトル $\boldsymbol{v}(t) = \dfrac{d}{dt}\boldsymbol{x}(t)$ を用

いて

$$s = \int_0^t |\boldsymbol{v}(\tau)| d\tau \tag{4.17}$$

により，変数 s を定義する．

注意 4.4 $t > 0$ ならば s は弧長を表す． $t < 0$ ならば $s < 0$ となるが， $|s|$ は弧長を表す．

s の値を定めると曲線 C 上の点が決まるので， s を媒介変数とする C の媒介変数表示を作ることができる．このとき s を曲線 C の **弧長パラメータ** という．(4.17) によって定まる s と t の関係を $s = s(t)$ と書けば，

$$\frac{ds}{dt} = |\boldsymbol{v}(t)| \tag{4.18}$$

のような関係が成立する．

注意 4.5 (4.18) は，点が動いた道のりを時間で微分すると速さ (速度の大きさ) になるという意味をもつ．

曲線 C の弧長パラメータ s による媒介変数表示を $\boldsymbol{x} = \boldsymbol{x}(s)$ とする．このとき，接ベクトル

$$\boldsymbol{u}(s) = \frac{d}{ds}\boldsymbol{x}(s)$$

について，(4.18) に相当する等式

$$|\boldsymbol{u}(s)| = 1 \tag{4.19}$$

が成立し， $\boldsymbol{u}(s)$ は単位接ベクトルになることが分かる．この性質ゆえに，弧長パラメータを用いるといろいろな関係式が簡単になる．

問 3 媒介変数表示

$$\boldsymbol{x} = \begin{pmatrix} 3t + 1 \\ 4t - 1 \end{pmatrix}$$

で与えられる直線に対し，弧長パラメータ s と t の関係式を導き， s による媒介変数表示を作れ．

4.2.2 法線ベクトル

曲線の接ベクトルに直交するベクトルを **法線ベクトル** という．

曲線 C の弧長パラメータ s による媒介変数表示を $\boldsymbol{x} = \boldsymbol{x}(s)$ とする．このとき接ベクトル

$$\boldsymbol{u}(s) = \frac{d}{ds}\boldsymbol{x}(s) \tag{4.20}$$

の長さは (4.19) により 1 であるから，

$$\boldsymbol{u}(s) = \begin{pmatrix} \cos\theta(s) \\ \sin\theta(s) \end{pmatrix} \tag{4.21}$$

と表せる．また， $\boldsymbol{u}(s)$ を反時計回りに $\dfrac{\pi}{2}$ 回転したベクトル

$$\boldsymbol{n}(s) = \begin{pmatrix} -\sin\theta(s) \\ \cos\theta(s) \end{pmatrix} \tag{4.22}$$

は，点 $\boldsymbol{x}(s)$ における C の単位法線ベクトルである．また， $\boldsymbol{u}(s), \boldsymbol{n}(s)$ の s に関する微分は，

$$\boldsymbol{u}'(s) = \theta'(s)\begin{pmatrix} -\sin\theta(s) \\ \cos\theta(s) \end{pmatrix} = \theta'(s)\boldsymbol{n}(s) \tag{4.23}$$

$$\boldsymbol{n}'(s) = -\theta'(s)\begin{pmatrix} \cos\theta(s) \\ \sin\theta(s) \end{pmatrix} = -\theta'(s)\boldsymbol{u}(s) \tag{4.24}$$

となり，それぞれ $\boldsymbol{n}(s), \boldsymbol{u}(s)$ と平行である．また $\boldsymbol{n}(s)$ の長さは 1 であるから，(4.23) より

$$|\boldsymbol{u}'(s)| = |\theta'(s)|$$

すなわち

$$|\theta'(s)| = \left|\frac{d^2}{ds^2}\boldsymbol{x}(s)\right| \tag{4.25}$$

が成り立つ．

問 4　媒介変数表示

$$\boldsymbol{x}(t) = \begin{pmatrix} r\sin t \\ -r\cos t \end{pmatrix}$$

によって表される半径 r の円について，弧長パラメータを用いて媒介変数表示を作り，$\theta'(s)$ を求め，(4.23), (4.24), (4.25) が成立することを確かめよ．

4.2.3 曲率

(4.23), (4.24) に現れた量 $\theta'(s)$ は，曲線の「曲率 (曲がりのきつさ)」を表していることを示す．そのために曲線の微小な断片を円弧で近似する．その近似的円弧の中心を見出すために曲線の法線を用いる．

点 P とそれに近い点 P_1 における C の法線をそれぞれ L, L_1 とし，これらの交点を Q とする (**図 4.3 (左)**)．そして P_1 を P に近づけるとき，Q が限りなく近づく点を Q_* とする (**図 4.3 (右)**)．このとき，Q_* を中心として P を通る円は，曲線 C を P 付近でよく近似すると考える．この円を P における C の **曲率円** といい，その半径を **曲率半径**，中心 Q_* を **曲率中心** という．

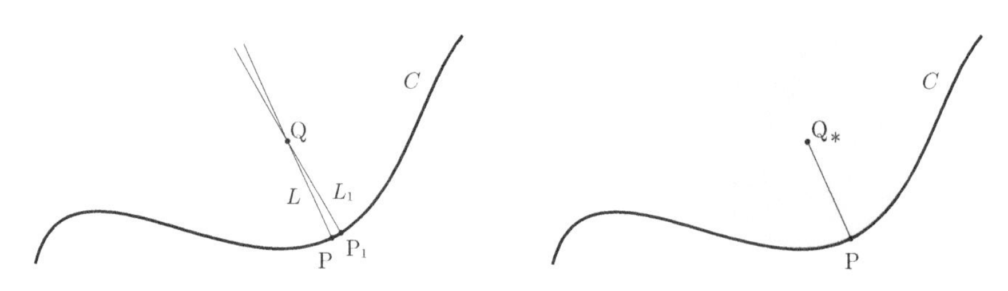

［図 4.3］ 曲率中心と曲率円.

例 4.3　点 A を中心とする円 C の場合，点 Q はつねに A であるから，Q_* も A となり，P における C の曲率円は C 自身である．

曲線 C の弧長パラメータ s による媒介変数表示 $\boldsymbol{x} = \boldsymbol{x}(s)$ を考え，**4.2.2 節**の記号を用いて**図 4.3** の状況を記述してみよう．C 上の 2 点 P, P_1 の位置ベクトルをそれぞれ $\boldsymbol{x}(s)$，$\boldsymbol{x}(s_1)$ とし，$\boldsymbol{n}(s) \neq \boldsymbol{n}(s_1)$ を仮定すると，2

直線 L, L_1 の交点 Q が存在する．Q の位置ベクトル $\boldsymbol{q}$ は，適当な実数 λ, λ_1 を用いて，次のように二通りに表せる．

$$\boldsymbol{q} = \boldsymbol{x}(s) + \lambda \boldsymbol{n}(s) = \boldsymbol{x}(s_1) + \lambda_1 \boldsymbol{n}(s_1) \tag{4.26}$$

$\boldsymbol{q}, \lambda, \lambda_1$ はいずれも s, s_1 に依存している．(4.26) を

$$\boldsymbol{x}(s) - \boldsymbol{x}(s_1) = -\lambda(\boldsymbol{n}(s) - \boldsymbol{n}(s_1)) - (\lambda - \lambda_1)\boldsymbol{n}(s_1)$$

のように変形し，両辺を $s - s_1$ で割って

$$\frac{\boldsymbol{x}(s) - \boldsymbol{x}(s_1)}{s - s_1} = -\lambda \frac{\boldsymbol{n}(s) - \boldsymbol{n}(s_1)}{s - s_1} - \frac{\lambda - \lambda_1}{s - s_1} \boldsymbol{n}(s_1) \tag{4.27}$$

とする．$\boldsymbol{n}(s_1)$ は $\boldsymbol{u}(s_1)$ と直交するので，(4.27) の両辺と $\boldsymbol{u}(s_1)$ の内積をとると，

$$\boldsymbol{u}(s_1) \cdot \frac{\boldsymbol{x}(s) - \boldsymbol{x}(s_1)}{s - s_1} = -\lambda \boldsymbol{u}(s_1) \cdot \frac{\boldsymbol{n}(s) - \boldsymbol{n}(s_1)}{s - s_1} \tag{4.28}$$

となる．

(4.28) の両辺の極限 $s_1 \to s$ を調べる．(4.28) の左辺は，$s_1 \to s$ のとき収束して

$$\begin{aligned} \lim_{s_1 \to s} \boldsymbol{u}(s_1) \cdot \frac{\boldsymbol{x}(s) - \boldsymbol{x}(s_1)}{s - s_1} &= \boldsymbol{u}(s) \cdot \boldsymbol{x}'(s) \\ &= \boldsymbol{u}(s) \cdot \boldsymbol{u}(s) = 1 \end{aligned}$$

となり，(4.28) の右辺については，(4.24) を用いれば

$$\lim_{s_1 \to s} \boldsymbol{u}(s_1) \cdot \frac{\boldsymbol{n}(s) - \boldsymbol{n}(s_1)}{s - s_1} = \boldsymbol{u}(s) \cdot \boldsymbol{n}'(s) = -\theta'(s)$$

が成立する．したがって，もしも $\theta'(s) \neq 0$ であれば，(4.28) から，

$$\lim_{s_1 \to s} \lambda = \frac{1}{\theta'(s)}$$

が得られる．

そこで (4.26) において $s_1 \to s$ とすれば，曲率中心 Q_* の位置ベクトル $\boldsymbol{q}_*$ を表す等式

$$\boldsymbol{q}_* = \lim_{s_1 \to s} \boldsymbol{q} = \boldsymbol{x}(s) + \frac{1}{\theta'(s)} \boldsymbol{n}(s)$$

が得られ，点 P における C の曲率半径 PQ_* を ρ とすると

$$\rho = \frac{1}{|\theta'(s)|} \tag{4.29}$$

が成り立つことが分かる．$\kappa = \theta'(s)$ を，P における C の **曲率** という．

(4.23) の両辺と $\boldsymbol{n}(s)$ との内積をとると，

$$\kappa = \theta'(s) = \frac{d^2}{ds^2}\boldsymbol{x}(s) \cdot \boldsymbol{n}(s) \tag{4.30}$$

が得られる．

問 5　(4.29), (4.30) を用いて，半径 r の円の曲率と曲率半径を求めよ．

参考 4.6　曲線状のガイドに沿ってかけられた糸 AB の両端にかけた力がつり合って，糸が静止している状況を考え，ガイドが糸に及ぼす力を求める (**図 4.4 (左)**)．ただし，ガイドは滑らかで摩擦はなく，A,B において糸を引く力の大きさはともに f であり，その方向はガイドの接線ベクトルに平行 (または反平行) であるとする．このとき，A と B の間のどの点においても，糸の張力は f である．

糸の微小な断片 PQ に作用する力のつり合いを考える (**図 4.4 (右)**)．ガイドの形を，弧長パラメータ s を用いて $\boldsymbol{x} = \boldsymbol{x}(s)$ のように媒介変数表示し，P,Q の位置ベクトルをそれぞれ $\boldsymbol{x}(s), \boldsymbol{x}(s+\Delta s)$ とする．Δs が微小量のとき，(4.23) により，近似的な等式

$$\boldsymbol{u}(s+\Delta s) - \boldsymbol{u}(s) = \theta'(s)\Delta s\,\boldsymbol{n}(s)$$

が成り立つ．この両辺に f を掛けてすべて左辺に移項した式

$$f\boldsymbol{u}(s+\Delta s) - f\boldsymbol{u}(s) - \theta'(s)f\Delta s\,\boldsymbol{n}(s) = 0$$

は，次のような 3 つの力のつり合いを意味する．

- 端点 Q における接ベクトル $\boldsymbol{u}(s+\Delta s)$ に平行な，大きさ f の張力
- 端点 P における接ベクトル $\boldsymbol{u}(s)$ に反平行な，大きさ f の張力
- 法線ベクトル $\boldsymbol{n}(s)$ に反平行な，大きさ $\theta'(s)f\Delta s$ の抗力

すなわち，摩擦のないガイドから糸が受ける抗力はガイドの法線方向であり，その大きさは，糸の張力を f とすると，単位長さあたり $\theta'(s)f$ である．

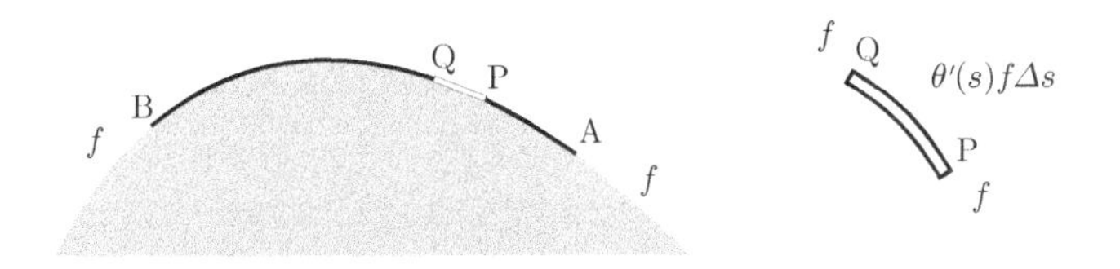

［図 4.4］ガイドに沿ってかけられた糸が受ける力.

4.2.4 曲率と加速度

弧長パラメータによる曲率の式 (4.25) を一般化して，任意の媒介変数表示による曲率の表式を作る．このとき，「任意の媒介変数表示」が動点の運動を表すと考えると直観的に分かりやすく，また得られた結果に力学的な意味を付与することができる．

まず，曲線 C が，弧長パラメータによって $\boldsymbol{x} = \boldsymbol{x}(s)$ のように媒介変数表示されているとして，**4.2.2 節**の記号 $\boldsymbol{u}(s), \boldsymbol{n}(s)$ を用いる． $\boldsymbol{u}(s)$ は $\boldsymbol{x}(s)$ の s に関する微分 $\dfrac{d}{ds}\boldsymbol{x}(s) = \boldsymbol{x}'(s)$ を表し，点 $\boldsymbol{x}(s)$ における C の単位接線ベクトルである．また $\boldsymbol{n}(s)$ は $\boldsymbol{u}(s)$ に直交する単位法線ベクトルであり，$\boldsymbol{u}(s), \boldsymbol{n}(s)$ の s に関する微分 $\boldsymbol{u}'(s), \boldsymbol{n}'(s)$ は (4.23),(4.24) を満たしている．

さて曲線 C 上を動く点 P を考える． P の位置を表す弧長パラメータ s を時刻 t の関数として $s = s(t)$ と書くことにする．すると，時刻 t における P の位置は $\boldsymbol{x}(s(t))$ のように表せる．これは t を媒介変数とする C の媒介変数表示になる．そこで P の速度 $\dfrac{d}{dt}\boldsymbol{x}(s(t))$ を $\dot{\boldsymbol{x}}(t)$ と書き，加速度 $\dfrac{d^2}{dt^2}\boldsymbol{x}(s(t))$ を $\ddot{\boldsymbol{x}}(t)$ と書く．

$$\dot{\boldsymbol{x}}(t) = \frac{d}{dt}\boldsymbol{x}(s(t)) \tag{4.31}$$

$$\ddot{\boldsymbol{x}}(t) = \frac{d^2}{dt^2}\boldsymbol{x}(s(t)) \tag{4.32}$$

(4.31) の右辺に合成関数の微分公式を用いれば，

$$\dot{\boldsymbol{x}}(t) = \frac{ds}{dt}\boldsymbol{x}'(s) = \frac{ds}{dt}\boldsymbol{u}(s) \tag{4.33}$$

となり，同様に $\boldsymbol{u}(s)$ を t で微分すると，

$$\frac{d}{dt}\boldsymbol{u}(s) = \frac{ds}{dt}\boldsymbol{u}'(s) \tag{4.34}$$

となる．したがって，(4.33),(4.34) より

$$\ddot{\boldsymbol{x}}(t) = \frac{d}{dt}\left(\frac{ds}{dt}\boldsymbol{u}(s)\right) = \frac{d^2 s}{dt^2}\boldsymbol{u}(s) + \left(\frac{ds}{dt}\right)^2 \boldsymbol{u}'(s)$$

が得られる．ここで (4.18) を言い換えた等式

$$\frac{ds}{dt} = |\dot{\boldsymbol{x}}(t)|$$

と (4.23) を用いると，

$$\ddot{\boldsymbol{x}}(t) = \frac{d^2 s}{dt^2}\boldsymbol{u}(s) + |\dot{\boldsymbol{x}}(t)|^2 \theta'(s)\boldsymbol{n}(s) \tag{4.35}$$

となる．

参考 4.7 (4.35) の右辺の第 1 項は接線方向の加速度，第 2 項は法線方向の加速度である．

(4.35) を用いて $\theta'(s)$ を t の関数として表そう．まず $\boldsymbol{u}(s)$ と $\boldsymbol{n}(s)$ が直交することに注意して，(4.35) の両辺と $\boldsymbol{n}(s)$ との内積をとると，

$$\boldsymbol{n}(s) \cdot \ddot{\boldsymbol{x}}(t) = |\dot{\boldsymbol{x}}(t)|^2 \theta'(s)$$

となるので，

$$\theta'(s) = \frac{1}{|\dot{\boldsymbol{x}}(t)|^2}\boldsymbol{n}(s) \cdot \ddot{\boldsymbol{x}}(t) \tag{4.36}$$

が得られる．

次に，P の速度ベクトル $\dot{\boldsymbol{x}}(t)$ と加速度ベクトル $\ddot{\boldsymbol{x}}(t)$ の成分を

$$\dot{\boldsymbol{x}}(t) = \begin{pmatrix} \dot{x}(t) \\ \dot{y}(t) \end{pmatrix}, \quad \ddot{\boldsymbol{x}}(t) = \begin{pmatrix} \ddot{x}(t) \\ \ddot{y}(t) \end{pmatrix}$$

のように書く．$\boldsymbol{u}(s)$ は $\dot{\boldsymbol{x}}(t)$ に平行な単位ベクトルであり

$$\boldsymbol{u}(s) = \frac{1}{|\dot{\boldsymbol{x}}(t)|}\begin{pmatrix} \dot{x}(t) \\ \dot{y}(t) \end{pmatrix}$$

と表せるので，$\boldsymbol{u}(s)$ を反時計回りに $\dfrac{\pi}{2}$ だけ回転したベクトル $\boldsymbol{n}(s)$ は，

$$\boldsymbol{n}(s) = \frac{1}{|\dot{\boldsymbol{x}}(t)|}\begin{pmatrix} -\dot{y}(t) \\ \dot{x}(t) \end{pmatrix}$$

と表せる．これらの表現を (4.36) に代入すると

$$\theta'(s) = \frac{-\ddot{x}(t)\dot{y}(t) + \ddot{y}(t)\dot{x}(t)}{(\dot{x}(t)^2 + \dot{y}(t)^2)^{3/2}} \tag{4.37}$$

となる．

ここで，曲線 C が $\boldsymbol{x} = \boldsymbol{x}(t)$ のように媒介変数表示されているとして，点 $(x(t), y(t))$ における曲率を κ とすると，(4.30),(4.37) から

$$\kappa = \frac{-x''(t)y'(t) + y''(t)x'(t)}{(x'(t)^2 + y'(t)^2)^{3/2}} \tag{4.38}$$

が得られる．

例 4.4 関数 $y = f(x)$ のグラフの場合，自明な媒介変数表示

$$x = t$$
$$y = f(t)$$

を用いると，曲率は

$$\kappa = \frac{f''(t)}{(1 + f'(t)^2)^{3/2}} \tag{4.39}$$

となる．特に，放物線 $y = \alpha x^2$ $(\alpha > 0)$ の原点での曲率は 2α，曲線 $y = \alpha x^4$ の原点での曲率は 0，曲率半径は無限大である．

4.3 曲線論の応用 ♠

曲線論の応用として，コーシーの平均値の定理を証明する．

4.3.1 平均値の定理

平均値の定理は，適当な仮定のもとで，

$$\frac{x(a) - x(b)}{a - b} = x'(t) \tag{4.40}$$

$$a < t < b \tag{4.41}$$

を満たす数 t が存在することを保証する．直線上の点の運動に即していえば，(4.40) の左辺は平均速度を表すので，平均値の定理の主張は，

直線上の点の運動では，平均速度に等しい速度で動いている瞬間が存在する

という意味に解釈できる．

それでは，平面上の運動においても，「平均速度に等しい速度で動いている瞬間が存在する」といえるだろうか．

4.3.2 コーシーの平均値の定理

媒介変数表示

$$x = x(t) \tag{4.42}$$

$$y = y(t) \tag{4.43}$$

$$a \leqq t \leqq b \tag{4.44}$$

で表される平面上の曲線 C を考え，C 上の点の位置ベクトルと接ベクトルを

$$\boldsymbol{x}(t) = \begin{pmatrix} x(t) \\ y(t) \end{pmatrix}$$

$$\boldsymbol{v}(t) = \frac{d}{dt}\boldsymbol{x}(t)$$

のように表す．このとき，次の事実が成り立つ．

定理 4.1

(コーシーの平均値の定理)

ベクトル $\boldsymbol{v}(t)$ とベクトル $\boldsymbol{x}(b) - \boldsymbol{x}(a)$ が平行 (または反平行) になる $t \in (a, b)$ が存在する．すなわち，

$$\boldsymbol{x}(b) - \boldsymbol{x}(a) = c\boldsymbol{v}(t) \tag{4.45}$$

$$a < t < b \tag{4.46}$$

を満たす数 t と c が存在する．ただし，$x(t), y(t)$ は閉区間 $[a, b]$ で連続，かつ開区間 (a, b) で微分可能であり，(a, b) において $\boldsymbol{v}(t) \neq \boldsymbol{0}$ とする．

ベクトルの等式 (4.45) を成分ごとに分けて書き，

$$x(b) - x(a) = cx'(t)$$

$$y(b) - y(a) = cy'(t)$$

2 つの式の比をとると，

$$\frac{y(b) - y(a)}{x(b) - x(a)} = \frac{y'(t)}{x'(t)} \tag{4.47}$$

となる．コーシーの平均値の定理は，(4.47) の形で用いられることが多い．

注意 4.8　平面上の曲線の媒介変数表示 (4.42),(4.43),(4.44) において，x 座標だけに注目すれば，通常の平均値の定理が成立し，(4.40),(4.41) を満たす t が存在する．また y 座標についても平均値の定理が成立する．しかし，(4.40),(4.41) を満たす t が x 座標と y 座標で一致するとは限らない．これに対して，コーシーの平均値の定理は，x 座標と y 座標で共通の t が存在することを主張している．

しかし，コーシーの平均値の定理は，「平均速度に等しい速度で動いている瞬間の存在」を保証するものではない．すなわち，(4.45) における c は $b-a$ に等しいとは限らない．

またコーシーの平均値の定理は，「平均速度と同じ向き (反平行ではなく平行) に動いている瞬間の存在」を保証しない．すなわち $c>0$ とは限らない．たとえば**図 4.5 (右)** のように，地上で点 $\boldsymbol{x}(a)$ からちょうど右方に位置する点 $\boldsymbol{x}(b)$ まで行く経路において，ちょうど右方に進むことは一度もない．

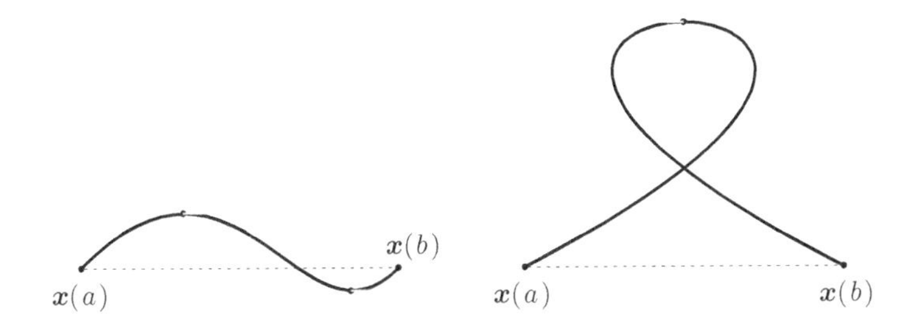

［図 4.5］ベクトル $\boldsymbol{x}(b) - \boldsymbol{x}(a)$ と平行 (または反平行) な接ベクトル．

問 6　円弧

$$x(t) = \cos t$$
$$y(t) = \sin t$$
$$0 \leqq t \leqq \frac{\pi}{2}$$

について，x 座標に関する平均値の定理を考え，$a = 0, b = \dfrac{\pi}{2}$ として (4.40), (4.41) を満たす t の値を求めよ．また，y 座標に関する平均値の定理について t の値を求めよ．さらに，コーシーの平均値の定理について t と c の値を求めよ．

4.3.3　コーシーの平均値の定理の証明

媒介変数表示 (4.42),(4.43),(4.44) をもつ曲線 C の端点を A,B とし，C 上の動点を P とする (**図 4.6**)．三角形 ABP の面積に注目すると，AB を底辺とみたときの三角形の高さは，条件 (4.45) が成り立つときに極大となる (または停留する) ので，面積も極大になる (または停留する) と考えられる．

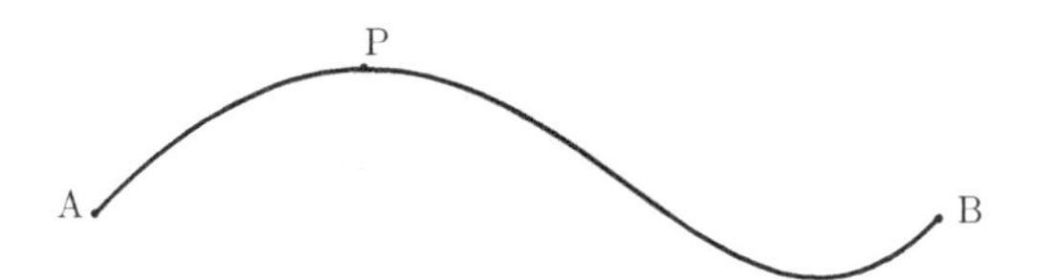

［図 4.6］(4.45) が成り立つとき，三角形 ABP の面積は極大になる (または停留する).

すなわち，A,B,P の位置ベクトルが，それぞれ $\boldsymbol{x}(a), \boldsymbol{x}(b), \boldsymbol{x}(t)$ であるとする．そこで，

$$S(t) = (x(b) - x(a))(y(t) - y(a)) - (y(b) - y(a))(x(t) - x(a))$$

とおく (三角形 ABP の面積は $\dfrac{1}{2}|S(t)|$ である)．$S(t)$ は $[a, b]$ で連続，(a, b) で微分可能であり，$S(a) = S(b) = 0$ が成り立つので，**定理 0.5** により，

$$S'(t) = 0\ , \quad t \in (a, b)$$

を満たす t が存在する．このとき

$$S'(t) = (x(b) - x(a))y'(t) - (y(b) - y(a))x'(t) = 0$$

であるから，

$$(x(b) - x(a))y'(t) = (y(b) - y(a))x'(t) \tag{4.48}$$

となる．

$\boldsymbol{v}(t) = \begin{pmatrix} x'(t) \\ y'(t) \end{pmatrix} \neq \mathbf{0}$ であるから， $x'(t) \neq 0$ または $y'(t) \neq 0$ である．

$x'(t) \neq 0$ とすると

$$c = \frac{x(b) - x(a)}{x'(t)} \tag{4.49}$$

とおくことができて， (4.48), (4.49) より

$$cx'(t)y'(t) = (y(b) - y(a))\,x'(t)$$

よって

$$cy'(t) = y(b) - y(a) \tag{4.50}$$

となり， (4.49), (4.50) から (4.45) が得られる． $y'(t) \neq 0$ のときも，同様にして， (4.45) が得られる．

Chapter 4 章末問題

Basic

問題 4.1 数直線上の動点 P の時刻 t における位置を $x(t),\ t \in [0,1]$ とすると，P の速度 $v(t)$ は □ と表せる．つねに $v(t) > 0$ であれば，P が動いた距離は $x(1) - x(0)$ と表されるが，この値は $v(t)$ の積分として □ とも表せる．

xy 平面上の動点 Q の時刻 t における位置を $(x(t), y(t)),\ t \in [0,1]$ とすると，点 Q の速度ベクトル $\boldsymbol{v}(t)$ の大きさ $|\boldsymbol{v}(t)|$ は □ と表せる．Q が描く軌道 (軌跡) の長さは，この $|\boldsymbol{v}(t)|$ の積分として □ と表せる．

問題 4.2 媒介変数表示 $x = \alpha e^{kt} \cos t,\ y = \alpha e^{kt} \sin t$ で表される螺旋を考える．

(1) 螺旋上の点 P における接ベクトルを $\boldsymbol{v}$ とする．$\overrightarrow{\mathrm{OP}}$ と $\boldsymbol{v}$ のなす角は P の位置によらず，一定であることを示せ．

(2) 媒介変数の 2 つの値 $t = t_1, t_2$ に対応する 2 点を両端とする螺旋の弧の長さを求めよ．

問題 4.3 放物線 $y = f(x) = ax^2\ (a > 0)$ を考える．点 $\mathrm{O}(0,0)$ での接線は □ であり，法線は □ である．また点 $(t, f(t))\ (t \neq 0)$ での接線は □ であり，法線は □ であるから，この 2 つの法線の交点 Q_t の座標は □ である．特に $t \to 0$ としたとき，Q_t の極限 Q_* の座標は □ である．したがって，点 O における曲率は □ となり，**例 4.4** の結果と一致する．

この Q_* を中心として点 O を通る円 C の方程式は □ である．この円の下半分を表す方程式は □ となる．この関数をテイラー展開して x^2 の項まで書くと □ となり，$f(x)$ に一致する．この意味で円 C は O 付近で $y = f(x)$ をよく近似している．

問題 4.4 半径 a の円の曲率半径は □，曲率は □ である．そこで，曲率の表現 (4.38) を用いて同じ値が得られることを確認しよう．

この円を $x = a\cos t,\ y = a\sin t$ と媒介変数表示をすると，

$$x'(t)^2 + y'(t)^2 = \boxed{}$$

$$-x''(t)y'(t) + y''(t)x'(t) = \boxed{}$$

よって，曲率は $\boxed{}$ である．

Standard

問題 4.5 放物線 $y = \dfrac{1}{2}x^2$ の $0 \leqq x \leqq a$ を満たす部分の長さを $l(a)$ とする．極限値

$$r = \lim_{a\to\infty}\left(l(a) - \frac{1}{2}a^2 - \frac{1}{2}\log a\right)$$

を求めよ．

問題 4.6 a を正の定数，φ を $[-\pi, \pi]$ の範囲を動く媒介変数として

$$x = a(\varphi + \sin\varphi)$$

$$y = a(1 - \cos\varphi)$$

で表される曲線 C を考える．

(1) 弧長パラメータ

$$s = \int_0^{\varphi}\sqrt{\left(\frac{dx}{d\varphi}\right)^2 + \left(\frac{dy}{d\varphi}\right)^2}\,d\varphi$$

を φ で表せ．

(2) C 上の動点 P の時刻 t における s の値が

$$s = 4a\sin\sqrt{\frac{g}{4a}}\,t$$

で与えられるとして，P の座標 (x, y) を t の関数とみなす．ただし g は正の定数である．このとき

$$E = \frac{1}{2}\left(\left(\frac{dx}{dt}\right)^2 + \left(\frac{dy}{dt}\right)^2\right) + gy$$

は t によらないことを示せ．

問題 4.7 2 階微分可能な関数 $f(x)$ に関して，$y = f(x)$ のグラフの各点での曲率が 0 であれば，$f(x)$ は 1 次式であることを示せ．

問題 4.8 極方程式 $r = r(\theta)$ で表される曲線の曲率は

$$\frac{r^2 + 2(r')^2 - rr''}{(r^2 + (r')^2)^{3/2}}$$

で与えられることを示せ.

これを用いて，極方程式 $r = \alpha e^{k\theta}$ で表される螺旋の曲率を求めよ.

Advanced

問題 4.9 $a > 0$ として，媒介変数表示

$$\begin{cases} x = a(t - \sin t) \\ y = a(1 - \cos t) \end{cases} \qquad (0 \leqq t \leqq 2\pi)$$

によって表される **サイクロイド** を考える.

(1) サイクロイドの各点における曲率半径 $\rho(t)$ を t で表せ.

(2) 単位法線ベクトルを $\boldsymbol{n}(t)$ として (ただし y 成分が正または 0 となるようにとる)，曲率中心の位置ベクトルを $\boldsymbol{x}(t) - \rho(t)\boldsymbol{n}(t)$ のように表す. この曲率中心の軌跡 (縮閉線) が再びサイクロイドとなることを示せ.

問題 4.10 与えられた曲率をもつ曲線を作ることを考える. $\kappa(\sigma)$ を正の値をとる連続関数として，$f(t) = \displaystyle\int_0^t \kappa(\sigma)d\sigma$ とおき，媒介変数表示 $x(s) = \displaystyle\int_0^s \cos f(t)dt,\ y(s) = \displaystyle\int_0^s \sin f(t)dt$ をもつ曲線を C とする.

(1) s は弧長パラメータであることを示せ.

(2) C の曲率は $\kappa(s)$ となることを示せ.

(3) $\kappa(s)$ が正の定数である曲線は円であることを示せ.

Chapter 4 問の解答

問 1 (4.11) より接ベクトルは $\boldsymbol{v}(t) = \frac{d}{dt}\boldsymbol{x}(t)$ である．この $\boldsymbol{x}(t)$ の x 座標，y 座標が (4.5), (4.6) のように，それぞれ $r(t)\cos\theta(t)$，$r(t)\sin\theta(t)$ と書かれているならば，$\boldsymbol{v}(t)$ の x 成分は，$\frac{d}{dt}(r(t)\cos\theta(t)) = r'(t)\cos\theta(t) - r(t)\sin\theta(t)\theta'(t)$ である．同様にして $\boldsymbol{v}(t)$ の y 成分は，$\frac{d}{dt}(r(t)\sin\theta(t)) = r'(t)\sin\theta(t)+r(t)\cos\theta(t)\theta'(t)$ である．これらをまとめて書くことで (4.13) を得る． □

問 2 $r = r(t), \theta = \theta(t)$ と略記すると，$|\boldsymbol{v}(t)|^2 = (r'\cos\theta - r\theta'\sin\theta)^2 + (r'\sin\theta + r\theta'\cos\theta)^2 = (r')^2 + (r\theta')^2$．これと (4.16) より，与えられた弧長の公式を得る． □

問 3 $\boldsymbol{v}(t) = \begin{pmatrix} 3 \\ 4 \end{pmatrix}$ より，$|\boldsymbol{v}(t)| = 5$ なので，$s = \int_0^t 5d\tau = 5t$．弧長 s による媒介変数表示は $x = \frac{3}{5}s + 1$，$y = \frac{4}{5}s - 1$ となる． □

問 4 $\frac{d}{dt}\boldsymbol{x}(t) = \begin{pmatrix} r\cos t \\ r\sin t \end{pmatrix}$ であるから，弧長パラメータ s は $s = rt$ と表され，弧長による媒介変数表示は $\boldsymbol{x}(s) = \begin{pmatrix} r\sin(s/r) \\ -r\cos(s/r) \end{pmatrix}$ となる．よって，$\boldsymbol{u}(s) = \begin{pmatrix} \cos(s/r) \\ \sin(s/r) \end{pmatrix}$，すなわち $\theta(s) = \frac{s}{r}$ としてよいので，$\theta'(s) = \frac{1}{r}$ である．

したがって $\boldsymbol{u}'(s) = \frac{1}{r}\begin{pmatrix} -\sin(s/r) \\ \cos(s/r) \end{pmatrix}$,

$\boldsymbol{n}'(s) = -\frac{1}{r}\begin{pmatrix} \cos(s/r) \\ \sin(s/r) \end{pmatrix}$,

$\frac{d^2}{ds^2}\boldsymbol{x}(s) = \frac{1}{r}\begin{pmatrix} -\sin(s/r) \\ \cos(s/r) \end{pmatrix}$ となり，(4.23), (4.24), (4.25) が成立する． □

問 5 問 4 の解答より，$\theta'(s) = \frac{1}{r}$ であるから，曲率は $\kappa = \frac{1}{r}$，曲率半径は $\rho = \frac{1}{|\kappa|} = r$ である． □

問 6 $x(t) = \cos t$ より，$x(0) = 1$，$x(\pi/2) = 0$ であるから，

$$\frac{x(0) - x(\pi/2)}{0 - \pi/2} = -\frac{2}{\pi}, \quad x'(t) = -\sin t$$

これらが一致する条件は $-\frac{2}{\pi} = -\sin t$ であり，$t = \arcsin(2/\pi)$ を得る．同様にして，$y(t) = \sin t$ に対しては，$\frac{0-1}{0-\pi/2} = \cos t$ より $t = \arccos(2/\pi)$ を得る．

また

$$\boldsymbol{x}(\pi/2) - \boldsymbol{x}(0) = \begin{pmatrix} -1 \\ 1 \end{pmatrix}$$

$$\boldsymbol{v}(t) = \begin{pmatrix} -\sin t \\ \cos t \end{pmatrix}$$

よって c, t に対する条件は $-1 = -c\sin t$，$1 = c\cos t$, $0 < t < \pi/2$ であり，$\sin t = \cos t$ に注意すれば，$t = \frac{\pi}{4}$, $c = \sqrt{2}$ が得られる． □

Chapter 4 章末問題解答

問題 4.1 $v(t)=x'(t)$, $x(1)-x(0)=\int_0^1 v(t)dt$, $\boldsymbol{v}(t)=\begin{pmatrix}x'(t)\\y'(t)\end{pmatrix}$ より $|\boldsymbol{v}(t)|=\sqrt{(x'(t))^2+(y'(t))^2}$, 軌道の長さ $=\int_0^1|\boldsymbol{v}(t)|dt$ となる. □

問題 4.2

(1) 接ベクトルの表式

$$\boldsymbol{v}(t)$$
$$=\alpha k e^{kt}\begin{pmatrix}\cos t\\\sin t\end{pmatrix}+\alpha e^{kt}\begin{pmatrix}-\sin t\\\cos t\end{pmatrix}$$

の第 1 項と第 2 項は直交するので, $|\boldsymbol{v}(t)|^2=\alpha^2(k^2+1)e^{2kt}$ である. また $|\overrightarrow{\mathrm{OP}}|=\alpha e^{kt}$, $\overrightarrow{\mathrm{OP}}\cdot\boldsymbol{v}=\alpha^2 k e^{2kt}$ であるから, $\overrightarrow{\mathrm{OP}}$ と $\boldsymbol{v}$ のなす角を θ とすると

$$\cos\theta=\frac{\overrightarrow{\mathrm{OP}}\cdot\boldsymbol{v}}{|\overrightarrow{\mathrm{OP}}||\boldsymbol{v}|}=\frac{k}{\sqrt{k^2+1}}$$

となり, t によらない.

(2) 弧長は

$$\int_{t_1}^{t_2}|\boldsymbol{v}(t)|dt=\int_{t_1}^{t_2}\alpha\sqrt{k^2+1}e^{kt}dt$$
$$=\alpha\frac{\sqrt{k^2+1}}{k}(e^{kt_2}-e^{kt_1})$$

である. □

問題 4.3 点 $(0,0)$ での接線は $y=0$, 法線は $x=0$ である. 点 $(t,f(t))$ での接線は $y=2atx-at^2$, 法線は $y=-\frac{1}{2at}x+\frac{1}{2a}+at^2$ である. Q_t の座標は $\left(0,\frac{1}{2a}+at^2\right)$, Q_* の座標は $\left(0,\frac{1}{2a}\right)$ である. よって曲率半径は $\frac{1}{2a}$, 曲率は $2a$ である.

円 C の方程式は $x^2+\left(y-\frac{1}{2a}\right)^2=\left(\frac{1}{2a}\right)^2$, その下半分は $y=\frac{1}{2a}-\sqrt{\frac{1}{4a^2}-x^2}$ のように表せる. またこの方程式を $y=\frac{1}{2a}-\frac{1}{2a}\sqrt{1-4a^2x^2}$ のように変形して, テイラー展開 (1.12) を (x を $-4a^2x^2$ で置き換えて) 用いると, $y=ax^2+\cdots$ となる. □

問題 4.4 半径 a の円の曲率半径は a, 曲率は $\frac{1}{a}$ である. 媒介変数表示から $x'(t)^2+y'(t)^2=a^2$, $-x''(t)y'(t)+y''(t)x'(t)=a^2$. そこで (4.38) を用いると, 曲率は $\frac{a^2}{(a^2)^{3/2}}=\frac{1}{a}$ となる. □

問題 4.5 弧長は

$$l(a)=\int_0^a\sqrt{1+\{(x^2+2)'\}^2}dx$$
$$=\int_0^a\sqrt{1+x^2}dx$$
$$=\frac{1}{2}a\sqrt{1+a^2}+\frac{1}{2}\log(a+\sqrt{a^2+1})$$

である (**問題 0.6**). また $a\to\infty$ のとき,

$$\frac{1}{2}a\sqrt{1+a^2}-\frac{1}{2}a^2=\frac{1}{2}a\frac{1}{\sqrt{1+a^2}+a}$$
$$=\frac{1}{2}\frac{1}{\sqrt{1+1/a^2}+1}\to\frac{1}{4}$$
$$\frac{1}{2}\log(a+\sqrt{a^2+1})-\frac{1}{2}\log a$$
$$=\frac{1}{2}\log(1+\sqrt{1+1/a^2})\to\frac{1}{2}\log 2$$

であるから, $r=\frac{1}{4}+\frac{1}{2}\log 2$ となる. □

注意 放物線 $y=\frac{1}{2}x^2$ の接線は, x が

大きいとき，ほとんどy軸に平行になるので，弧長$l(a)$は$\frac{1}{2}a^2$に近いだろうと考えられるが，$\log a$程度の補正がつく．

問題 4.6

(1) $\frac{dx}{d\varphi} = a(1+\cos\varphi)$, $\frac{dy}{d\varphi} = a\sin\varphi$ より，

$$\left(\frac{dx}{d\varphi}\right)^2 + \left(\frac{dy}{d\varphi}\right)^2 = 2a^2(1+\cos\varphi) = 4a^2\cos^2\frac{\varphi}{2}$$

$\varphi \in [-\pi, \pi]$ であるから，$\cos\frac{\varphi}{2} \geqq 0$．よって $s = 2a\int_0^{\varphi}\cos\frac{\varphi}{2}d\varphi = 4a\sin\frac{\varphi}{2}$ となる．

(2) $\frac{\varphi}{2} = \sqrt{\frac{g}{4a}}t$ としてよい．$\frac{d\varphi}{dt} = \sqrt{\frac{g}{a}}$ であり，$\frac{dx}{dt} = \frac{dx}{d\varphi}\frac{d\varphi}{dt}$, $\frac{dy}{dt} = \frac{dy}{d\varphi}\frac{d\varphi}{dt}$ より，$\left(\frac{dx}{dt}\right)^2 + \left(\frac{dy}{dt}\right)^2 = 2ag(1+\cos\varphi)$．よって $E = ag(1+\cos\varphi) + ag(1-\cos\varphi) = 2ag$ となり，t によらない． □

注意 θ は $[0, 2\pi]$ を動き，$x = a(\theta - \sin\theta) - a\pi$, $y = a(1+\cos\theta) = -a(1-\cos\theta) + 2a$ と表せるので，C は**問題 4.9** のサイクロイドと合同である．

問題 4.7 曲率が0であるから，(4.39) により $f''(x) = 0$．このような関数は1次式である． □

問題 4.8 曲線上の点の直交座標は，θ を用いて $x = r(\theta)\cos\theta$, $y = r(\theta)\sin\theta$ のように媒介変数表示される．すると $x' = r'\cos\theta - r\sin\theta$, $y' = r'\sin\theta + r\cos\theta$ であるから，$(x')^2 + (y')^2 = r^2 + (r')^2$ となる．また，$x'' = (r''-r)\cos\theta - 2r'\sin\theta$, $y'' = (r''-r)\sin\theta + 2r'\cos\theta$ であるから，$-x''y' + y''x' = r^2 + 2(r')^2 - rr''$ となり，示すべき等式が得られる．

螺旋の場合，$r^2 + (r')^2 = (\alpha e^{k\theta})^2(k^2+1)$, $r'' = \alpha k^2 e^{k\theta}$, $r^2 + 2(r')^2 - rr'' = (\alpha e^{k\theta})^2(k^2+1)$ より，曲率は $\frac{1}{\alpha\sqrt{k^2+1}}e^{-k\theta}$ である． □

問題 4.9

(1) $x' = a(1-\cos t)$, $y' = a\sin t$ であるから，$(x')^2 + (y')^2 = 2a^2(1-\cos t)$．また $x'' = a\sin t$, $y'' = a\cos t$ であるから，$-x''y' + y''x' = a^2(\cos t - 1)$ である．したがって (4.38) より，曲率は，

$$\frac{a^2(1-\cos t)}{2\sqrt{2}a^3(1-\cos t)^{3/2}} = \frac{1}{2a\sqrt{2(1-\cos t)}}$$

となり，$\rho(t) = 2a\sqrt{2(1-\cos t)}$ を得る．

(2) 接ベクトル $\boldsymbol{v}(t) = \begin{pmatrix} a(1-\cos t) \\ a\sin t \end{pmatrix}$ に直交するベクトル $\boldsymbol{w}(t) = \begin{pmatrix} -a\sin t \\ a(1-\cos t) \end{pmatrix}$ は法線ベクトルの1つであり，y 成分は正である．その長さは $|\boldsymbol{w}(t)| = |\boldsymbol{v}(t)| = a\sqrt{2(1-\cos t)}$ であるから，単位法線ベクトルは

$$\boldsymbol{n}(t) = \frac{\boldsymbol{w}(t)}{|\boldsymbol{w}(t)|} = \frac{\boldsymbol{w}(t)}{a\sqrt{2(1-\cos t)}}$$

と表せる．よって曲率中心の位置ベクトルは

$$\boldsymbol{x}(t) - \rho(t)\boldsymbol{n}(t) = \boldsymbol{x}(t) - 2\boldsymbol{w}(t)$$

$$= \begin{pmatrix} a(t+\sin t) \\ -a(1-\cos t) \end{pmatrix}$$

となる．これはサイクロイドの媒介変数表示である (**問題 4.6**). □

問題 4.10

(1) $x'(s) = \cos f(s)$, $y'(s) = \sin f(s)$ であるから， $x'(s)^2 + y'(s)^2 = 1$ となり， s は弧長パラメータである．

(2) (4.21) より， $\theta(s) = f(s)$ であるから，曲率は $\theta'(s) = f'(s) = \kappa(s)$ である．

(3) $\kappa(s) = \kappa$(定数) ならば， $f(t) = \kappa t$ であり，

$$x(s) = \int_0^s \cos(\kappa t)dt = \frac{\sin \kappa s}{\kappa},$$

$$y(s) = \int_0^s \sin(\kappa t)dt = \frac{1-\cos(\kappa s)}{\kappa}.$$

これは円を表す． □

注意 与えられた曲率をもつ曲線はすべて合同であることが知られている．高速道路のジャンクションを，曲率 $\kappa(s)$ が as (a は定数) となるように設計すれば，ハンドルを一定のスピードで切ればよいので，運転しやすいと考えられる．このような曲線は **クロソイド曲線** と呼ばれている．

Chapter 5 微分方程式

ある地域の人口や，物体の温度や，物質の濃度など，時間とともに変化する現象において，人口，温度，濃度などを時間の関数として $x = x(t)$ と表す．このとき，状態が変化する速さは $x(t)$ の導関数 $x'(t)$ で与えられるので，状態の変化速度を支配する法則は，一般に $x(t)$ と $x'(t)$ の間の関係式で表される．このような関係式を微分方程式という．微分方程式を満たす関数 $x(t)$ は，状態が時間とともに推移する様子を表現している．

この章では，簡単な微分方程式の例を挙げ，微分方程式の意味と解法を学ぶ．なお加速度を問題にする力学法則は，運動方程式と呼ばれる関係式で表されるが，運動方程式は **2** 階導関数を含む微分方程式になる．このような **2** 階微分方程式の簡単な例を **6** 章，**7** 章で扱う．

5.1 簡単な例

未知関数の導関数を含む関係式，たとえば

$$x'(t) = x(t) - x(t)^2$$

$$x'(t) = tx(t)$$

$$x'(t)^2 = x(t)$$

のような等式を **微分方程式** という．この節では，簡単な例によって，微分方程式の意味と解法について考える．

なお，具体例として現象の時間変化を記述する微分方程式を多く取り挙げるので，未知関数を $x(t)$ のように，t を独立変数として記すことにする．

5.1.1 初期値問題

微分方程式

$$x'(t) = kx(t) \tag{5.1}$$

を考える．k は実数の定数である．この場合，C を任意の定数として，指数関数

$$x(t) = Ce^{kt} \tag{5.2}$$

は (5.1) を満たす．(5.2) を微分方程式 (5.1) の **解** という．さらに付加的な条件として，たとえば

$$x(0) = 1 \tag{5.3}$$

を満たすことを要求すると，(5.2) において C の値は $C = 1$ と定まる．(5.3) のような条件を **初期条件** といい，初期条件を伴う微分方程式を解く問題を，微分方程式の **初期値問題** という．

例 5.1 ある地域において，増殖 (や死亡) により人口が変化する現象を考える．外界との間で人の出入りがないとして，時刻 t における人口 $x = x(t)$ について，

微小な時間 Δt の間に x が増加する量は Δt と x 自体に比例する

という法則を仮定する．すると，次のような (近似的な) 関係式が成立する．

$$x(t + \Delta t) - x(t) = kx(t)\Delta t \tag{5.4}$$

すなわち

$$\frac{1}{\Delta t}(x(t + \Delta t) - x(t)) = kx(t) \tag{5.5}$$

となる．k は人口 1 人あたり単位時間あたりの人口増加数 (人口増加率) であり，定数であると仮定する．ここで，(5.5) は近似的な関係式であるが，Δt を限りなく 0 に近づけたとき誤差のない等式

$$x'(t) = kx(t) \tag{5.6}$$

になると考える．

例 5.2　一定量の放射性物質に含まれる未崩壊の原子の量 $x(t)$ は，k を負の定数として (5.6) に従う．解 (5.2) において $k=-\lambda$ とおくと，

$$x(t)=ae^{-\lambda t} \tag{5.7}$$

となるから，特に半減期，すなわち $x(T)=\frac{1}{2}x(0)$ となる時刻 T は，

$$T=\frac{1}{\lambda}\log 2$$

である．

5.1.2 解とその一意性

微分方程式

$$x'(t)=kx(t) \tag{5.8}$$

を考える．関数

$$x(t)=ae^{kt} \tag{5.9}$$

は，初期条件

$$x(0)=a \tag{5.10}$$

を満たす解である．

初期値問題 (5.8), (5.10) の解が (5.9) に限ることを示すために，(5.8) から (5.9) にいたる道筋をつけよう．まず (5.8) を次のように書く．

$$\frac{dx}{dt}=kx \tag{5.11}$$

この両辺を x で割ると，

$$\frac{1}{x}\frac{dx}{dt}=k \tag{5.12}$$

となる．両辺を t で積分し

$$\int\frac{1}{x}\frac{dx}{dt}dt=\int kdt$$

左辺の積分変数を x にすると

$$\int\frac{1}{x}dx=\int kdt$$

となり，積分を実行すると

$$\log|x| = kt + C_1 \quad (C_1\text{は積分定数}) \tag{5.13}$$

となる．そこで，(5.13) を x について解くと

$$\begin{aligned} x &= \pm e^{C_1} e^{kt} \\ &= Ce^{kt} \quad (C = \pm e^{C_1}) \end{aligned} \tag{5.14}$$

が得られる．さらに初期条件 (5.10) から定数 C を決定すると $C = a$ となり，(5.9) が得られる．

 **5.1**

(1) (5.14) において $C = 0$ とすると $x(t) = 0$ となるが，これも微分方程式 (5.8) の解である．

(2) 上記の考察において，初期時刻を 0 として初期値問題を考えたが，初期時刻は 0 でなくてもよい．初期時刻を t_0 にすると，解は

$$x(t) = x(t_0)e^{k(t-t_0)} \tag{5.15}$$

のように表せる．

以上により，次のことが分かった．

(1) 微分方程式 (5.8) の解は，C を定数として，(5.14) の形に表せる．
(2) 初期値問題 (5.8), (5.10) の解は (5.9) に限る．

(5.14) を微分方程式 (5.8) の **一般解** といい，初期条件 (5.10) を満たす解 (5.9) を **特殊解** という．また，微分方程式の初期値問題の解がただ 1 つに定まることを初期値問題の **解の一意性** という．

参考 **5.2** **5.1.2** 節における初期値問題の解法を，(不定積分ではなく) 定積分を用いて書き直してみよう．

等式

$$\frac{1}{x}\frac{dx}{dt} = k$$

の両辺を $t=t_0$ から $t=t_1$ まで積分する．ただし，区間 $[t_0, t_1]$ において $x(t)$ は0にならず，したがって符号変化しないと仮定する．

$$\int_{t_0}^{t_1} \frac{1}{x}\frac{dx}{dt}dt = \int_{t_0}^{t_1} kdt$$

$t=t_0, t_1$ のとき x はそれぞれ $x(t_0), x(t_1)$ となることに注意して，左辺の積分で変数変換すると，

$$\int_{x(t_0)}^{x(t_1)} \frac{1}{x}dx = \int_{t_0}^{t_1} kdt$$

$$\Big[\log|x(t)|\Big]_{t_0}^{t_1} = k(t_1 - t_0)$$

$x(t_0)$ と $x(t_1)$ は同符号であることを仮定したから

$$x(t_1) = x(t_0)e^{k(t_1-t_0)} \tag{5.16}$$

となる．

$x(t)$ が符号変化しないと仮定してよいことは，**5.1.3 節**で確かめる．

問 1　微分方程式 (5.8) について，$x(t) = e^{kt}u(t)$ とおいて $u(t)$ の満たす微分方程式を導け．これを利用して，初期値問題 (5.8), (5.10) を解け．

5.1.3 難点とその解消 ♠

5.1.2 節における初期値問題の解法には1つの難点がある．それは，(5.12) において，$x=x(t)$ がどのような t に対しても0にならないことを仮定しているところである．この仮定が正しいことを示そう．

初期値は $x(t_0) \neq 0$ として，仮に

$$x(t_1) = 0 \quad \text{かつ} \quad t_0 < t_1 \tag{5.17}$$

を満たす t_1 が存在したと仮定する．このような t_1 の最小値を T としよう．すると $t_0 < t < T$ において $x(t) \neq 0$ であるから，この範囲では **5.1.2 節**の論法が成立して，(5.15) が得られる．よって

$$\lim_{t \to T-0} x(t) = x(t_0)e^{k(T-t_0)} \neq 0$$

である．ところが $x(T)=0$ であるから，$x(t)$ は $t=T$ で不連続となり，

「$x(t)$ は微分方程式の解であるにもかかわらず，連続でない (したがって，微分可能でない)」という不合理が生じる．よって，(5.17) を満たす t_1 は存在しない．

同様に

$$x(t_1) = 0 \quad \text{かつ} \quad t_0 > t_1$$

を満たす t_1 が存在しないことも示されるので，結局，任意の t_0, t に対し，

$$x(t_0) \neq 0 \quad \Longrightarrow \quad x(t) \neq 0 \tag{5.18}$$

が成り立つといってよい．

5.3

(1) 上記の同様の論法によって，任意の t_0, t に対し，

$$x(t_0) > 0 \quad \Longrightarrow \quad x(t) > 0$$
$$x(t_0) < 0 \quad \Longrightarrow \quad x(t) < 0$$

が成立することが分かる．

(2) 若干厳密性を欠くが，次のように考えることもできる．

> **5.1.2 節**の論法は，$x(t) \neq 0$ を満たす t の範囲に留まる限り正しい

すると，初期条件 (5.10) において $a \neq 0$ であるなら，「$x(t) \neq 0$ を満たす t の範囲」とは

$$ae^{kt} \neq 0 \tag{5.19}$$

が成り立つ範囲，すなわち実数全体である．したがって $x(t)$ はけっして 0 にならないのだから，何も心配はいらないことになる．

(3) (5.17) を満たす t_1 の最小値を T としたが，本当は「最小値」でなく「下限」というべきである．「下限」の概念については下巻 **13.5 節**で扱う．

(4) (5.18) において t と t_0 を入れ換えると，任意の t_0, t に対し，

$$x(t) \neq 0 \quad \Longrightarrow \quad x(t_0) \neq 0 \tag{5.20}$$

が成り立つので，その対偶として

$$x(t_0) = 0 \quad \Longrightarrow \quad x(t) = 0$$

が得られる．すなわち，初期値問題

$$\frac{dx}{dt} = kx \tag{5.21}$$

$$x(t_0) = 0 \tag{5.22}$$

の解は

$$x(t) = 0\,, \quad t \in \mathbb{R} \tag{5.23}$$

に限る．

5.1.4 変数分離形

5.1.2 節で取り挙げた微分方程式を一般化して，次のような形の微分方程式を考える．

$$\frac{dx}{dt} = g(t)f(x) \tag{5.24}$$

$g(t), f(x)$ は与えられた関数である．これを **変数分離形** の微分方程式という．

(5.24) の形の微分方程式にも，**5.1.2 節**の方法を適用することができる．まず (5.24) の両辺を $f(x)$ で割り，

$$\frac{1}{f(x)}\frac{dx}{dt} = g(t) \tag{5.25}$$

両辺を t で積分すると

$$\int \frac{1}{f(x)}\frac{dx}{dt}dt = \int g(t)dt \tag{5.26}$$

となり，左辺の積分変数を x に変えると

$$\int \frac{1}{f(x)}dx = \int g(t)dt \tag{5.27}$$

となる．ここで $\dfrac{1}{f(x)}$ と $g(t)$ の原始関数 (の 1 つ) をそれぞれ $H(x), G(t)$ とすると，(5.27) は

$$H(x) = G(t) + C \tag{5.28}$$

となる．C は任意の定数である．これを x について解けば (5.24) の解が得られる．

例 5.3 微分方程式

$$\frac{dx}{dt} = -\frac{t}{x} \tag{5.29}$$

を解く．

$$\begin{aligned} x\frac{dx}{dt} &= -t \\ \int x\frac{dx}{dt}dt &= -\int tdt \\ \int xdx &= -\int tdt \\ x^2 &= -t^2 + C \\ t^2 + x^2 &= C \end{aligned} \tag{5.30}$$

これを x について解けば

$$x = \pm\sqrt{C - t^2} \tag{5.31}$$

となる．さらに，たとえば初期条件 $x(0) = 1$ を課せば，定数 C と複号が定まり

$$x = \sqrt{1 - t^2}$$

となる．

例 5.4 人口増加の微分方程式 (5.6) において，k が時間 t に依存する場合を考える．

$$\frac{dx}{dt} = k(t)x \tag{5.32}$$

初期時刻を $t = t_0$ にとれば，この微分方程式の解は

$$x(t) = x(t_0) \exp\left(\int_{t_0}^{t} k(s)ds\right) \tag{5.33}$$

で与えられる．よって，時刻 t_1, t_0 における $x(t)$ の比は

$$\frac{x(t_1)}{x(t_0)} = \exp\left(\int_{t_0}^{t_1} k(s)ds\right)$$

となる．

たとえば，時間とともに変化する環境下で細菌を培養する実験などにおいて，増加率 $k = k(t)$ は時間 t の関数になるだろう．もしも $k(t)$ が

$$k(t) = \frac{1}{t^2 + 1}$$

で与えられるとすると，

$$\begin{aligned}\int_{t_0}^{t_1} k(s)ds &= \int_{t_0}^{t_1} \frac{1}{s^2+1} ds \\ &= \arctan(t_1) - \arctan(t_0)\end{aligned}$$

である．したがって，「実験」の開始時刻を $t_0 \to -\infty$，終了時刻を $t_1 \to \infty$ とすれば，実験前後での個体数 $x(t)$ の比は

$$\lim_{t_0 \to -\infty} \lim_{t_1 \to \infty} \frac{x(t_1)}{x(t_0)} = e^{\pi}$$

となる．

問 2　次の微分方程式を解け．

$$\frac{dx}{dt} = -tx$$

$$x(0) = 1$$

5.2 自励系

この節では変数分離形の特別の場合として，次のような微分方程式を考える．

$$\frac{dx}{dt} = f(x)$$

$f(x)$ は与えられた関数である．このように，$\dfrac{dx}{dt}$ が x だけで定まり，t に依存しないような形の微分方程式を **自励系** という．この名称は，系が自律的に運動しており，他者の支配を受けないという意味をもっている．

自励系の微分方程式は **5.1.4 節**の方法を用いて解くことができる．その結果を用いると，t が限りなく大きくなるときの系の挙動が分かる．このような問題を具体的な例に即して考える．

5.2.1 一般的解法

5.1.4 節における変数分離形の微分方程式の解法を，自励系

$$\frac{dx}{dt} = f(x) \tag{5.34}$$

に適用する．

(5.34) の両辺を $f(x)$ で割り，

$$\frac{1}{f(x)}\frac{dx}{dt} = 1$$

t で積分すると

$$\int \frac{1}{f(x)}\frac{dx}{dt}dt = \int dt$$

となり，左辺の積分変数を x に変えて

$$\int \frac{1}{f(x)}dx = t$$

を得る．ここで $\dfrac{1}{f(x)}$ の原始関数 (の 1 つ) を $F(x)$ とすれば，

$$F(x) + C = t$$

となる．C は任意の定数である．これを x について解けば，(5.34) の解となる．また初期条件が与えられれば，定数 C の値が定められる．

例 5.5　微分方程式

$$\frac{dx}{dt} = -x + 1 \tag{5.35}$$

を考える．(5.35) の両辺を $x - 1$ で割り，

$$\frac{1}{x-1}\frac{dx}{dt} = -1 \tag{5.36}$$

t で積分すると，

$$\int \frac{1}{x-1}dx = -\int dt$$

$$\log|x-1| = -t + C_1 \quad (C_1\text{は積分定数}) \tag{5.37}$$

となる．これを x について解くと

$$x - 1 = Ce^{-t} \quad (C = \pm e^{C_1}) \tag{5.38}$$

となり，初期条件 $x(0) = a$ を課すと C が定まって，次が得られる．

$$x = (a-1)e^{-t} + 1 \tag{5.39}$$

同様の方法で，微分方程式

$$\frac{dx}{dt} = -\lambda x + r \tag{5.40}$$

を初期条件 $x(0) = a$ のもとで解くと，

$$x = \left(a - \frac{r}{\lambda}\right)e^{-\lambda t} + \frac{r}{\lambda} \tag{5.41}$$

となる． a, λ, r は定数である (**図 5.1 (左)**).

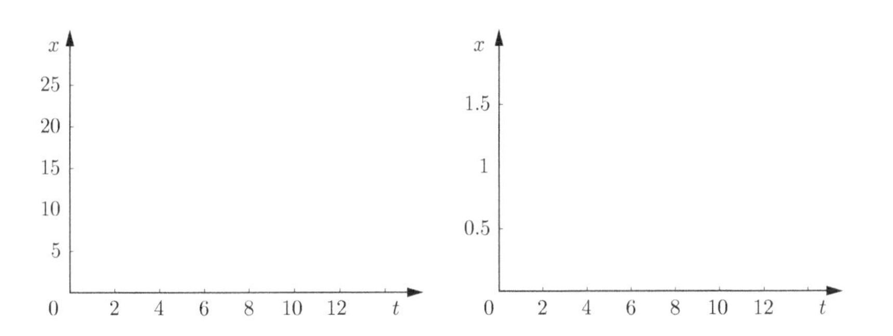

［図 5.1］ **(左)**： (5.41) のグラフ， $\lambda = 0.5, r = 5.0, a = 30, 20, 10, 0.$
(右)： (5.45) のグラフ， $a = 2, 1, 0.5, 0.01.$

例 5.6 微分方程式

$$\frac{dx}{dt} = x - x^2 \tag{5.42}$$

を考える．両辺を $x(x-1)$ で割り，t で積分すると，

$$\int \frac{1}{x(x-1)} dx = -\int dt$$
$$\int \left(\frac{1}{x-1} - \frac{1}{x}\right) dx = -\int dt$$
$$\log|x-1| - \log|x| = -t + C_1$$
$$\frac{x-1}{x} = Ce^{-kt} \tag{5.43}$$

ここで初期条件

$$x(0) = a \tag{5.44}$$

を課すと C が定まり，

$$x = \frac{a}{a + (1-a)e^{-t}} \tag{5.45}$$

が得られる (**図 5.1 (右)**)．

同様の方法で，微分方程式

$$\frac{dx}{dt} = hx - gx^2 \tag{5.46}$$

を初期条件 $x(0) = a$ のもとで解くと，

$$x = \frac{ha}{ga + (h - ga)e^{-ht}} \tag{5.47}$$

となる．h, g は定数である．

研究 5.4 微分方程式 (5.42) の解 (5.45) において，初期値 a を $a < 0$ または $a > 1$ の範囲にとる．このとき，

$$t = \log \frac{a-1}{a}$$

において解 (5.45) の分母は 0 になり，$x(t)$ は発散する．すなわち，

$a < 0$ のとき，初期値問題 (5.42), (5.44) の解は

$$t < \log \frac{a-1}{a}$$

において存在し，この範囲を越えて解を延長することはできない (**図 5.2 (左)**).

また $a > 1$ のとき，解は

$$t > \log \frac{a-1}{a}$$

の範囲に限られる (**図 5.2 (右)**). このように微分方程式の解が有限の t で発散し，そこで解が途切れることを **解の爆発** という．初期値が $0 < a < 1$ の範囲にあるなら，解は爆発しない．

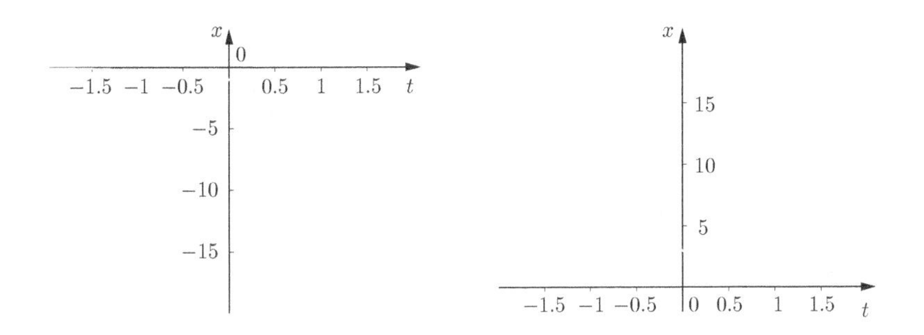

[図 5.2] (5.45) のグラフ， $a = -1$(左)， $a = 2$(右).

5.2.2 平衡状態

微分方程式 (5.40) の解 (5.41) において， $\lambda > 0$ を仮定して $t \to \infty$ とすると，

$$\lim_{t \to \infty} x(t) = \frac{r}{\lambda} \tag{5.48}$$

のように収束する (**図 5.1 (左)**). 特別な場合として，初期条件

$$x(0) = \frac{r}{\lambda}$$

を満たす解は，定数関数

$$x(t) = \frac{r}{\lambda}$$

である．このような特別の値 $\frac{r}{\lambda}$ を **平衡状態** という．平衡状態は微分方程式 (5.40) の右辺を 0 にする値，すなわち

$$\lambda x = r \tag{5.49}$$

を満たす値である．

また微分方程式 (5.46) の解 (5.47) において，$h > 0, a \neq 0$ であるとして $t \to \infty$ とすると，

$$\lim_{t\to\infty} x(t) = \frac{h}{g} \tag{5.50}$$

のように収束する．特別な場合として，定数関数

$$x(t) = \frac{h}{g}$$

は，初期条件

$$x(0) = \frac{h}{g}$$

を満たす微分方程式 (5.46) の解である．すなわち，$\frac{h}{g}$ は平衡状態である．($h = g = 1$ のときは，**図 5.1 (右)** のようになる．)

例 5.7 以下の例において，平衡状態の存在は重要な意味をもつ．

(1) **放射性炭素の含有量**

放射性炭素 ^{14}C は，大気中に存在する安定な窒素 ^{14}N に宇宙線が衝突して作られ，また自然に崩壊して ^{14}N に戻る．

$$^{14}\mathrm{N} \longrightarrow {}^{14}\mathrm{C} \longrightarrow {}^{14}\mathrm{N}$$

大気中の ^{14}C の濃度を時間 t の関数として $x = x(t)$ と書き，単位時間あたりの生成量を r，崩壊率を λ とすると，窒素の量がほとんど変化しないとき，微分方程式 (5.40) が成り立つ．十分時間がたつと，濃度 $x(t)$ は平衡状態 $\frac{r}{\lambda}$ に近づくが，関係式 (5.49) は，平衡状態において崩壊と生成のバランスがとれていることを意味する．

(2) **落下運動と空気抵抗**

重力と空気抵抗を受けて鉛直方向に落下する物体を考える．物体の質量を m，重力は鉛直下向きでその大きさは mg であるとし，空気が物体に及ぼす抵抗力は物体の速度と反対の方向で，その大きさは速度の大きさに比例するものとする．この比例定数を γ とすると，時刻 t における物体の高さ $y = y(t)$ は，次の運動方程式に従う．

$$m\frac{d^2y}{dt^2} = -mg - \gamma\frac{dy}{dt}$$

ここで鉛直下向きの速度

$$v = -\frac{dy}{dt}$$

を用いると，上記の微分方程式は

$$\frac{dv}{dt} = -\frac{\gamma}{m}v + g$$

となる．これは (5.40) において，$\lambda = \dfrac{\gamma}{m}$, $r = g$ とした微分方程式と同形であるから，十分時間がたつと，物体は (鉛直下向きに) 一定の速さ $\dfrac{mg}{\gamma}$ で運動する．この速度 (終端速度という) は初速度に依存しない．

半径 ρ の球形の物体が空気から受ける抵抗力の場合，γ の値は近似的に

$$\gamma = 6\pi\mu\rho\ , \quad \mu = 1.82 \times 10^{-5}\,[\mathrm{kg}\cdot\mathrm{m}^{-1}\cdot\mathrm{s}^{-1}]$$

で与えられる (ストークスの法則)．これを用いると，半径 0.6 mm の球形の水滴の場合，終端速度は 43.2 m/s(時速 156 km) 程度になる．

(3) **ロジスティックモデル**

人口増加の微分方程式

$$\frac{dx}{dt} = kx \tag{5.51}$$

において，$k > 0$ であれば，その解 $x(t) = ae^{kt}$ は $t \to \infty$ で発散し，人口は限りなく増加する．しかし実際には，人口がきわめて多くなるといろいろな意味で環境が悪化するため人口増加が抑制される．

微分方程式 (5.46) は，(5.51) における増加率 k を，x の関数

$$k = h - gx$$

で置き換えたものである．$h, g > 0$ とすれば，微分方程式 (5.46) は，人口増加を抑制する機構を組み込んだ人口増加モデルであり，平衡状態 h/g をもつ．このモデルをロジスティックモデルという．

5.2.3 平衡状態の安定性

微分方程式

$$\frac{dx}{dt} = x - x^2 \tag{5.52}$$

の右辺が 0 になる x の値は 1 と 0 であり，どちらも平衡状態である．しかし t が限りなく大きくなるとき，解 (5.45) が限りなく近づく値は ($a \neq 0$ ならば)1 である．2 つの平衡状態 1, 0 の違いはどこにあるのだろうか．

図 5.1 (右) をみると，初期値 a が平衡状態 1 から少しずれても，解 $x(t)$ は自然に 1 に戻るのに対し，初期値 a が平衡状態 0 から少しでもずれると，解 $x(t)$ はますます 0 から離れていくことが分かる．このことを，平衡状態 1 は **安定**，平衡状態 0 は **不安定** であると表現する．

平衡状態の安定性は，微分方程式 (5.52) の右辺

$$f(x) = x(1 - x)$$

の符号からも分かる．すなわち

$$\begin{aligned}
x < 0 \quad &\Longrightarrow \quad f(x) < 0.\ \text{よって } x(t) \text{ は減少} \\
0 < x < 1 \quad &\Longrightarrow \quad f(x) > 0.\ \text{よって } x(t) \text{ は増加} \\
1 < x \quad &\Longrightarrow \quad f(x) < 0.\ \text{よって } x(t) \text{ は減少}
\end{aligned}$$

であるから，x が 1 からずれると x はもとに戻り，x が 0 からずれると x はますます離れる (**図 5.3**)．

問 3　微分方程式 (5.35) の平衡状態とその安定性を調べよ．

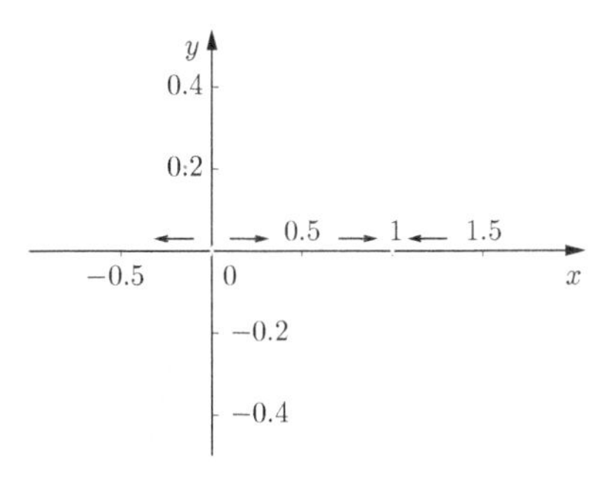

［図 5.3］ 微分方程式の右辺 $f(x)$ の符号と，解 $x(t)$ の増減.

研究 5.5 次のようにして平衡状態の安定性をより精密に調べることもできる．議論を一般化して，自励系

$$\frac{dx}{dt} = f(x)$$

を考える． $x = a$ は平衡状態，すなわち $f(a) = 0$ とする．このとき， $f(x)$ を $x = a$ のまわりでテイラー展開して

$$\begin{aligned} f(x) &= f(a) + f'(a)(x-a) + \frac{1}{2}f''(a)(x-a)^2 + \cdots \\ &= f'(a)(x-a) + \frac{1}{2}f''(a)(x-a)^2 + \cdots \end{aligned}$$

のように表す．そこで $x = a + u$ とおくと， u が従う微分方程式は

$$\frac{du}{dt} = f'(a)u + \frac{1}{2}f''(a)u^2 + \cdots$$

となり， u は微小な値をとるとして 2 次以上の項を無視すると，次のような近似的な微分方程式が得られる．

$$\frac{du}{dt} = f'(a)u$$

この微分方程式の解は， C を定数として

$$u = Ce^{f'(a)t}$$

と表せるので， $f'(a) > 0$ ならば平衡状態 $x = a$ は不安定であり， $f'(a) < 0$ ならば安定である．ただし $f'(a) = 0$ のときは，安定であることも不安定であることもある．

5.3 曲線群と微分方程式

微分方程式の解 $x = x(t)$ を tx 平面上に描くと，ある曲線になる．この曲線を微分方程式の **解曲線** という．1つの解 (特殊解) が曲線を表すなら，任意の定数を含む解 (一般解) は **曲線群** を表す．

この節では微分方程式と曲線群の関係を考える．ただし便宜のために記号を変え，変数の組 (t, x) の代わりに (x, y) を使うことにして，未知関数を $y = y(x)$ と書く．

5.3.1 微分方程式と曲線群

微分方程式と曲線群の関係を，具体例に即してみてみよう．このとき，微分方程式を解いて曲線群を得るばかりでなく，曲線群から微分方程式を作るという方向にも注意を払う．

例 5.8 C を正の定数として，楕円の方程式

$$x^2 + 2y^2 = C \tag{5.53}$$

の両辺を x で微分すると

$$2x + 4yy' = 0 \tag{5.54}$$

すなわち

$$y' = -\frac{x}{2y} \tag{5.55}$$

となる．このとき，逆に (5.55) を解くと (5.53) が得られる．

また放物線の方程式

$$y = Cx^2 \tag{5.56}$$

の両辺を x で微分すると，

$$y' = 2Cx \tag{5.57}$$

となり，(5.56) と (5.57) から C を消去すると

$$y' = \frac{2y}{x} \tag{5.58}$$

となる．このとき，逆に (5.58) を解くと (5.56) が得られる．

ここで，(5.55) と (5.58) の右辺の積は -1 であるから，楕円 (5.53) と放物線 (5.56) は，その交点で接線が直交する (**図 5.4**)．このような曲線群は互いに直交するという．

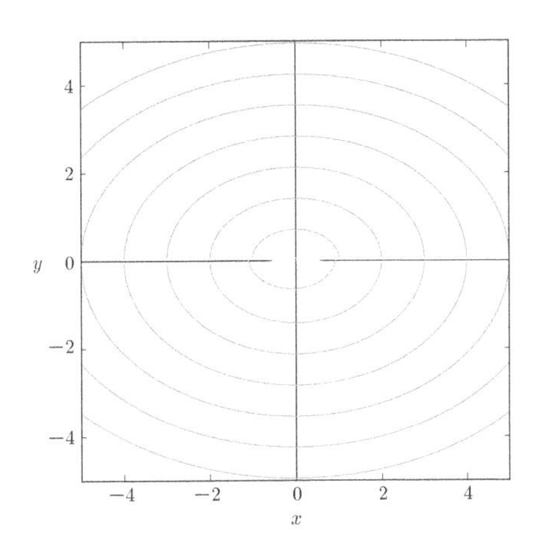

［図 5.4］ **直交する曲線群** (5.53), (5.56).

問 4　曲線群

$$y = Ce^x \tag{5.59}$$

を解にもつ微分方程式を作り，その微分方程式を解け．また曲線群 (5.59) に直交する曲線群を求めよ．

5.3.2 包絡線 ♠

5.3.1 節において，曲線群と微分方程式が 1 対 1 に対応する様子をみた．すなわち，曲線群から微分方程式を作り，その微分方程式を解くと，もとの曲線群が得られるという関係があった．

それでは次のような例をみてみよう．C を任意の定数として，曲線群

$$y = (x - C)^2 \tag{5.60}$$

を考える．(5.60) の両辺を x で微分すると

$$y' = 2(x - C)$$

となり，C を消去すると，

$$y'^2 = 4y \tag{5.61}$$

のような微分方程式が得られる．

逆に (5.61) を解くために平方根をとる．

$$y' = \pm 2\sqrt{y} \tag{5.62}$$

両辺を $2\sqrt{y}$ で割って，

$$\frac{y'}{2\sqrt{y}} = \pm 1$$

x で積分すると

$$\sqrt{y} = \pm(x - C)$$

となり，両辺を 2 乗すれば (5.60) に戻るかのようである．しかしこれは正しくない．

(5.61) が $y = 0$ という解をもつことに注意しよう．上記の解法においてこの特別な解は得られなかった．その原因は，(5.62) の両辺を $2\sqrt{y}$ で割るときに，暗に $y \neq 0$ を仮定したことにある．

曲線群 (5.60) を図示してみよう (**図 5.5 (左)**)．曲線群 (5.60) は直線 $y = 0$ に接している．一般に，曲線群が与えられたとして，ある曲線 C がその上の

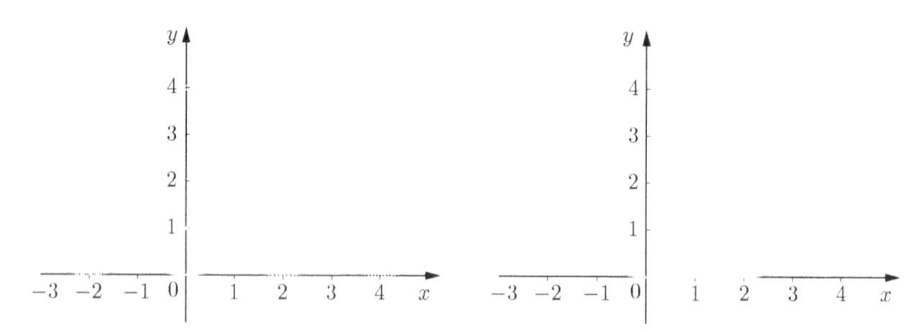

［図 5.5］(左)：曲線群 (5.60)．(右)：(5.63) のグラフ，$a = 0, b = 2$ としたもの．

各点でこの曲線群に接するとき，C を曲線群の**包絡線**という．直線 $y=0$ は曲線群 (5.60) の包絡線である．一般に曲線群がある微分方程式を満たすとき，その微分方程式を解くと，包絡線も解として現れる．

さらに，曲線群と包絡線をつないで作った関数

$$f_{ab}(x) = \begin{cases} (x-a)^2\ , & x < a \\ 0\ , & a \leqq x \leqq b \\ (x-b)^2\ , & x > b \end{cases} \tag{5.63}$$

も (5.61) を満たす (**図 5.5 (右)**)．ただし $a < b$ である．したがって，たとえば初期条件 $y(0)=0$ のもとで微分方程式 (5.61) を考えると，その解は無数に存在することになる．一般に，包絡線をもつ曲線群の微分方程式において，初期値問題の解の一意性が破れる．

Chapter 5 章末問題

Basic

問題 5.1　C を実数の定数として，t の関数

$$x = \log(t + C)$$

を考える．導関数は

$$\frac{dx}{dt} = \boxed{}$$

であり，これらの式から C を消去して，$x = x(t)$ が満たす微分方程式を作ると，

$$\frac{dx}{dt} = \boxed{}$$

となる．

この微分方程式を解くために，両辺を e^{-x} で割ると

$$e^x \frac{dx}{dt} = \boxed{}$$

となり，両辺を t で積分してから x について解くと，一般解

$$x = \boxed{}$$

が得られる．

問題 5.2　x の関数 $f(x)$ を

$$f(x) = x - x^3$$

として，微分方程式

$$\frac{dx}{dt} = f(x)$$

を考える．

$f(1) = 0$ であるから，定数関数 $x(t) = 1$ はこの微分方程式の解である．すなわち $x = 1$ は平衡状態である．この微分方程式の平衡状態は，$x = 1$ のほかに 2 個あり，$x = \boxed{}$ である．また

$f(x) > 0$ となる x の範囲は $\boxed{}$ であり，$x(t)$ がこの範囲にあるとき $x(t)$ は増加する．

$f(x) < 0$ となる x の範囲は $\boxed{}$ であり，$x(t)$ がこの範囲にあるとき $x(t)$ は減少する．

したがって，安定な平衡状態は $x = \boxed{}$ である．

Standard

問題 5.3 微分方程式の初期値問題

$$\frac{dx}{dt} = x - x^3$$

$$x(0) = a$$

を考える．

(1) $a = 2$　　(2) $a = -\dfrac{1}{2}$

のそれぞれに対し，極限値

$$x_\infty = \lim_{t \to \infty} x(t)$$

を求めよ．

問題 5.4 微分方程式

$$\frac{dx}{dt} = \frac{x}{\cosh^2 t}$$

を考える．

(1) この微分方程式の一般解を求めよ．

(2) 極限値

$$g = \lim_{t_0 \to -\infty} \lim_{t_1 \to \infty} \frac{x(t_1)}{x(t_0)}$$

を求めよ．

問題 5.5 a を定数として，次の微分方程式の初期値問題を考える．

$$\frac{dx}{dt} = x^2 + a^2$$

$$x(0) = 1$$

(1) $a = 0$ として，上記の微分方程式を解け．

(2) $a > 0$ として，上記の微分方程式を解け．

(3) (2) の解において $a \to 0$ の極限を調べよ．

問題 5.6 次のような建物を考える．

> 地上からの高さは h であり，高さ $z(< h)$ の水平面による建物の断面積を $S(z)$，この水平面より上の部分の体積を $V(z)$ とすると，$S(z) = kV(z) + a$ が成り立つ．

ただし k, a は正の定数である． $S(z)$ を求めよ．

Advanced

問題 5.7 (同次形微分方程式)

α を正の定数として，次の媒介変数表示で与えられる xy 平面上の螺旋群を考える．

$$x = \alpha e^{\theta} \cos\theta$$
$$y = \alpha e^{\theta} \sin\theta$$

(1) この螺旋群は微分方程式

$$\frac{dy}{dx} = \frac{x + y}{x - y}$$

を満たすことを示せ．

(2) この螺旋群に直交する曲線群の微分方程式を作り，それを次の 2 つの方法で解いて，同じ結果が得られることを確かめよ．

(a) $x = r\cos\theta,\ y = r\sin\theta$ として， $r = r(\theta)$ の満たす微分方程式を作る．

(b) $y = ux$ として， u の満たす微分方程式を作る．

問題 5.8 容器に水を入れて小さいノズルから水を流出させる．ノズルは容器の底面から測って高さ a の位置に取り付けられているとし，高さ $z(> a)$ まで水が入っているとき，単位時間に流出する水の量は $\lambda\sqrt{z - a}$ であるとする． λ は正の定数である．また時刻 $t = 0$ における水面の高さは $h(> a)$ とする．

(1) 容器の形が底面積 S の円柱であり，中心軸が鉛直方向を向くように置かれているとする．ノズルの高さ a を 0 として，水がすべて排出されるまでの時間 T を求めよ．

(2) xz 平面上の放物線 $z = \dfrac{1}{k}x^2$ を z 軸のまわりに 1 回転させた形の容器を考え，回転軸が鉛直方向を向くようにこの容器をおく．k は正の定数である．水面の高さが a になって水の流出が止まる時刻 T を求め，a を $0 < a < h$ の範囲で動かしたときの T の増減を調べよ．

問題 5.9 増殖するバクテリアを消毒薬で死滅させる状況を考える．バクテリアの量を x，消毒薬の濃度を w とすると，バクテリアは単位時間に λx だけ増殖し，μwx だけ死滅する．ただし λ, μ は正の定数であり，$w = w(t)$ は時間 t の関数である．

(1) $x(t)$ が満たす微分方程式を導き，初期条件を $x(0) = x_0$ として解 $x(t)$ の表式を作れ．

(2) $w(t)$ は t の増加関数であり，$\displaystyle\lim_{t\to\infty} w(t) = w_*$ とする．t を限りなく大きくするとき，バクテリアが消滅するための w_* の条件を求めよ．

問題 5.10 (クレローの微分方程式)

xy 平面上の放物線 $y = x^2$ を考える．

(1) この放物線の接線群が満たす微分方程式

$$y'^2 - 4xy' + 4y = 0 \tag{5.64}$$

を導け．

(2) 微分方程式 (5.64) の 2 階微分可能な解 $y = y(x)$ は，各点 x において $y'' = 0$ または $y' = 2x$ を満たすことを示せ．

(3) (5.64) の 2 階微分可能な解を求めよ．

Chapter 5 問の解答

問 1 $u(t)$ の満たす微分方程式は $u'(t) = 0$ であり，初期条件は $u(0) = a$ であるから，解は $u(t) = a$. よって $x(t) = ae^{kt}$. □

問 2 $\displaystyle\int \frac{dx}{x} = -\int tdt$ より，$\log|x| = -\dfrac{1}{2}t^2 + C$，よって $x = C' \exp\left(-\dfrac{1}{2}t^2\right)$. 初期条件 $x(0) = 1$ より $C' = 1$ となり，$x = \exp\left(-\dfrac{1}{2}t^2\right)$ となる. □

問 3 平衡状態は $x = 1$. そこで $x = 1 + u$ とおくと，$\dfrac{du}{dt} = -u$ であり，右辺の u の係数は負であるから，平衡状態 $x = 1$ は安定である. □

問 4 $y = Ce^x$ の両辺を x で微分すると，$\dfrac{dy}{dx} = Ce^x$. C を消去して $\dfrac{dy}{dx} = y$. これを解くと $y = Ce^x$ となる.

また直交する曲線群の微分方程式は，$\dfrac{dy}{dx} = -\dfrac{1}{y}$. これを解くと，$\displaystyle\int ydy = -\int dx$ より $\dfrac{1}{2}y^2 = -x + C$ となる. これは x 軸を対称軸とする放物線群である. □

Chapter 5 章末問題解答

問題 5.1　$x = \log(t + C)$ の導関数は $\dfrac{dx}{dt} = \dfrac{1}{t+C}$ である．$t + C = e^x$ を用いて $\dfrac{dx}{dt} = \dfrac{1}{t+C}$ から C を消去すると，$\dfrac{dx}{dt} = e^{-x}$ となる．

微分方程式 $\dfrac{dx}{dt} = e^{-x}$ を解く．両辺に e^x を掛けて，$e^x \dfrac{dx}{dt} = 1$，両辺を t で積分して，$\displaystyle\int e^x dx = \int dt$，よって $e^x = t + C$ となる．x について解き，$x = \log(t + C)$ を得る．□

問題 5.2　平衡状態は $x - x^3 = 0$ の解であって，$x = 1$ 以外の値は，0 と -1 である．

$f(x) > 0$ となる x の範囲は $x < -1$，$0 < x < 1$，$f(x) < 0$ となる x の範囲は $-1 < x < 0, 1 < x$ である．

すなわち，$x < -1$ では増加し，$-1 < x < 0$ では減少するから，$x = -1$ は安定な平衡状態である．

$-1 < x < 0$ では減少し，$0 < x < 1$ では増加するから，$x = 0$ は不安定な平衡状態である．

$0 < x < 1$ では増加し，$1 < x$ では減少するから，$x = 1$ は安定な平衡状態である．□

問題 5.3　微分方程式の両辺を $x^3 - x = x(x-1)(x+1)$ で割って，$\dfrac{1}{x(x-1)(x+1)} \dfrac{dx}{dt} = -1$．左辺を部分分数分解して (両辺に 2 を掛けると)，

$$\left(\frac{1}{x+1} + \frac{1}{x-1} - \frac{2}{x}\right)\frac{dx}{dt} = -2$$

となる．両辺を t で積分してまとめると $\log\left|\dfrac{x^2-1}{x^2}\right| = -2t + C$，よって $x = \pm\dfrac{1}{\sqrt{1 - C'e^{-2t}}}$ となる．

(1) 初期条件 $x(0) = 2$ のもとでは，複号の $+$ が適し，$C' = \dfrac{3}{4}$ となり，$x_\infty = 1$.

(2) 初期条件 $x(0) = -\dfrac{1}{2}$ のもとでは，複号の $-$ が適し，$C' = -3$ となり，$x_\infty = -1$.□

問題 5.4　(1) 与えられた微分方程式を解く．$\displaystyle\int \frac{dx}{x} = \int \frac{dt}{\cosh^2 t}$ より，$\log|x| = \tanh t + C$ となり，x について解いて $x = C' \exp(\tanh t)$ を得る．

(2) $\displaystyle\lim_{t\to\infty} x = C'e$，$\displaystyle\lim_{t\to-\infty} x = C'e^{-1}$ であるから，$g = e^2$ である．□

問題 5.5　(1) $\displaystyle\int \frac{dx}{x^2} = \int dt$ より，$-\dfrac{1}{x} = t + C$，よって $x = -\dfrac{1}{t+C}$ である．初期条件 $x(0) = 1$ のもとで $C = -1$，したがって $x = \dfrac{1}{1-t}$ となる．

(2) $\displaystyle\int \frac{dx}{x^2 + a^2} = \int dt$ より，$\dfrac{1}{a}\arctan\dfrac{x}{a} = t + C$，よって $x = a\tan(a(t+C))$ である．初期条件 $x(0) = 1$ のもとで，$a\tan(aC) = 1$ であるから $aC = \arctan\dfrac{1}{a}\ (+n\pi)$ となる．したがって，tan の加法定理を用いて

$$\begin{aligned} x &= a\tan\left(at + \arctan\frac{1}{a}\right) \\ &= a\frac{\tan at + \tan\left(\arctan\frac{1}{a}\right)}{1 - \tan at \cdot \tan\left(\arctan\frac{1}{a}\right)} \\ &= \frac{1 + a\tan at}{1 - \frac{1}{a}\tan at} \end{aligned}$$

を得る．

(3) $\lim_{a\to 0}\dfrac{1}{a}\tan at = t$ であるから，$a \to 0$ のとき (2) の解は (1) の解に収束する．

なお (1) の解は $t = 1$ で爆発するので，解が有効な区間は $t < 1$ である．(2) の解が有効な区間は，$|at| < \dfrac{\pi}{2}$ かつ $1 - \dfrac{1}{a}\tan at > 0$ より，$-\dfrac{\pi}{2a} < t < \dfrac{1}{a}\arctan a$ である．$a \to 0$ のとき，この区間は $t < 1$ となる．□

問題 5.6 高さ z より上の部分の体積 $V(z)$ は，$V(z) = \displaystyle\int_z^h S(x)dx$ で与えられるので，$V'(z) = -S(z)$ が成立する．また $V(h) = 0$ であるから，$S(h) = a$ である．

$S(z) = kV(z) + a$ の両辺を z で微分すると，$S'(z) = kV'(z)$ であるから，$S'(z) = -kS(z)$ が成立する．

この微分方程式の一般解は $S(z) = Ce^{-kz}$ であり，初期条件 $S(h) = a$ を満たすように C を決めると，$S(z) = ae^{k(h-z)}$ となる．□

問題 5.7 (1) $x = \alpha e^{\theta}\cos\theta, y = \alpha e^{\theta}\sin\theta$ の両辺をそれぞれ θ で微分すると，

$$\frac{dx}{d\theta} = \alpha e^{\theta}(\cos\theta - \sin\theta) = x - y$$
$$\frac{dy}{d\theta} = \alpha e^{\theta}(\sin\theta + \cos\theta) = y + x$$

となり，これらの式から α を消去すると，$\dfrac{dy}{dx} = \dfrac{x+y}{x-y}$ が得られる．

(2) 直交する曲線群の微分方程式は $\dfrac{dy}{dx} = \dfrac{y-x}{y+x}$ である．

(a) $x = r\cos\theta, y = r\sin\theta$ とおくと，

$$\frac{dx}{d\theta} = \frac{dr}{d\theta}\cos\theta - r\sin\theta$$
$$\frac{dy}{d\theta} = \frac{dr}{d\theta}\sin\theta + r\cos\theta$$

であるから，$\dfrac{dy}{dx} = \dfrac{y-x}{y+x}$ より

$$\frac{\dfrac{dr}{d\theta}\sin\theta + r\cos\theta}{\dfrac{dr}{d\theta}\cos\theta - r\sin\theta} = \frac{\sin\theta - \cos\theta}{\sin\theta + \cos\theta}$$

したがって $\dfrac{dr}{d\theta} = -r$ が得られる．これを解くと $r = \alpha e^{-\theta}$(α は正の定数) となる．

(b) $y = ux$ の両辺を x で微分すると，$y' = u'x + u$ であるから，u に対する微分方程式は $u'x + u = \dfrac{u-1}{u+1}$，すなわち $u'x = -\dfrac{u^2+1}{u+1}$ となる．この微分方程式を解く．

$$\int \frac{u+1}{u^2+1}du = -\int \frac{dx}{x}$$

左辺の積分は

$$\begin{aligned}&\int \frac{u+1}{u^2+1}du \\ &= \frac{1}{2}\int \frac{2u}{u^2+1}du + \int \frac{1}{u^2+1}du \\ &= \frac{1}{2}\log(u^2+1) + \arctan u + C\end{aligned}$$

であるから，

$$\frac{1}{2}\log(u^2+1) + \arctan u + C = -\log|x|$$

が得られる．

この結果が (a) と同じであることを確かめるために，$x = r\cos\theta, y = r\sin\theta$ とおくと，$u = \tan\theta$ であるから，

$$-\log|\cos\theta| + \theta + C = -\log|r\cos\theta|$$

したがって，$r = e^{-\theta-C} = \alpha e^{-\theta}$($\alpha$ は正の定数) となる．□

注意 (2) で得た曲線群も螺旋群である．原点 O を極とする極座標をとり，2 曲線

C_1, C_2 の極方程式を，それぞれ $r = f_1(\theta)$, $r = f_2(\theta)$ とする．C_1 と C_2 が点 $\mathrm{P}(r, \theta)$ で直交するとき，$f_1'(\theta)f_2'(\theta) = -r^2$ が成り立つ．このことを用いて，螺旋群 $r = \alpha e^{\theta}$ に直交する曲線群を求めることもできる．

問題 5.8 水面の高さが z であるときの水の体積を $V = V(z)$，水面の面積を $S = S(z)$ とすると，$V'(z) = S(z)$ が成り立つ．また時刻 t における水面の高さを $z = z(t)$ として，V を t で微分すると，$\dfrac{dV}{dt} = V'(z)\dfrac{dz}{dt} = S\dfrac{dz}{dt}$ となる．単位時間に流出する水の量は $\lambda\sqrt{z-a}$ であることから，$S\dfrac{dz}{dt} = -\lambda\sqrt{z-a}$ すなわち

$$\frac{dz}{dt} = -\frac{\lambda}{S}\sqrt{z-a}$$

が成り立つ．

(1) S は定数で，$a = 0$ とする．$\dfrac{1}{\sqrt{z}}\dfrac{dz}{dt} = -\dfrac{\lambda}{S}$ の両辺を $t = 0$ から $t = T$ まで積分する．$z(0) = h, z(T) = 0$ であるから，

$$\int_h^0 \frac{1}{\sqrt{z}}dz = -\frac{\lambda}{S}\int_0^T dt$$

よって $T = \dfrac{2S}{\lambda}\sqrt{h}$ である．

(2) $S = k\pi z$ であるから，z に対する微分方程式は

$$\frac{dz}{dt} = -\frac{\lambda}{k\pi z}\sqrt{z-a}$$

である．両辺を $t = 0$ から $t = T$ まで積分する．$z(0) = h, z(T) = a$ であるから，

$$\int_h^a \frac{z}{\sqrt{z-a}}dz = -\frac{\lambda}{k\pi}T$$

左辺において $x = z - a$ として置換積分すると

$$\begin{aligned}\text{左辺} &= \int_{h-a}^0 \frac{x+a}{\sqrt{x}}dx \\ &= -\frac{2}{3}(h-a)^{3/2} - 2a(h-a)^{1/2}\end{aligned}$$

となり，したがって，

$$T = \frac{k\pi}{\lambda}\left(\frac{2}{3}(h-a)^{3/2} + 2a(h-a)^{1/2}\right)$$

が得られる．これが最小になるのは $a = \dfrac{h}{2}$ のときである． □

問題 5.9 (1) x が満たす微分方程式は $\dfrac{dx}{dt} = \lambda x - \mu w x$ である．$w = w(t)$ を与えられた関数としてこれを解く．

$$\frac{1}{x}\frac{dx}{dt} = \lambda - \mu w$$

の両辺を $t = 0$ から $t = T$ まで積分して

$$\log\frac{x(T)}{x_0} = \int_0^T (\lambda - \mu w(s))ds$$

よって

$$x(T) = x_0 \exp\left(\int_0^T (\lambda - \mu w(t))dt\right)$$

を得る．

(2) $w_* \leqq \dfrac{\lambda}{\mu}$ とする．このとき $t > 0$ において $\lambda - \mu w(t) \geqq 0$ であるから，$x(T) \geqq x_0$ となり，バクテリアは消滅しない．

$w_* > \dfrac{\lambda}{\mu}$ とする．このとき t の関数 $\lambda - \mu w(t)$ は，十分大きい t に対して負の値をとり，t の減少関数であるから，$\displaystyle\int_0^\infty (\lambda - \mu w(t))dt = -\infty$ である．よって $\displaystyle\lim_{T\to\infty} x(T) = 0$ となり，バクテリアは消滅する． □

問題 5.10 (1) 放物線 $y = x^2$ 上の点 (t, t^2) における接線の方程式は $y = 2tx - t^2$ である．t を消去して接線群の微分方程式を作る．$\dfrac{dy}{dx} = 2t$ を用いると，$y = 2tx - t^2$

から $y = \frac{dy}{dx}x - \left(\frac{1}{2}\frac{dy}{dx}\right)^2$ が得られる．

(2) (5.64) の両辺を x で微分すると，$y''(y' - 2x) = 0$ となる．

(3) $y'' = 0$ とすると，y は x の (高々)1 次関数であるから，$y = 2ax + b$ とおいて (5.64) に代入すると，$b = -a^2$ となる．よって放物線 $y = x^2$ の接線の方程式 $y = 2ax - a^2$ が得られる．

他方 $y' = 2x$ を (5.64) に代入すると，放物線の方程式 $y = x^2$ が得られる．

しかし 1 つの解 $y = y(x)$ において，点 x ごとに，$y'' = 0$ を満たすか $y' = 2x$ を満たすか変わってもよいので，上記の解以外に，(5.64) の 2 階微分可能な解が存在するかもしれない．そこで (5.63) のように，放物線と接線をつないだ曲線の方程式を考えてみると，つなぎ目で 2 階微分が存在しないことが分かる．結局，(5.64) の 2 階微分可能な解は，放物線 $y = x^2$ の接線か，または放物線自体の方程式である．□

注意 放物線と接線をつないで作った曲線の方程式は，1 階微分可能な解を与える (また 2 つの接線をそれらの交点でつなぐと，その方程式は連続だが微分不可能な関数になる)．なお $z = x^2 - y$ とおくと，(5.64) から $z'^2 = 4z$ が得られる．これは (5.61) と同じ形の微分方程式である．

Chapter 6 2階線形微分方程式

この章では，未知関数 $x = x(t)$ の 2 階微分を含む次のような微分方程式を考える．

$$\frac{d^2x}{dt^2} + 2p\frac{dx}{dt} + qx = 0 \tag{6.1}$$

ここで p, q は定数とする．このような微分方程式によって，さまざまな振動現象を記述することができる．

6.1 単振動の微分方程式

(6.1) において，$p = 0$ とした微分方程式

$$\frac{d^2x}{dt^2} + qx = 0 \tag{6.2}$$

を考える．

6.1.1 単振動

a, b, ω を定数として，関数

$$x(t) = a\cos\omega t + b\sin\omega t \tag{6.3}$$

で表される振動を **単振動** という．ただし $\omega \neq 0$ とする．a, b がどのような値であっても，この関数は微分方程式

$$\frac{d^2x}{dt^2} + \omega^2 x = 0 \tag{6.4}$$

を満たす．この微分方程式は，(6.2) において $q = \omega^2$ としたものである．

 **6.1** 微分方程式 (6.4) の解 (6.3) において，初期条件

$$x(0) = x_0 \tag{6.5}$$

$$x'(0) = v_0 \tag{6.6}$$

を課すと a, b を決定することができて，

$$x(t) = x_0 \cos \omega t + \frac{v_0}{\omega} \sin \omega t \tag{6.7}$$

となる．

もしも (6.1) の解が (6.3) の形に限ることが保証されるなら，微分方程式の初期値問題 (6.4), (6.5), (6.6) の解は (6.7) に限るといえる．この事実 (解の一意性) については，**6.1.3 節**で考える．

例 6.1 バネの力を受けて直線上を運動する質量 m の質点の位置 $x = x(t)$ は，運動方程式

$$m \frac{d^2 x}{dt^2} = -kx \tag{6.8}$$

に従う．ただしバネの力が 0 になる質点の位置を座標の原点にとり，バネが質点に及ぼす力は伸びに比例すると仮定して，その比例定数を $k > 0$ とする．$\omega^2 = \dfrac{k}{m}$ とおけば，この微分方程式は (6.4) の形になる．解 (6.7) は，質点の振動する様子を表している．

6.1.2 保存則

関数 $x = x(t)$ が (6.4) の解であるとすると，

$$E = \left(\frac{dx}{dt} \right)^2 + \omega^2 x^2 \tag{6.9}$$

は時間によらない定数である．実際，(6.9) の両辺を t で微分すると，

$$\begin{aligned} \frac{dE}{dt} &= 2 \frac{dx}{dt} \frac{d^2 x}{dt^2} + 2\omega^2 x \frac{dx}{dt} \\ &= 2 \frac{dx}{dt} \left(\frac{d^2 x}{dt^2} + \omega^2 x \right) = 0 \end{aligned}$$

となり，E は微分方程式 (6.4) の **保存量** であることが分かる．すなわち定数 E_0 が存在して

$$\left(\frac{dx}{dt} \right)^2 + \omega^2 x^2 = E_0 \tag{6.10}$$

が成立する．E_0 の値は初期条件から定められる．この事実を **保存則** という．

6.1.3 保存則の応用

保存則 (6.10) を用いると，微分方程式 (6.4) を次のようにして解くことができる．

(6.10) より，

$$\frac{dx}{dt} = \sqrt{E_0}\cos\theta \tag{6.11}$$

$$\omega x = \sqrt{E_0}\sin\theta \tag{6.12}$$

とおけることに注意する． E_0 は (0 または正の) 定数であるが， θ は t の関数である． (6.12) の両辺を t で微分した式

$$\omega\frac{dx}{dt} = \sqrt{E_0}\frac{d\theta}{dt}\cos\theta$$

を (6.11) と比較すると，条件 $E_0 \neq 0$ のもとで，

$$\frac{d\theta}{dt} = \omega \tag{6.13}$$

したがって

$$\theta = \omega t + \beta \quad (\beta \text{ は定数}) \tag{6.14}$$

となる．これを (6.12) に代入すれば， $x = x(t)$ は (6.3) の形に表せることが分かる．また $E_0 = 0$ のときは， (6.12) より $x = 0$ となる．この解も (6.3) の形 ($a = b = 0$) である．

以上により， (6.4) の一般解は (6.3) の形で与えられ，初期値問題 (6.4), (6.5), (6.6) の解が (6.7) に限ること (解の一意性が成立すること) が分かった．

問 1　(6.11) の両辺を t で微分し， (6.4), (6.12) を用いて， (6.13) を導け．

6.1.4 双曲線関数と微分方程式

(6.4) の右辺の符号を変えた微分方程式

$$\frac{d^2x}{dt^2} = \omega^2 x \tag{6.15}$$

を考える． ω は正の定数である．関数

$$x(t) = a\cosh\omega t + b\sinh\omega t \tag{6.16}$$

は微分方程式 (6.15) を満たす． a, b は任意の定数である．

 **6.2** (6.16) のように表せる関数は

$$x(t) = \alpha e^{\omega t} + \beta e^{-\omega t}$$

の形にも表せる．

微分方程式 (6.15) は保存則をもち，

$$E = \left(\frac{dx}{dt}\right)^2 - \omega^2 x^2 \tag{6.17}$$

は時間によらない定数である．この定数を E_0 とすると， $E_0 > 0$ ならば

$$\frac{dx}{dt} = \pm\sqrt{E_0}\cosh\theta \tag{6.18}$$

$$\omega x = \sqrt{E_0}\sinh\theta \tag{6.19}$$

とおくことができる． (6.19) の両辺を t で微分して (6.18) と比較すると $\dfrac{d\theta}{dt} = \pm\omega$ となり，解 $x(t)$ は (6.16) の形に表せることが分かる．

問 2 $E_0 < 0$ のとき，また $E_0 = 0$ のときも， (6.15) の解は (6.16) の形に表せることを示せ．

6.2 一般の場合

この節では p, q を定数として，微分方程式

$$\frac{d^2x}{dt^2} + 2p\frac{dx}{dt} + qx = 0 \tag{6.20}$$

を考える．

6.2.1 減衰振動

p, ω を定数として，

$$x(t) = e^{-pt}\cos\omega t \tag{6.21}$$

という形の関数を考える． $p > 0$ ならば，この関数は**図 6.1** のように次第に

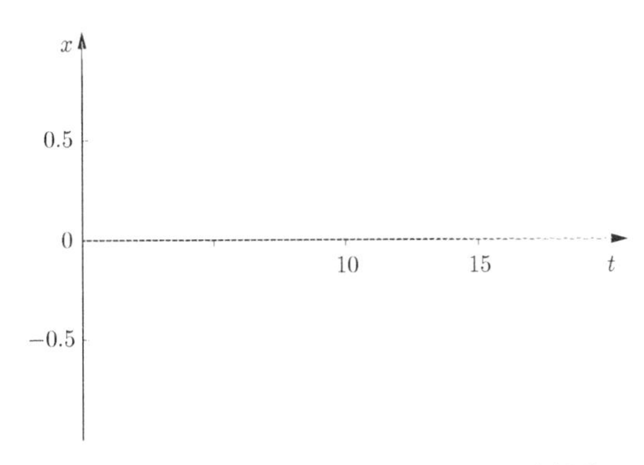

［図 6.1］(6.21) のグラフ，$p > 0$ のときは減衰振動．

振幅が小さくなる **減衰振動** を表す．

関数 (6.21) を t で 2 回微分すると，

$$\frac{dx}{dt} = e^{-pt}(-p\cos\omega t - \omega\sin\omega t)$$
$$\frac{d^2x}{dt^2} = e^{-pt}\big((p^2 - \omega^2)\cos\omega t + 2p\omega\sin\omega t\big)$$

となるから，関数 (6.21) は，微分方程式

$$\frac{d^2x}{dt^2} + 2p\frac{dx}{dt} + (p^2 + \omega^2)x = 0 \tag{6.22}$$

を満たす．これは，(6.20) において

$$q = p^2 + \omega^2 \tag{6.23}$$

としたものである．

問 3 p, ω を定数として，関数

$$x(t) = e^{-pt}\sin\omega t \tag{6.24}$$

は，微分方程式 (6.22) を満たすことを示せ．

注意 6.3 $q \leqq p^2$ のとき，(6.23) を満たす実数 $\omega(\neq 0)$ は存在しない．したがって，このとき微分方程式 (6.20) は (6.21), (6.24) の形の解をもたない．

6.2.2 単振動型方程式への帰着

$q \leqq p^2$ の場合も含めて，微分方程式 (6.20) を解くために，

$$x(t) = e^{-pt}u(t) \tag{6.25}$$

とおいて，$u(t)$ が満たす微分方程式を作る．(6.25) を t で 2 回微分すると

$$\frac{dx}{dt} = -pe^{-pt}u + e^{-pt}\frac{du}{dt} \tag{6.26}$$

$$\frac{d^2x}{dt^2} = e^{-pt}\left(\frac{d^2u}{dt^2} + p^2u\right) - 2pe^{-pt}\frac{du}{dt} \tag{6.27}$$

となり，これらを (6.20) に代入すると，

$$\frac{d^2u}{dt^2} + (q - p^2)u = 0 \tag{6.28}$$

が得られる．

(6.28) は **6.1 節**で考察した形の微分方程式であり，$q - p^2 > 0$ ならば三角関数解をもち，$q - p^2 < 0$ ならば双曲線関数解をもつ．したがって (6.20) の解は，$q - p^2 > 0$ ならば $\omega^2 = q - p^2$ として，

$$x(t) = e^{-pt}(a\cos\omega t + b\sin\omega t)$$

と表され，$q - p^2 < 0$ ならば $\omega^2 = p^2 - q$ として，

$$x(t) = e^{-pt}(a\cosh\omega t + b\sinh\omega t)$$

と表される．また $q = p^2$ ならば，$u(t)$ は t の 1 次関数であるから，

$$x(t) = e^{-pt}(at + b)$$

となる．

6.2.3 線形性とその応用

微分方程式 (6.20) を別の観点から解くことを考える．まず次のことに注意する．

$x_1 = x_1(t)$ と $x_2 = x_2(t)$ が (6.20) の解ならば，任意の定数 a, b に対し

$$x = ax_1 + bx_2 \tag{6.29}$$

も解である.

この性質を,微分方程式 (6.20) の **線形性** という.

次に,関数 $x = e^{\lambda t}$ が (6.20) の解となるように定数 λ を定めることを考える.λ に対する条件は

$$\lambda^2 + 2p\lambda + q = 0 \tag{6.30}$$

である.この方程式の解を

$$\lambda_\pm = -p \pm \sqrt{p^2 - q} \tag{6.31}$$

と書く.関数 $x = e^{\lambda_\pm t}$ は (6.20) の解であるから,線形性により,これらの線形結合

$$x = ae^{\lambda_+ t} + be^{\lambda_- t} \tag{6.32}$$

も解である.

例 6.2 微分方程式

$$\frac{d^2x}{dt^2} + 3\frac{dx}{dt} + 2x = 0$$

を考える.関数 $x = e^{\lambda t}$ が解となるように定数 λ を定めると,$\lambda = -1, -2$ となる.よって任意の定数 a, b に対して,

$$x = ae^{-t} + be^{-2t}$$

も解である.

初期条件 (6.5), (6.6) を満たすように係数 a, b を決定すると,最終的な解の形は

$$x = (2x_0 + v_0)e^{-t} - (x_0 + v_0)e^{-2t} \tag{6.33}$$

となる.この解は振動しない (**図 6.2**).

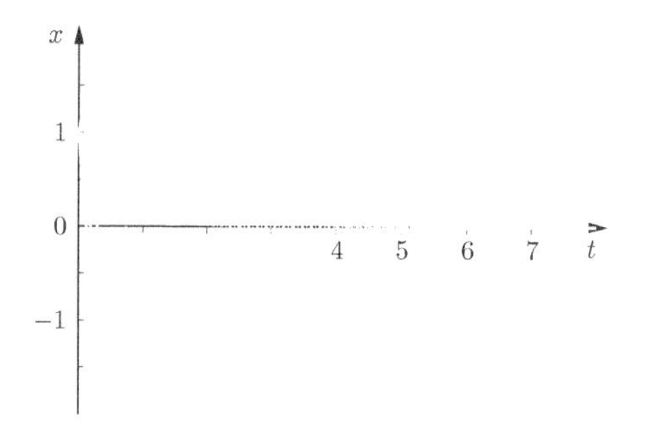

［図 6.2］(6.33) のグラフ，$x_0 = 1$ (v_0 を動かしている).

2 次方程式の解 (6.31) は虚数になることもある．この場合は，(6.32) の右辺においてオイラーの公式を用いると，三角関数解が得られる．

例 6.3 微分方程式

$$\frac{d^2x}{dt^2} + 2\frac{dx}{dt} + 2x = 0$$

を考える．関数 $x = e^{\lambda t}$ が解となるように定数 λ を定めると，$\lambda = -1 \pm i$ となる．対応する解は $e^{(-1\pm i)t}$ である．したがって線形性により，任意の複素数 a, b に対して，

$$x = ae^{(-1+i)t} + be^{(-1-i)t}$$

のように表せる．初期条件 (6.5), (6.6) を満たすように係数 a, b を決定すると，

$$a + b = x_0$$
$$(-1+i)a + (-1-i)b = v_0$$

より，

$$a = \frac{1-i}{2}x_0 - \frac{i}{2}v_0$$
$$b = \frac{1+i}{2}x_0 + \frac{i}{2}v_0$$

となる．そこでオイラーの公式を用いて整理すると，

$$x(t) = e^{-t}(x_0 \cos t + (x_0 + v_0)\sin t) \tag{6.34}$$

となる．x_0, v_0 が実数なら，$x(t)$ も実数の値をとる．

参考 6.4 バネの力を受けて直線上を運動する質量 m の質点の運動方程式 (6.8) を，空気抵抗などの抵抗力が働く場合に一般化する．抵抗力の大きさは速度の大きさに比例し，その方向は質点の速度と逆方向であるとする．このとき，抵抗力は $-\gamma\dfrac{dx}{dt}$(γ は正の定数) と書くことができて，運動方程式は

$$m\frac{d^2x}{dt^2} = -\gamma\frac{dx}{dt} - kx \tag{6.35}$$

となる．この運動方程式の両辺を m で割れば (6.20) の形になる．

この場合，抵抗が小さければ ($\gamma^2 < 4mk$ ならば) 減衰振動解 (**図 6.1**) をもち，抵抗が大きければ ($\gamma^2 > 4mk$ ならば) 減衰非振動解 (**図 6.2**) をもつ．

6.2.4 臨界解

微分方程式 (6.20) において，

$$p^2 - q = 0 \tag{6.36}$$

が成り立つ場合，2 次方程式 (6.30) は重根 $\lambda_\pm = -p$ をもち，(6.32) のような線形結合を作っても，任意の初期条件に対して係数を決めるということができない．このとき微分方程式 (6.28) の解は 1 次関数であり，

$$x(t) = e^{-pt}(\alpha + \beta t) \tag{6.37}$$

のような解が得られる．(6.36) を **臨界条件** という．

注意 6.5 (6.37) において，$\alpha = 1, \beta = 0$ とすると $x = e^{-pt}$ となり，$\alpha = 0, \beta = 1$ とすると $x = e^{-pt}t$ となる．一般解 (6.37) は，特殊解 $x = e^{-pt}, e^{-pt}t$ の線形結合の形をしている．

例 6.4 微分方程式

$$\frac{d^2x}{dt^2} + 2\sqrt{2}\frac{dx}{dt} + 2x = 0$$

の一般解は

$$x = \alpha e^{-\sqrt{2}t} + \beta t e^{-\sqrt{2}t}$$

のように表せる.

問 4 次の微分方程式の初期値問題を考える.

$$\frac{d^2x}{dt^2} + 2p\frac{dx}{dt} + 4x = 0$$
$$x(0) = 0$$
$$\frac{dx}{dt}(0) = 1$$

(1) $p = 3$ のときの解を求めよ.

(2) $p = 1$ のときの解を求めよ.

(3) 臨界条件を満たす p に対して解を求めよ.

6.2.5 血糖値の制御機構 ♠

微分方程式 (6.20) で記述されるモデルの例として, 血液中の糖の濃度 (血糖値) の時間変化の法則を取り挙げる.

人の血糖値はインスリンと呼ばれるホルモンによって制御されている. 理想的には血糖値はある適正な値に保たれるべきだが, 何らかの原因により血糖値が変動すると, その変動を抑制するためにインスリンの分泌量が変化する.

そこで, 糖とインスリンの濃度をそれぞれ $x = x(t), y = y(t)$ として, これらの量は微分方程式

$$\frac{dx}{dt} = f(x, y) \tag{6.38}$$

$$\frac{dy}{dt} = g(x, y) \tag{6.39}$$

に従うと考える. ただし f, g は生体の生理的性質によって定まる関数である. 以下において, f, g についていくつか仮定をおいて, 平衡点の安定性を

調べる．

まず糖とインスリンの濃度には平衡点が存在すると仮定し，それを $(x,y)=(x_0,y_0)$ として，

$$f(x_0,y_0)=g(x_0,y_0)=0$$

が成り立つとする．そして (x,y) の (x_0,y_0) からの小さいずれ (u,v) を考え

$$x=x_0+u$$

$$y=y_0+v$$

とおき，u,v が小さいならば $f(x,y),g(x,y)$ は u,v の 1 次関数によって

$$f(x,y)=\alpha u+\beta v \tag{6.40}$$

$$g(x,y)=\gamma u+\delta v \tag{6.41}$$

のように近似できると仮定する．$\alpha,\beta,\gamma,\delta$ は定数である．すると，x_0,y_0 は定数であり，$\dfrac{du}{dt}=\dfrac{dx}{dt},\dfrac{dv}{dt}=\dfrac{dy}{dt}$ であるから，u,v は近似的な微分方程式

$$\frac{du}{dt}=\alpha u+\beta v \tag{6.42}$$

$$\frac{dv}{dt}=\gamma u+\delta v \tag{6.43}$$

に従う．

参考 **6.6**　(6.40), (6.41) は，2 変数関数を 1 次の項までテイラー展開したものである (下巻 **9.6.4** 節).

さて，定数 $\alpha,\beta,\gamma,\delta$ の符号について考える．

(1) $u>0,v=0$ とする．すなわち，何らかの原因により，平衡状態から糖が増加したとする．このとき糖は組織に吸収されて次第に減少するから $\alpha<0$ であり，同時にインスリンの分泌量が増加するので $\gamma>0$ であると考えられる．

(2) $u=0,v>0$ とする．すなわち，何らかの原因により，平衡状態からインスリンが増加したとする．このとき糖の吸収が促進され血糖値が減少するから $\beta<0$ であり，インスリンは生理的な調節機構により分泌が抑

制されるので $\delta < 0$ であると考えられる．

(6.42), (6.43) から v を消去し，u の満たす微分方程式を作る．まず (6.42) から

$$v = \frac{1}{\beta}\left(\frac{du}{dt} - \alpha u\right)$$

よって

$$\frac{dv}{dt} = \frac{1}{\beta}\left(\frac{d^2u}{dt^2} - \alpha\frac{du}{dt}\right)$$

これらを (6.43) に代入して整理すると，

$$\frac{d^2u}{dt^2} + (-\alpha - \delta)\frac{du}{dt} + (\alpha\delta - \beta\gamma)u = 0 \tag{6.44}$$

が得られる．p, q を

$$2p = -\alpha - \delta$$
$$q = \alpha\delta - \beta\gamma$$

によって定めれば，(6.44) は (6.20) の形になる．ここで $\alpha < 0, \beta < 0, \gamma > 0, \delta < 0$ から

$$p, q > 0$$

であることに注意する．したがって，解 u は減衰非振動解または減衰振動解となる．すなわち，糖とインスリンの濃度の平衡点 (x_0, y_0) は安定である．

6.7 微分方程式 (6.42), (6.43) は，行列とベクトルを用いて

$$\frac{d}{dt}\begin{pmatrix} u \\ v \end{pmatrix} = \begin{pmatrix} \alpha & \beta \\ \gamma & \delta \end{pmatrix}\begin{pmatrix} u \\ v \end{pmatrix}$$

のように表せる．2 次方程式 (6.30) の解は，右辺の行列の固有値である．したがって，解が振動解となるか非振動解となるかは，固有値が虚数か実数かによる．

Chapter 6 章末問題

Basic

問題 6.1 a, b, ω を実数の定数として，t の関数

$$x(t) = a\cos\omega t + b\sin\omega t$$

を考える．

$x(t)$ の 2 階導関数を求めて a, b を消去すると，微分方程式

$$\frac{d^2x}{dt^2} + \boxed{}\, x = 0$$

が得られる．また

$$E = \left(\frac{dx}{dt}\right)^2 + \boxed{}\, x^2$$

は t によらない定数であり，その定数の値を a, b, ω で表すと

$$E = \boxed{}$$

となる．

問題 6.2 a, b, ω を実数の定数として，t の関数

$$x(t) = a\cosh\omega t + b\sinh\omega t$$

を考える．

$x(t)$ の 2 階導関数を求めて a, b を消去すると，微分方程式

$$\frac{d^2x}{dt^2} - \boxed{}\, x = 0$$

が得られる．また

$$E = \left(\frac{dx}{dt}\right)^2 - \boxed{}\, x^2$$

は t によらない定数であり，その定数の値を a, b, ω で表すと

$$E = \boxed{}$$

となる．

問題 6.3 微分方程式

$$\frac{d^2x}{dt^2} + 2\frac{dx}{dt} + 5x = 0 \tag{6.45}$$

の解で，初期条件

$$x(0) = 0\ ,\quad \frac{dx}{dt}(0) = 1$$

を満たすものを，次の2つの方法で求めよ．

(1) $x = e^{-t}u$ とおいて，u の満たす微分方程式を作る．

(2) $x = e^{\lambda t}$ が (6.45) の解となるような定数 λ を求める．

Standard

問題 6.4 微分方程式の初期値問題

$$\frac{d^2x}{dt^2} + \frac{dx}{dt} + qx = 0$$
$$x(0) = x_0$$
$$\frac{dx}{dt}(0) = v_0$$

の解 $x = x(t)$ が

$$\lim_{t\to\infty} x(t) = 0$$

を満たすような初期値 x_0, v_0 の条件は何か．定数 q の値を分類して答えよ．

問題 6.5 微分方程式の初期値問題

$$\frac{d^2x}{dt^2} + p\frac{dx}{dt} + qx = 0$$
$$\left(x(0), \frac{dx}{dt}(0)\right) = (1, 0)$$

の解 $x = x(t)$ を考える．t が実数全体を動くとき，点 $\mathrm{P}\left(x(t), \frac{dx}{dt}(t)\right)$ が平面上に描く軌跡を C とする．

(1) $p = 0, q > 0$ のとき，C はどのような曲線か．

(2) $p = 0, q < 0$ のとき，C はどのような曲線か．

(3) $p = 1, q = -6$ のとき，C はどのような曲線か．

問題 6.6 xy 平面上に 4 点 $\mathrm{P}_1, \mathrm{P}_2, \mathrm{P}_3, \mathrm{P}_4$ があり，P_1 は P_2 を，P_2 は P_3 を，P_3 は P_4 を，P_4 は P_1 を追いかけており，点 P_k の位置ベクトルを $\boldsymbol{x}_k = \boldsymbol{x}_k(t)$ として，

$$\frac{d}{dt}\boldsymbol{x}_k = \lambda(\boldsymbol{x}_{k+1} - \boldsymbol{x}_k)\ , \quad k = 1, 2, 3, 4$$

が成り立つとする．ただし λ は正の定数であり，$\boldsymbol{x}_5 = \boldsymbol{x}_1$ である．この微分方程式を，初期条件

$$\boldsymbol{x}_1(0) = \begin{pmatrix} 1 \\ 0 \end{pmatrix},\ \boldsymbol{x}_2(0) = \begin{pmatrix} 0 \\ 1 \end{pmatrix},\ \boldsymbol{x}_3(0) = \begin{pmatrix} -1 \\ 0 \end{pmatrix},\ \boldsymbol{x}_4(0) = \begin{pmatrix} 0 \\ -1 \end{pmatrix}$$

のもとで解くことを考える．

(1) 各時刻 t において，P_{k+1} は P_k を原点のまわりに $\dfrac{\pi}{2}$ だけ回転した位置にあると仮定する．P_1 の座標を (ξ, η) として，$\xi = \xi(t), \eta = \eta(t)$ が満たす微分方程式を書け．

(2) $\xi = \xi(t)$ が満たす微分方程式を導け．

(3) $\xi(t), \eta(t)$ を求めよ．

Advanced

問題 6.7 t を実数の変数とし，複素数値をとる関数 $z(t)$ に対する微分方程式

$$\frac{dz}{dt} = \gamma z \tag{6.46}$$

を考える．γ は複素数の定数である．すなわち，$z = x + iy, \gamma = a + bi$ として，

$$\frac{dx}{dt} = ax - by$$
$$\frac{dy}{dt} = bx + ay$$

が成り立つとする．

(1) y を消去して，x に対する 2 階微分方程式を導け．

(2) 微分方程式 (6.46) の解は，複素数の定数 α を用いて，

$$z(t) = \alpha e^{\gamma t}$$

と表されることを示せ．

問題 6.8 **問題 6.6** において xy 平面を複素数平面とみなし，点 P_k を複素数 z_k で表す．t の関数

$$
\begin{aligned}
w_0 &= z_1 + z_2 + z_3 + z_4 \\
w_1 &= z_1 + iz_2 - z_3 - iz_4 \\
w_2 &= z_1 - z_2 + z_3 - z_4 \\
w_3 &= z_1 - iz_2 - z_3 + iz_4
\end{aligned}
$$

が満たす微分方程式を解くことにより，P_{k+1} は P_k を原点のまわりに $\dfrac{\pi}{2}$ だけ回転した位置にあることを示せ．

Chapter 6 問の解答

問 1　(6.11) の両辺を t で微分すると，$\dfrac{d^2x}{dt^2} = -\sqrt{E_0}\sin\theta\,\dfrac{d\theta}{dt}$ となり，(6.4) を用いると $\omega^2 x = \sqrt{E_0}\sin\theta\,\dfrac{d\theta}{dt}$ となる．そこで (6.12) と比較すれば，(6.13) が得られる．

このとき両辺を $\sin\theta$ で割ることになるが，本文では両辺を $\cos\theta$ で割っている．$\sin\theta, \cos\theta$ の少なくとも一方は 0 ではない．□

問 2　$E_0 < 0$ ならば $\omega^2x^2 - \left(\dfrac{dx}{dt}\right)^2 = -E_0 > 0$ であるから，

$$\omega x = \pm\sqrt{-E_0}\cosh\theta\,,$$
$$\frac{dx}{dt} = \sqrt{-E_0}\sinh\theta$$

とおくことができる．第 2 式の両辺を t で微分して，第 1 式と (6.15) を用いると，$\dfrac{d\theta}{dt} = \pm\omega$ が得られる．よって (6.15) の解は (6.16) の形に表せる．

また $E_0 = 0$ のときは $\dfrac{dx}{dt} = \pm\omega x$ であるから，解は $x = Ce^{\pm\omega t}$ と表せる．これも (6.16) の形であるといってよい．□

問 3　(6.21) と同じ計算をすればよい．□

問 4　(1) 関数 $x = e^{\lambda t}$ が微分方程式 $\dfrac{d^2x}{dt^2} + 6\dfrac{dx}{dt} + 4x = 0$ の解になるように λ を定めると，$\lambda^2 + 6\lambda + 4 = 0$ より，$\lambda = -3 \pm \sqrt{5}$ となる．初期条件を満たすように係数を定めると，$x = \dfrac{1}{2\sqrt{5}}(e^{(-3+\sqrt{5})t} - e^{(-3-\sqrt{5})t})$ となる．

(2) 関数 $x = e^{\lambda t}$ が微分方程式 $\dfrac{d^2x}{dt^2} + 2\dfrac{dx}{dt} + 4x = 0$ の解になるように λ を定めると，$\lambda^2 + 2\lambda + 4 = 0$ より，$\lambda = -1 \pm \sqrt{3}i$ となる．初期条件を満たすように係数を定めると，$x = \dfrac{1}{2\sqrt{3}i}(e^{(-1+\sqrt{3}i)t} - e^{(-1-\sqrt{3}i)t}) = \dfrac{1}{\sqrt{3}}e^{-t}\sin\sqrt{3}t$ となる．

(3)λ に対する方程式 $\lambda^2 + 2p\lambda + 4 = 0$ が重根をもつ条件は $p = \pm 2$ である．$p = 2$ のとき $\lambda = -2$，初期条件を満たす解は $x = te^{-2t}$ であり，$p = -2$ のとき $\lambda = 2$，初期条件を満たす解は $x = te^{2t}$ である．□

Chapter 6 章末問題解答

問題 6.1 $x(t) = a\cos\omega t + b\sin\omega t$ を t で2回微分すると，

$$\frac{d^2x}{dt^2} = -\omega^2 a\cos\omega t - \omega^2 b\sin\omega t$$

となるので，関数 $x(t)$ は微分方程式 $\frac{d^2x}{dt^2} + \omega^2 x = 0$ を満たす．また $E = \left(\frac{dx}{dt}\right)^2 + \omega^2 x^2$ を t で微分すると，$\frac{dE}{dt} = 2\left(\frac{d^2x}{dt^2} + \omega^2 x\right)\frac{dx}{dt} = 0$ となるから，E は t によらない定数であり，その値は $E = (a^2 + b^2)\omega^2$ である． □

問題 6.2 $x(t) = a\cosh\omega t + b\sinh\omega t$ を t で2回微分すると，

$$\frac{d^2x}{dt^2} = \omega^2 a\cosh\omega t + \omega^2 b\sinh\omega t$$

となるので，関数 $x(t)$ は微分方程式 $\frac{d^2x}{dt^2} - \omega^2 x = 0$ を満たす．また $E = \left(\frac{dx}{dt}\right)^2 - \omega^2 x^2$ を t で微分すると，$\frac{dE}{dt} = 2\left(\frac{d^2x}{dt^2} - \omega^2 x\right)\frac{dx}{dt} = 0$ となるから，E は t によらない定数であり，その値は $E = (b^2 - a^2)\omega^2$ である． □

問題 6.3 (1) $x = e^{-t}u$ とおくと，

$$\frac{dx}{dt} = e^{-t}\left(\frac{du}{dt} - u\right),$$
$$\frac{d^2x}{dt^2} = e^{-t}\left(\frac{d^2u}{dt^2} - 2\frac{du}{dt} + u\right)$$

であるから，u の満たす微分方程式は $\frac{d^2u}{dt^2} + 4u = 0$，初期条件は $u(0) = 0$，$\frac{du}{dt}(0) = 1$ である．よって $u = \frac{1}{2}\sin 2t$，したがって $x = \frac{1}{2}e^{-t}\sin 2t$ である．

(2) 関数 $x = e^{\lambda t}$ が微分方程式 $\frac{d^2x}{dt^2} + 2\frac{dx}{dt} + 5x = 0$ の解になるように λ を定めると，$\lambda^2 + 2\lambda + 5 = 0$ より，$\lambda = -1 \pm 2i$ となる．初期条件を満たすように係数を定めると，$x = \frac{1}{4i}(e^{(-1+2i)t} - e^{(-1-2i)t}) = \frac{1}{2}e^{-t}\sin 2t$ となる． □

問題 6.4 2次方程式 $\lambda^2 + \lambda + q = 0$ の2根を α, β とする．

$q > \frac{1}{4}$ のとき，α, β は虚数であり，実数部分はともに $-\frac{1}{2}$ で，微分方程式の解は $x(t) = e^{-\frac{t}{2}}(a\cos\omega t + b\sin\omega t)$ と表せる．$\omega = \sqrt{4q-1}$ である．a, b は初期条件から定まるが，任意の a, b に対し $\lim_{t\to\infty} x(t) = 0$ となる．

$q = \frac{1}{4}$ のとき，$\alpha = \beta = -\frac{1}{2}$ で，微分方程式の解は $x(t) = e^{-\frac{t}{2}}(at + b)$ と表せる．

$0 < q < \frac{1}{4}$ のとき，$\alpha, \beta < 0$ であり，微分方程式の解は $x(t) = ae^{\alpha t} + be^{\beta t}$ と表せる．a, b は初期条件から定まるが，任意の a, b に対し $\lim_{t\to\infty} x(t) = 0$ となる．

$q \leqq 0$ のとき，$\alpha < 0 \leqq \beta$ であり，微分方程式の解は $x(t) = \frac{\beta x_0 - v_0}{\beta - \alpha}e^{\alpha t} - \frac{\alpha x_0 - v_0}{\beta - \alpha}e^{\beta t}$ と表せる．$\lim_{t\to\infty} x(t) = 0$ となる条件は $\alpha x_0 - v_0 = 0$，すなわち $\frac{1}{2}(1 + \sqrt{1-4q})x_0 + v_0 = 0$ である． □

問題 6.5 (1) $p = 0$, $q > 0$ のとき，与えられた微分方程式の初期値問題の解は，$x(t) = \cos\sqrt{q}t$ である．よって $\frac{dx}{dt} = -\sqrt{q}\sin\sqrt{q}t$ である．したがって，曲線 C は楕円 $qx^2 + y^2 = q$ であり，点 P はこの楕円上を右回りに周期 $\frac{2\pi}{\sqrt{q}}$ で回転する．

与えられた微分方程式は，保存量 $E = \left(\frac{dx}{dt}\right)^2 + qx^2$ をもつ．初期条件 $\left(x(0), \frac{dx}{dt}(0)\right) = (1, 0)$ のもとで $E = q$ となるので，曲線 C の方程式は $qx^2 + y^2 = q$ である．

(2) $p = 0$, $q < 0$ のとき，与えられた微分方程式の初期値問題の解は，$x(t) = \cosh\sqrt{-q}t$ である．よって $\frac{dx}{dt} = \sqrt{-q}\sinh\sqrt{-q}t$ である．したがって，曲線 C は双曲線 $qx^2 + y^2 = q$ の $x > 0$ の部分である．点 P はこの双曲線上を y 軸の正の方向に移動する．

与えられた微分方程式は，保存量 $E = \left(\frac{dx}{dt}\right)^2 + qx^2$ をもつ．初期条件 $\left(x(0), \frac{dx}{dt}(0)\right) = (1, 0)$ のもとで $E = q$ となるので，曲線 C の方程式は $qx^2 + y^2 = q$ であるが，$x > 0$ の部分に限定される．

(3) $p = 1$, $q = -6$ のとき，与えられた微分方程式の初期値問題の解は，$x(t) = \frac{2}{5}e^{-3t} + \frac{3}{5}e^{2t}$ である．よって $\frac{dx}{dt} = -\frac{6}{5}e^{-3t} + \frac{6}{5}e^{2t}$ である．これらから，$2x - \frac{dx}{dt} = 2e^{-3t}$, $3x + \frac{dx}{dt} = 3e^{2t}$ が得られる．よって，曲線 C は

$$(2x - y)^2(3x + y)^3 = 108,$$

$$2x - y > 0, 3x + y > 0$$

のように表される．点 P はこの曲線上を y 軸の正の方向に移動する．すなわち，与えられた微分方程式は，保存量 $E = \left(2x - \frac{dx}{dt}\right)^2\left(3x + \frac{dx}{dt}\right)^3$ をもつといえる．

上記の曲線 C は，2 つの漸近線 $2x - y = 0$, $3x + y = 0$ をもつ．初期値を変えると曲線 C も変わるが，一般に 2 つの漸近線 $2x - y = 0$, $3x + y = 0$ をもつ曲線になる．ただし初期値をこれらの直線上にとると，たとえば $\left(x(0), \frac{dx}{dt}(0)\right) = (1, -3)$ とすると，曲線 C は直線 $3x + y = 0$ の $x > 0$ を満たす部分となり，点 P はこの半直線上を y 軸の正の方向に移動し，$t \to \infty$ のとき原点に収束する．**問題 6.4** で考えた状況がこれに当たる． □

問題 6.6 (1) $\boldsymbol{x}_1 = \begin{pmatrix} \xi \\ \eta \end{pmatrix}$, $\boldsymbol{x}_2 = \begin{pmatrix} -\eta \\ \xi \end{pmatrix}$ とおくと，与えられた微分方程式から，

$$\frac{d\xi}{dt} = \lambda(-\eta - \xi)$$
$$\frac{d\eta}{dt} = \lambda(\xi - \eta)$$

が得られる．

(2) 上の第 1 式を $\lambda\eta = -\frac{d\xi}{dt} - \lambda\xi$ と書いて，両辺を t で微分すると $\lambda\frac{d\eta}{dt} = -\frac{d^2\xi}{dt^2} - \lambda\frac{d}{dt}\xi$ となる．これらを第 2 式 (の λ 倍) に代入して整理すると

$$\frac{d^2\xi}{dt^2} + 2\lambda\frac{d\xi}{dt} + 2\lambda^2\xi = 0$$

が得られる．

(3)(2) で得た微分方程式の一般解は $\xi = e^{-\lambda t}(a\cos\lambda t + b\sin\lambda t)$ であり，$\lambda\eta = -\frac{d\xi}{dt} - \lambda\xi$ を用いると $\eta = e^{-\lambda t}(a\sin\lambda t - b\cos\lambda t)$ となる．初期条件 $(\xi(0), \eta(0)) = (1, 0)$ から $(a, b) = (1, 0)$，したがって $\xi = e^{-\lambda t}\cos\lambda t$, $\eta = e^{-\lambda t}\sin\lambda t$ が得られる． □

問題 6.7 (1) **問題 6.6**(2) と同様の方法で y と $\frac{dy}{dt}$ を消去すると，$\frac{d^2x}{dt^2} - 2a\frac{dx}{dt} + (a^2 + b^2)x = 0$ となる．

(2) $b=0$ のとき問題は自明であるから，$b \neq 0$ とする．(1) で得た微分方程式の一般解は，$x = \alpha e^{\gamma t} + \beta e^{\bar{\gamma} t}$ と表される．α, β は任意の複素数であり，x, y の初期値が実数であることを用いれば，$\beta = \bar{\alpha}$ となる．また，$\bar{\gamma} = a - bi$ である．よって，

$$y = \frac{1}{b}(-\frac{dx}{dt} + ax) = -i\alpha e^{\gamma t} + i\beta e^{\bar{\gamma} t}$$

となり，$z = x + iy = 2\alpha e^{\gamma t}$ が得られる．2α を α と書き直せば，$z = \alpha e^{\gamma t}$ が得られる．

□

問題 6.8 $w_k (k = 0, 1, 2, 3)$ の満たす微分方程式は，$\frac{dw_0}{dt} = 0$，$\frac{dw_1}{dt} = (-1-i)\lambda w_1$，$\frac{dw_2}{dt} = -2\lambda w_2$，$\frac{dw_3}{dt} = (-1+i)\lambda w_3$ である．初期条件 $z_1(0) = 1$，$z_2(0) = i$，$z_3(0) = -1$，$z_4(0) = -i$ より，$w_0(0) = w_1(0) = w_2(0) = 0$，$w_3(0) = 4$ であるから，**問題 6.7** の結果を用いると，$w_0(t) = w_1(t) = w_2(t) = 0$，$w_3(t) = 4e^{(-1+i)\lambda t}$ となる．

そこで，$w_k (k = 0, 1, 2, 3)$ と $z_k (k = 1, 2, 3, 4)$ の与えられた関係式を逆に解くと，

$$z_1 = \frac{1}{4}(w_0 + w_1 + w_2 + w_3) = \frac{1}{4} w_3$$
$$z_2 = \frac{1}{4}(w_0 - iw_1 - w_2 + iw_3) = \frac{i}{4} w_3$$
$$z_3 = \frac{1}{4}(w_0 - w_1 + w_2 - w_3) = \frac{-1}{4} w_3$$
$$z_4 = \frac{1}{4}(w_0 + iw_1 - w_2 - iw_3) = \frac{-i}{4} w_3$$

となり，任意の t に対し，P_{k+1} は P_k を原点のまわりに $\frac{\pi}{2}$ だけ回転した位置にあることが分かる．□

Chapter 7 非斉次微分方程式

この章では，次のような微分方程式を考える．

$$\frac{dx}{dt} + k(t)x = f(t) \tag{7.1}$$

$$\frac{d^2x}{dt^2} + 2p\frac{dx}{dt} + qx = f(t) \tag{7.2}$$

5 章，**6** 章では，上記の微分方程式で右辺を 0 にした場合を扱った．このとき初期条件が 0 なら解はいつまでも 0 のままである．すなわち，系はいつまでも「静止」し続ける．しかし「外力」$f(t)$ が働くと，系は静止していることができず，運動が引き起こされる．

右辺に $f(t)$ をもつ方程式を **非斉次方程式** といい，$f(t) = 0$ とした方程式を **斉次方程式** という．非斉次方程式の解は，斉次方程式の解を変形して作ることができる．

7.1 線形性とその応用

この節では，線形性を利用して，(7.1),(7.2) の解を作ることを考える．

7.1.1 1階微分方程式の場合

微分方程式

$$\frac{d}{dt}x + k(t)x = f(t) \tag{7.3}$$

の左辺を $(D+k)x$ と書く．すると (7.3) は

$$(D+k)\,x = f(t)$$

となる．この左辺において

D は，t で微分するという操作 (すなわち $\dfrac{d}{dt}$) を表し，
k は，関数 $k(t)$ を掛けるという操作を表す

ことにする．

a_1, a_2 を定数として，関数 x_1, x_2 の線形結合 $x = a_1x_1 + a_2x_2$ の導関数を考えると，微分の線形性から

$$D(a_1x_1 + a_2x_2) = a_1Dx_1 + a_2Dx_2$$

が成立する．この意味で，D は **線形性** をもつ．

さらに $D + k$ をまとめて

$$D_k = D + k$$

と書くことにすると，

$$D_k(a_1x_1 + a_2x_2) = a_1D_kx_1 + a_2D_kx_2$$

が成立するので，D_k も線形性をもつ．

記号 D_k を用いると，微分方程式 (7.3) は，

$$D_kx = f \tag{7.4}$$

と書ける．D や D_k を **線形作用素** という．

さて，微分方程式 (7.4) が 2 個の解，$x_1 = x_1(t)$, $x_2 = x_2(t)$ をもつとする．

$$D_kx_1 = f \tag{7.5}$$

$$D_kx_2 = f \tag{7.6}$$

このとき解の差 $u = x_1 - x_2$ に作用素 D_k を掛けると，

$$\begin{aligned} D_ku &= D_k(x_1 - x_2) \\ &= D_kx_1 - D_kx_2 = 0 \end{aligned}$$

となり，u は斉次方程式

$$D_ku = 0 \tag{7.7}$$

を満たす．

このことから，(7.4) の解について次のことが分かる．

非斉次方程式 (7.4) の解 x_1 が 1 つ得られているとする．そこで (7.4) の任意の解を x として差 $u = x - x_1$ を考えると，u は斉次方程式 (7.7) の解となり，

$$x = x_1 + u \tag{7.8}$$

と表せる．すなわち，非斉次方程式 (7.4) の一般解 x は，その特殊解 x_1 と斉次方程式 (7.7) の一般解 u の和として表せる．

例 7.1 微分方程式

$$\frac{dx}{dt} + x = e^t \tag{7.9}$$

を考える．関数 $x = ae^t$ が (7.9) の解となるように定数 a を定めると $a = \frac{1}{2}$ となるので，(7.9) の特殊解

$$x_1 = \frac{1}{2}e^t$$

が得られる．他方，斉次方程式

$$\frac{dx}{dt} + x = 0$$

の一般解は

$$u = Ce^{-t}$$

であるから，(7.9) の一般解は

$$x = \frac{1}{2}e^t + Ce^{-t}$$

である．

7.1.2 2 階微分方程式の場合

7.1.1 節の方法は，2 階微分方程式

$$\frac{d^2x}{dt^2} + 2p\frac{dx}{dt} + qx = f(t) \tag{7.10}$$

にも適用することができる．

7.1.1 節における記法 $D = \frac{d}{dt}$ を用いて，

$$L = D^2 + 2pD + q$$

とおく．L は線形作用素であり，微分方程式 (7.10) は

$$Lx = f \tag{7.11}$$

と書ける．よって**7.1.1 節**と同様に，非斉次方程式 (7.11) の一般解は，その特殊解 x_1 と斉次方程式

$$Lx = 0 \tag{7.12}$$

の一般解 u の和として

$$x = x_1 + u$$

のように表せる．

例 7.2 微分方程式

$$\frac{d^2x}{dt^2} + 3\frac{dx}{dt} + 2x = e^t \tag{7.13}$$

を考える．まず (7.13) の特殊解を得るために，$x = \alpha e^t$ として α を定めると，$\alpha = \dfrac{1}{6}$ となるから，

$$x_1 = \frac{1}{6}e^t$$

となる．また，(7.13) の斉次形

$$\frac{d^2x}{dt^2} + 3\frac{dx}{dt} + 2x = 0$$

の一般解は，a, b を定数として，

$$u = ae^{-t} + be^{-2t}$$

と表せる．よって，(7.13) の一般解は

$$x = \frac{1}{6}e^t + ae^{-t} + be^{-2t}$$

となる．

7.2 定数変化法

非斉次方程式の解は，いつでも簡単にみつけられるとは限らない．そこで，

斉次方程式の解を変形して非斉次方程式の解を作ることを考える．

7.2.1 1階微分方程式の場合

λ を定数，$f(t)$ を与えられた関数として，微分方程式

$$\frac{dx}{dt} + \lambda x = f(t) \tag{7.14}$$

を考える．この微分方程式の斉次形

$$\frac{dx}{dt} + \lambda x = 0 \tag{7.15}$$

の一般解は

$$x = Ce^{-\lambda t}$$

と表せる．この解に含まれる定数 C を関数 $\xi(t)$ で置き換え

$$x = \xi(t)e^{-\lambda t}$$

とする．この形の関数 x が (7.14) の解となる条件は

$$\frac{d}{dt}\xi(t) = e^{\lambda t}f(t)$$

である．よって

$$\xi(t) = \int_0^t e^{\lambda s}f(s)ds + C \quad (C \text{ は任意の定数})$$

となり

$$x = \int_0^t e^{-\lambda(t-s)}f(s)ds + Ce^{-\lambda t} \tag{7.16}$$

を得る．

注意 7.1 (7.16) において，右辺の第 1 項は非斉次方程式 (7.14) の特殊解であり，第 2 項は斉次方程式 (7.15) の一般解である．また初期条件

$$x(0) = x_0$$

から定数 C を定めると，

$$x(t) = \int_0^t e^{-\lambda(t-s)}f(s)ds + x_0e^{-\lambda t} \tag{7.17}$$

となる．

上記の方法を，微分方程式

$$\frac{d}{dt}x + k(t)x = f(t) \tag{7.18}$$

に一般化する．斉次形

$$\frac{dx}{dt} + k(t)x = 0 \tag{7.19}$$

の一般解は，**例 5.4** により

$$x = C\exp\left(-\int_{t_0}^{t} k(s)ds\right) \tag{7.20}$$

と表せることが分かっていた． C, t_0 は任意の定数である．以下の便宜のために，

$$U(t) = \exp\left(-\int_{t_0}^{t} k(s)ds\right) \tag{7.21}$$

とおく．

そこで，(7.20) に含まれる任意の定数 C を関数 $\xi(t)$ で置き換え，

$$x = \xi(t)U(t) \tag{7.22}$$

とする．この関数が (7.18) の解になるように $\xi(t)$ を定める． $k = k(t)$, $U = U(t)$ と略記すれば

$$\frac{d}{dt}U = -kU \tag{7.23}$$

したがって (7.18) の左辺は

$$\frac{d}{dt}(U\xi) + kU\xi = U\frac{d}{dt}\xi \tag{7.24}$$

のように変形できる．よって (7.18) は，

$$U\frac{d}{dt}\xi = f$$

したがって

$$\frac{d}{dt}\xi = U^{-1}f \tag{7.25}$$

となる．ただし，

$$U^{-1} = \exp\left(\int_{t_0}^{t} k(s)ds\right)$$

である．(7.25) を積分すれば ξ が得られる．このような方法を **定数変化法** という．

問 1　定数変化法を用いて，微分方程式

$$\frac{dx}{dt} + tx = \exp\left(-\frac{t^2}{2}\right) \tag{7.26}$$

を解け．

参考 **7.2**　**7.1.1** 節における作用素 D_k を用いると，定数変化法の等式 (7.24) は

$$D_k(U\xi) = UD\xi$$

と書ける．ここで

左辺は，ξ に U を掛けてから D_k を施すことであり，
右辺は，ξ に D を施してから U を掛けることである

と読んで，ξ に施される操作を取り出せば

$$D_kU = UD$$

となり，さらに両辺に U^{-1} を右から掛ければ

$$D_k = UDU^{-1}$$

となる．この等式が定数変化法の本質であるといえる．

7.2.2　2 階微分方程式の場合

7.2.1 節における定数変化法の原理を，2 階微分方程式

$$\frac{d^2x}{dt^2} + 2p\frac{dx}{dt} + qx = f(t) \tag{7.27}$$

に適用する．p, q は定数としておくが，以下の議論は p, q が t の関数である場合にも成立する．

(7.27) の斉次形

$$\frac{d^2}{dt^2}\xi + 2p\frac{d}{dt}\xi + q\xi = 0 \tag{7.28}$$

を考える．斉次方程式 (7.28) の一般解は，(6.32) のように (または (6.37) のように)，2 つの特殊解の線形結合で表せる．そこで (7.28) の 2 つの特殊解 ξ, η があって，(7.28) の一般解を定数係数の線形結合 $a\xi + b\eta$ の形に表すことができるとする．

 **7.3**　ξ, η の選び方は一通りではない．

そこで $a\xi + b\eta$ の係数 a, b を t の関数で置き換え，

$$x(t) = a(t)\xi(t) + b(t)\eta(t) \tag{7.29}$$

が (7.27) の解になるようにする．すなわち，微分方程式 (7.27) から，未知関数 $a = a(t), b = b(t)$ が満たすべき微分方程式を導く．

注意 7.4　$x(t), \xi(t), \eta(t)$ が与えられたとき，(7.29) を満たす $a(t), b(t)$ のとり方は一意的に定まらない．

さて (7.29) の両辺を t で微分する．

$$x' = a\xi' + b\eta' + a'\xi + b'\eta \tag{7.30}$$

ここで $a(t), b(t)$ が (7.29) だけでなく，

$$a'\xi + b'\eta = 0 \tag{7.31}$$

を満たすことを要請すると，(7.30) は

$$x' = a\xi' + b\eta' \tag{7.32}$$

となる．

注意 7.5　付加条件 (7.31) が a, b についての条件不足 (**注意 7.4**) を補うことになる．

そこでさらに (7.32) の両辺を t で微分すると

$$x'' = a\xi'' + b\eta'' + a'\xi' + b'\eta' \tag{7.33}$$

となる．ξ, η は斉次方程式 (7.28) を満たすので，(7.29), (7.32), (7.33) より，(7.27) の左辺は

$$x'' + 2px' + qx = a'\xi' + b'\eta'$$

のように変形できる．すなわち，(7.27) は

$$a'\xi' + b'\eta' = f \tag{7.34}$$

となる．そこで (7.31), (7.34) を a', b' について解くと

$$a' = \frac{-\eta f}{\xi\eta' - \eta\xi'} \tag{7.35}$$

$$b' = \frac{\xi f}{\xi\eta' - \eta\xi'} \tag{7.36}$$

となり，これを積分すれば a, b が得られることになる．

実際 (7.35), (7.36) の右辺の原始関数 (の 1 つ) をそれぞれ a_1, b_1 とすれば，(7.35), (7.36) の解は $a = a_1 + C$，$b = b_1 + C'$ と表せる．C, C' は任意の定数である．これを (7.29) に代入すると

$$\begin{aligned} x &= (a_1 + C)\xi + (b_1 + C')\eta \\ &= (a_1\xi + b_1\eta) + C\xi + C'\eta \end{aligned} \tag{7.37}$$

が得られる．

上記のような方法を，(2 階微分方程式に対する) **定数変化法** という．

注意 7.6 (7.37) において，第 1 項 $a_1\xi + b_1\eta$ は (7.27) の特殊解，第 2 項と第 3 項 $C\xi + C'\eta$ は斉次方程式 (7.28) の一般解である．

参考 7.7 2 階微分方程式に対する定数変化法は，係数 p, q が t に依存する場合にも適用することができるが，斉次方程式の解 ξ, η を見出すのは一般に困難である．

例 7.3 微分方程式

$$\frac{d^2}{dt^2}x + 2\frac{d}{dt}x + 2x = \cos 2t \tag{7.38}$$

を考える．直接この方程式に定数変化法を適用してもよいが，計算の便宜のために，非斉次項を複素化した微分方程式

$$\frac{d^2}{dt^2}\tilde{x} + 2\frac{d}{dt}\tilde{x} + 2\tilde{x} = e^{2it} \tag{7.39}$$

に定数変化法を適用する．$\tilde{x}$ の実数部分を x とすれば，(7.38) が成立する．

斉次方程式の 2 つの解

$$\xi = e^{(-1+i)t}$$
$$\eta = e^{(-1-i)t}$$

に対して (7.35), (7.36) の右辺を計算すると，

$$a' = -\frac{i}{2}e^{(1+i)t}$$
$$b' = \frac{i}{2}e^{(1+3i)t}$$

よって

$$a = -\frac{i}{2}\int e^{(1+i)t}dt = \frac{1}{4}(-1-i)e^{(1+i)t} + \gamma_1$$
$$b = \frac{i}{2}\int e^{(1+3i)t}dt = \frac{1}{20}(3+i)e^{(1+3i)t} + \gamma_2$$

ただし γ_1, γ_2 は (複素数の) 積分定数である．これを用いると，(7.39) の解

$$\tilde{x} = a\xi + b\eta = \left(-\frac{1}{10} - \frac{1}{5}i\right)e^{2it} + \gamma_1 e^{(-1+i)t} + \gamma_2 e^{(-1-i)t}$$

が得られ，実数部分をとれば，(7.38) の解

$$x = -\frac{1}{10}\cos 2t + \frac{1}{5}\sin 2t + e^{-t}(C_1\cos t + C_2\sin t) \tag{7.40}$$

が得られる．C_1, C_2 は任意の実数であり，初期条件から定めることができる．たとえば，初期条件を $x(0) = x_0, x'(0) = v_0$ とすれば

$$C_1 = x_0 + \frac{1}{10}, \quad C_2 = x_0 + v_0 - \frac{3}{10}$$

である (**図 7.1**).

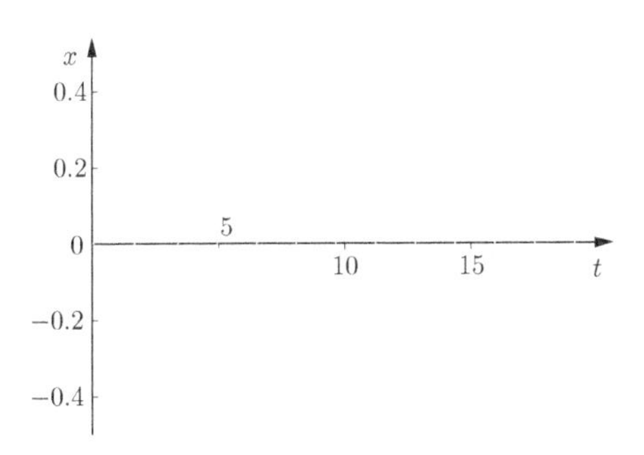

［図 7.1］ 関数 (7.40) のグラフ，初期条件は $x_0 = 0, v_0 = 0$.

参考 7.8 (7.40) において t を限りなく大きくすると，初期条件に依存する **過渡的** 部分 (第 3 項) は消失して，**定常的** 振動 (第 1 項と第 2 項) だけが残る．定常的振動だけを得るためには，(7.39) に $\tilde{x} = \alpha e^{2it}$ を代入して，複素数の定数 α を決定すればよい．

問 2 微分方程式

$$\frac{d^2}{dt^2}x + 2\frac{d}{dt}x + 2x = \sin t$$

に定数変化法を適用して一般解を求めよ．また初期条件 $x(0) = 0, x'(0) = 0$ を満たす解を求めよ．

研究 7.9 上記の定数変化法による微分方程式の解法において，(7.35), (7.36) の右辺の分母

$$w = \xi\eta' - \eta\xi' \tag{7.41}$$

が 0 になるかもしれないという心配がある．そこで関数 $w = w(t)$ の振る舞いを調べるために，w を t で微分すると

$$w' = \xi\eta'' - \eta\xi''$$

となり，ξ, η が斉次方程式の解であること

$$\xi'' + 2p\xi' + q\xi = 0$$

$$\eta'' + 2p\eta' + q\eta = 0$$

を用いると,

$$w' = -2pw$$

が得られる. これを w に対する微分方程式として解けば

$$w(t) = e^{-2pt}w(0)$$

となる. したがって, $w(0) \neq 0$ となるように ξ, η を選べば, 任意の t に対して $w(t) \neq 0$ となることが分かる. $w(t)$ は**ロンスキー行列式**と呼ばれる.

7.3 応用 ♠

7.3.1 電気回路

微分方程式の理論の応用として, 抵抗, コイル, コンデンサーを接続した電気回路を考える.

抵抗は, 電流を流すために電圧をかける必要があり, **図 7.2 (左)** の左端の電圧を $E = E(t)$ [ボルト], 右端の電圧を 0 [ボルト] とし, 右向きに流れる電流を $I = I(t)$ [アンペア] とすると, R [オーム] の抵抗では, 各時刻 t において

$$E = RI \tag{7.42}$$

が成り立つ. コイルは, 電流を変化させるために電圧をかける必要があり, L [ヘンリー] のコイルでは, 各時刻 t において

$$E = L\frac{dI}{dt} \tag{7.43}$$

が成り立つ (**図 7.2 (中央)**). コンデンサーは, 電圧を変化させるために電流を流す必要があり, C [ファラッド] のコンデンサーでは, 各時刻 t において

$$C\frac{dE}{dt} = I \tag{7.44}$$

［図 7.2］ 抵抗 (R)，コイル (L)，コンデンサー (C).

［図 7.3］ RL 回路 (左) と RC 回路 (右).

が成り立つ (**図 7.2 (右)**).

抵抗とコイルを直列につないだ回路を考える (**図 7.3 (左)**). 回路の左端の電圧を E, 右端の電圧を 0, 接続点の電圧を E_1 とし，右向きに流れる電流を I とすると，

$$E - E_1 = RI$$

$$E_1 = L\frac{dI}{dt}$$

が成り立ち，E_1 を消去すると

$$L\frac{dI}{dt} + RI = E \tag{7.45}$$

が得られる.

抵抗とコンデンサーを直列につないだ回路 (**図 7.3 (右)**) では，

$$E - E_1 = RI$$

$$C\frac{dE_1}{dt} = I$$

が成り立ち，E_1 を消去すると

$$R\frac{dI}{dt} + \frac{1}{C}I = \frac{dE}{dt} \tag{7.46}$$

が得られる.

$E = E(t)$ が与えられた関数であるとすると，(7.45), (7.46) は，未知関数 $I(t)$ についての微分方程式となり，(7.14) の形をしている. そこで解の表式 (7.17) を用いると，初期条件 $I(0) = 0$ を満たす (7.45) の解は，

$$I(t) = \frac{1}{L}e^{-\frac{R}{L}t}\int_0^t e^{\frac{R}{L}s}E(s)ds \tag{7.47}$$

(7.46) の解は，

$$I(t) = \frac{1}{R} e^{-\frac{1}{RC}t} \int_0^t e^{\frac{1}{RC}s} \frac{d}{ds} E(s) ds \tag{7.48}$$

のように表せる．たとえば

$$E(t) = E_0 \sin \omega t \tag{7.49}$$

のとき，(7.47) の積分を行うと (**3.2.2 節**)，

$$I(t) = \frac{\omega L E_0}{R^2 + \omega^2 L^2} e^{-\frac{R}{L}t} + \frac{E_0}{R^2 + \omega^2 L^2}(R \sin \omega t - \omega L \cos \omega t) \tag{7.50}$$

となり，(7.48) の積分を行うと

$$I(t) = -\frac{\frac{1}{\omega C} E_0}{R^2 + \frac{1}{\omega^2 C^2}} e^{-\frac{1}{RC}t} + \frac{E_0}{R^2 + \frac{1}{\omega^2 C^2}}(\frac{1}{\omega C} \cos \omega t + R \sin \omega t) \tag{7.51}$$

となる．いずれも右辺の第 1 項は $t \to \infty$ で消失する過渡的な電流を表し，第 2 項は $t \to \infty$ でも残る定常振動を表す．

参考 7.10 (7.50), (7.51) において，定常振動部分が応用上重要な意味をもつ場合がある．この部分を手早く得るためには，電流と電圧を

$$I(t) = I_0 e^{i\omega t}$$
$$E(t) = E_0 e^{i\omega t}$$

のようにおき，微分方程式 (7.45), (7.46) に代入して I_0 と E_0 の関係を調べればよい．

研究 7.11 (7.49) の代わりに，E_0 を定数として，

$$E(t) = \begin{cases} 0 & t < 0 \\ E_0 & t \geqq 0 \end{cases} \tag{7.52}$$

とすると，(7.47) は

$$I(t) = \frac{E_0}{R}(1 - e^{-\frac{R}{L}t})$$

となり，$t \to \infty$ で次第に定常的電流 E_0/R に近づいていくことが分

かる．

他方，(7.48) の場合，

$$\frac{d}{ds}E(s) = 0 \quad s > 0$$

であるから，$I(t) = 0$ になってしまうようにみえる．しかし，(7.52) で与えられる $E(t)$ は ($E_0 \neq 0$ のとき) $t = 0$ で連続でないため，そもそも微分方程式 (7.46) が $t = 0$ で意味を失っている．(7.52) に対する回路の応答を調べるには，初期条件 $I(0) = 0$ の代わりに

$$I(t) = 0\,, \quad t < 0$$

のような状況設定をするとよい．こうした上で，(7.46) の両辺を $t = -\varepsilon$ から $t = \varepsilon$ まで積分すると，

$$R(I(\varepsilon) - I(-\varepsilon)) + \frac{1}{C}\int_{-\varepsilon}^{\varepsilon} I(t)dt = E(\varepsilon) - E(-\varepsilon)$$

よって

$$RI(\varepsilon) + \frac{1}{C}\int_{-\varepsilon}^{\varepsilon} I(t)dt = E_0$$

となる．ここで $\varepsilon \to 0$ のとき，左辺の第 2 項の積分は 0 になると考えると，

$$I(+0) = \frac{E_0}{R}$$

が得られる．これを初期条件として (7.17) を用いれば，

$$I(t) = \frac{E_0}{R}e^{-\frac{1}{RC}t} \tag{7.53}$$

のような結果が得られる．

7.3.2 共振

重い釣鐘でも，固有の振動周期に合わせて力を加えれば，小さい力で大きく揺らすことができる．この種の現象を **共振** という．

微分方程式

$$\frac{d^2}{dt^2}x + 2p\frac{d}{dt}x + qx = \cos\omega t \tag{7.54}$$

に即して，共振について考える．

(7.54) において，p, q, ω は正の定数とする．**参考 7.8** の方法を用いて，定常振動を取り出す．そのために非斉次項を複素化した微分方程式

$$\frac{d^2}{dt^2}\tilde{x} + 2p\frac{d}{dt}\tilde{x} + q\tilde{x} = e^{i\omega t} \tag{7.55}$$

を考える．この微分方程式に

$$\tilde{x} = \alpha e^{i\omega t}$$

を代入して，複素数の定数 α を決定すると，

$$\alpha = \frac{1}{-\omega^2 + 2ip\omega + q}$$

となる．ここで $\alpha = \alpha_1 + \alpha_2 i$ $(\alpha_1, \alpha_2 \in \mathbb{R})$ とすると，$\tilde{x}$ の実数部分

$$x_1 = \alpha_1 \cos\omega t - \alpha_2 \sin\omega t$$

は (7.54) の特殊解であり，$t \to \infty$ でも残る定常振動を表す．

x_1 の振幅

$$\sqrt{\alpha_1^2 + \alpha_2^2} = |\alpha| = \frac{1}{\sqrt{(-\omega^2 + q)^2 + 4p^2\omega^2}}$$

は，$q = \omega^2$ のとき最大値 $\dfrac{1}{2p\omega}$ をとる．p が小さい正の数ならば，この最大値はきわめて大きくなる．この現象を **共鳴 (共振)** という．

例 7.4　電気回路の問題 (**7.3.1 節**) に，上記の考察を適用する．

図 7.4 のような抵抗，コイル，コンデンサーを直列につないだ回路を考える．左端の電圧を E，右端の電圧を 0，接続点の電圧を E_1, E_2 とし，右向きに流れる電流を I とすると，

$$E - E_1 = RI$$

$$E_1 - E_2 = L\frac{dI}{dt}$$

$$C\frac{dE_2}{dt} = I$$

が成り立つ．そこで，E_1, E_2 を消去すると

$$L\frac{d^2I}{dt^2} + R\frac{dI}{dt} + \frac{1}{C}I = \frac{dE}{dt} \tag{7.56}$$

が得られる．ここで

$$E(t) = E_0 \cos \omega t, \quad t \in \mathbb{R}$$

としたときの (7.56) の特殊解を

$$I(t) = \alpha_1 \cos \omega t - \alpha_2 \sin \omega t$$

とすると，電流の振幅は

$$\sqrt{\alpha_1^2 + \alpha_2^2} = \frac{E_0}{\sqrt{(\frac{1}{\omega C} - \omega L)^2 + R^2}} \tag{7.57}$$

となる．すなわち，$\omega = 1/\sqrt{LC}$ のとき共振が起きる．

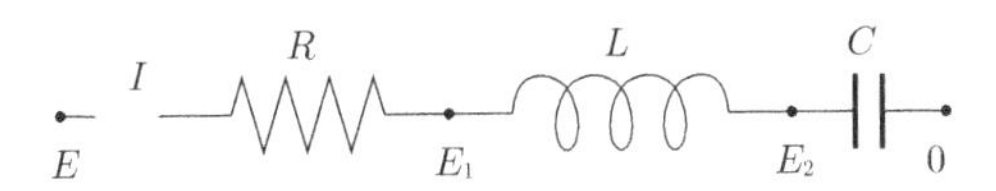

［図 7.4］ LCR 回路．

7.3.3 血糖値の制御機構

6.2.5 節で取り挙げた血糖値の時間変化の法則を再考する．糖とインスリンの濃度の平衡点からの微小なずれを u, v として，それらが満たす近似的な微分方程式 (6.42), (6.43) に新たな項 $J(t)$ を追加する．

$$\frac{du}{dt} = \alpha u + \beta v + J(t) \tag{7.58}$$

$$\frac{dv}{dt} = \gamma u + \delta v \tag{7.59}$$

追加した項 $J(t)$ は，単位時間に外部から血液中に供給される糖の量を表す．定数係数 $\alpha, \beta, \gamma, \delta$ の符号は，$\alpha < 0, \beta < 0, \gamma > 0, \delta < 0$ とする．

(7.58), (7.59) から v を消去し，u の満たす微分方程式を作ると

$$\frac{d^2u}{dt^2} + (-\alpha - \delta)\frac{du}{dt} + (\alpha\delta - \beta\gamma)u = J'(t) - \delta J(t) \tag{7.60}$$

となる．また u, v に対する初期条件を

$$u(0) = v(0) = 0 \tag{7.61}$$

とすると，(7.58) から

$$u'(0) = J(0)$$

となる．これを u' の初期値とする．

具体的な解の様子をみるために，

$$\alpha = -10,\ \beta\gamma = -20,\ \delta = -1 \tag{7.62}$$

$$J(t) = te^{-t} \tag{7.63}$$

とする．このとき，微分方程式 (7.60) と初期条件は

$$\frac{d^2u}{dt^2} + 11\frac{du}{dt} + 30u = e^{-t} \tag{7.64}$$

$$u(0) = 0\ ,\quad u'(0) = 0 \tag{7.65}$$

となり，これを解くと

$$u(t) = \frac{1}{20}e^{-t} - \frac{1}{4}e^{-5t} + \frac{1}{5}e^{-6t} \tag{7.66}$$

が得られる (**図 7.5**).

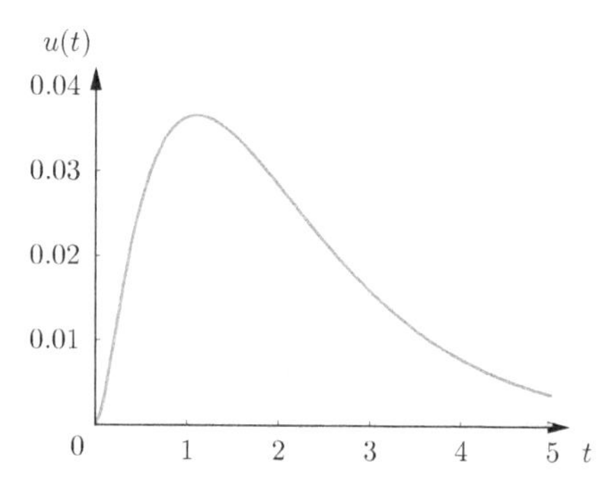

［図 7.5］ 関数 (7.66) のグラフ (青) と (7.67) のグラフ (赤).

参考 7.12 比較のために，インスリン濃度が変化せず平衡点に固定された系を考える．すなわち，(7.58) において $v = 0$ とすると，u は

$$\frac{du}{dt} = \alpha u + J(t)$$

$$u(0) = 0$$

に従う．これに (7.62),(7.63) を代入して解くと

$$u(t) = \left(-\frac{1}{81} + \frac{t}{9}\right) e^{-t} + \frac{1}{81} e^{-10t} \tag{7.67}$$

となる (**図 7.5**).

問 3　微分方程式 (7.60) において，

$$\alpha = -10,\ \beta\gamma = 0,\ \delta = -1$$
$$J(t) = te^{-t}$$

とする．初期条件 (7.65) を満たす解は (7.67) であることを確かめよ．

Chapter 7 章末問題

Basic

問題 7.1 微分方程式

$$\frac{dx}{dt} - x = t \tag{7.68}$$

とその斉次形

$$\frac{dx}{dt} - x = 0 \tag{7.69}$$

を考える．

(1) 関数 $x = x_1(t)$ が (7.68) を満たし，関数 $x = x_0(t)$ が (7.69) を満たすならば，関数 $x = x_1(t) + x_0(t)$ は (7.68) を満たす．t の 1 次関数 $x_1(t) = pt + q$ が (7.68) を満たすように p, q を定めると，

$$x_1(t) = \boxed{}$$

となり，また (7.69) の一般解 $x = x_0$ は，C を任意の定数として

$$x_0(t) = Ce^t \tag{7.70}$$

と表せる．これらを用いると，(7.68) の一般解

$$x = \boxed{} \tag{7.71}$$

が得られる．

(2) また (7.69) の一般解 (7.70) を手がかりとして，(7.68) の解を得る方法もある．(7.68) の解は (7.70) を少し変形したものだろうと考え，定数 C の部分を未知関数 $u = u(t)$ で置き換えて，

$$x = u(t)e^t \tag{7.72}$$

とする．これを (7.68) に代入すると，u の満たすべき条件は

$$\frac{du}{dt} = \boxed{}$$

であるから，

$$u = \boxed{} + C$$

となる．これを (7.72) に代入すると (7.71) が得られる．

問題 7.2 微分方程式

$$\frac{d^2x}{dt^2} = x + t^2 \tag{7.73}$$

とその斉次形

$$\frac{d^2x}{dt^2} = \boxed{} \tag{7.74}$$

を考える．

(1) 関数 $x = x_1(t)$ が (7.73) を満たし，関数 $x = x_0(t)$ が (7.74) を満たすならば，関数 $x = x_1(t) + x_0(t)$ は (7.73) を満たす．

(7.73) を満たす t の多項式 $x = x_1(t)$ を考える．$x_1(t)$ は t の $\boxed{}$ 次式のはずであり，係数を決定すると

$$x_1(t) = \boxed{}$$

となる．他方 (7.74) の一般解 $x = x_0(t)$ は，a, b を任意の定数として

$$x_0 = ae^t + be^{-t} \tag{7.75}$$

と表せるので，(7.73) の解

$$x = \boxed{} \tag{7.76}$$

が得られる．

(2) また (7.74) の一般解 (7.75) を手がかりとして，(7.73) の解を得る方法もある．(7.73) の解は，(7.75) を少し変形したものだろうと考え，(7.75) の定数 a, b の部分を未知関数 $u = u(t)$, $v = v(t)$ で置き換えて，

$$x = u(t)e^t + v(t)e^{-t} \tag{7.77}$$

とし，この形の関数が (7.73) の解となるような u, v を探す．(7.77) より，

$$\frac{dx}{dt} = e^t\frac{du}{dt} + e^{-t}\frac{dv}{dt} + \boxed{}$$

となる．ここで u, v は，(7.77) のほかに，条件

$$e^t\frac{du}{dt} + e^{-t}\frac{dv}{dt} = 0 \tag{7.78}$$

を満たすことを要請する．すると

$$\frac{dx}{dt} = \boxed{}\ , \quad \frac{d^2x}{dt^2} = \boxed{}$$

であるから，(7.73) を u, v で表すと，

$$e^t \frac{du}{dt} - e^{-t} \frac{dv}{dt} = \boxed{}$$

となる．この式と (7.78) から u, v の導関数が分かるので，

$$u = \boxed{} + a\ , \quad v = \boxed{} + b$$

となり，これらを用いると，(7.73) の解 (7.76) が得られる．

Standard

問題 7.3 微分方程式

$$\frac{d^2}{dt^2}u - 3\frac{d}{dt}u + 2u = 0 \tag{7.79}$$

を考える．

(1) $D = \dfrac{d}{dt}$ として，次式が成立することを示せ．

$$(D-2)(D-1) = (D-1)(D-2) = D^2 - 3D + 2$$

(2) (7.79) の解 u に対し，$v = (D-1)u$ とおく．v が満たす微分方程式を導き，それを解け．

(3) (7.79) の解 u に対し，$w = (D-2)u$ とおく．w が満たす微分方程式を導き，それを解け．

(4) (2),(3) の結果を用いて，(7.79) を解け．

問題 7.4 微分方程式

$$\frac{dx}{dt} = -\lambda(x - \cos\omega t)$$

を考える．ω, λ は正の定数とし，初期条件を $x(0) = 0$ とする．

(1) $x(t)$ を求めよ.

(2) ω を固定し, λ をきわめて大きくとるときの解の振る舞いを調べよ.

(3) λ を固定し, ω をきわめて大きくとるときの解の振る舞いを調べよ.

問題 7.5 xy 平面上に 2 点 $\mathrm{A}(a,b), \mathrm{P}(x,y)$ があり, P は $\overrightarrow{\mathrm{AP}}$ を反時計回りに $\dfrac{\pi}{2}$ 回転した方向に進んでおり, 微分方程式

$$\frac{dx}{dt} = -\omega(y-b)$$
$$\frac{dy}{dt} = \omega(x-a)$$

を満たしている. ω は正の定数である.

(1) A が原点 O に静止しているとき, P の運動を調べよ.

(2) 時刻 t における A の座標が $(\cos\omega t, 0)$ であり, $t=0$ において P は O にあるとして, P の運動を調べよ.

Advanced

問題 7.6 数直線上に点 P_n $(n=0,1,2,\cdots)$ がある. 各 P_n は P_{n-1} を追いかけており, 時刻 t における P_n の座標 $x_n = x_n(t)$ は, 微分方程式

$$\frac{d}{dt}x_n = \lambda(x_{n-1} - x_n)\ , \quad n = 1,2,3,\cdots$$

を満たすとする. ただし P_0 は点 1 に静止しており, P_0 以外の点はすべて $t=0$ で原点 O にあるとする. λ は正の定数である. 各点 P_n の運動を調べよ.

問題 7.7 (リッカチの微分方程式)

$p = p(t), q = q(t)$ を t の関数として, 微分作用素

$$L = D^2 + 2pD + q \tag{7.80}$$

を考える. ただし $D = \dfrac{d}{dt}$ である.

(1) L は, ある関数 $u = u(t), v = v(t)$ を用いて

$$L = (D-v)(D-u) \tag{7.81}$$

のように因数分解できるとする．このとき u は微分方程式

$$u' + u^2 + 2pu + q = 0 \tag{7.82}$$

を満たすことを示せ．

(2) (7.82) の解 $u = u(t)$ に対し，関数 $v = v(t)$ を適当に選ぶと，(7.81) のように因数分解することができ，

$$x = \exp\left(\int u dt\right) \tag{7.83}$$

で定義される関数 $x = x(t)$ は $Lx = 0$ を満たすことを示せ．

(3) $Lx = 0$ の特殊解が 1 つ分かれば，$Lx = 0$ の一般解が得られることを示せ．

問題 7.8 微分作用素 $L = D^2 - 1$ は $L = (D \pm 1)(D \mp 1)$ のように因数分解できるが，この形に限らず，適当な関数 $u = u(t), v = v(t)$ を用いて，$L = (D - v)(D - u)$ のように因数分解することもできる．このような u, v を見出せ．

Chapter 7 問の解答

問 1　斉次方程式 $\dfrac{dx}{dt}+tx=0$ の一般解は，$x=C\exp\left(-\dfrac{1}{2}t^2\right)$ である．そこで与えられた微分方程式の解を $x=u\exp\left(-\dfrac{1}{2}t^2\right)$ のように表すと，u に対する微分方程式は $\dfrac{du}{dt}=1$ となる．よって $u=t+C$ となり，$x=(t+C)\exp\left(-\dfrac{1}{2}t^2\right)$ を得る．□

問 2　複素化した非斉次方程式 $\dfrac{d^2\tilde{x}}{dt^2}+2\dfrac{d\tilde{x}}{dt}+2\tilde{x}=e^{it}$ を考える．与えられた微分方程式の解 x は $\tilde{x}$ の虚数部分である．斉次方程式 $\dfrac{d^2\tilde{x}}{dt^2}+2\dfrac{d\tilde{x}}{dt}+2\tilde{x}=0$ の一般解は，$\tilde{x}=ae^{(-1-i)t}+be^{(-1+i)t}$ である．そこで a,b を t の関数として，この形の $\tilde{x}$ が非斉次微分方程式を満たし，かつ $a'e^{(-1-i)t}+b'e^{(-1+i)t}=0$ を満たすとすると，$a'=-\dfrac{i}{2}e^t$，$b'=\dfrac{i}{2}e^{(1+2i)t}$．よって $a=-\dfrac{i}{2}e^t+\gamma_1$，$b=\dfrac{i}{2(1+2i)}e^{(1+2i)t}+\gamma_2$ となる．これを用いて，$\tilde{x}=ae^{(-1-i)t}+be^{(-1+i)t}$ の虚数部分を計算すると，$x=\dfrac{1}{5}(\sin t-2\cos t)+e^{-t}(C_1\cos t+C_2\sin t)$ を得る．

特に，初期条件 $x(0)=x'(0)=0$ を満たすように定数 C_1,C_2 を定めると，$x=\dfrac{1}{5}(\sin t-2\cos t)+\dfrac{1}{5}e^{-t}(2\cos t+\sin t)$ となる．□

問 3　関数 $u=\left(\dfrac{1}{81}+\dfrac{t}{9}\right)e^{-t}-\dfrac{1}{81}e^{-10t}$ は，微分方程式 $\dfrac{d^2u}{dt^2}+11\dfrac{du}{dt}+10u=e^{-t}$ と，初期条件 $u(0)=u'(0)=0$ を満たす．□

Chapter 7 章末問題解答

問題 7.1 (1) t の 1 次関数 $x_1(t) = pt + q$ を (7.68) に代入すると，$-pt + (p - q) = t$ となるから，$p = -1, q = -1$，したがって $x_1(t) = -t - 1$ が得られる．そこで (7.69) の一般解 $x_0(t) = Ce^t$ を用いると，(7.68) の一般解 $x = x_0 + x_1 = Ce^t - t - 1$ が得られる．

(2) $x = u(t)e^t$ とおくと，$\dfrac{dx}{dt} - x = u'(t)e^t$ であるから，(7.68) より $u'(t) = te^{-t}$．よって $u(t) = -te^{-t} + e^{-t} + C$ となり，$x = u(t)e^t = -t - 1 + Ce^t$ が得られる． □

問題 7.2 (7.73) の斉次形は $\dfrac{d^2x}{dt^2} = x$ である．(1) $x = x_1(t)$ が t の n 次式であるとすると，$\dfrac{d^2x_1}{dt^2}$ は $(n-2)$ 次式であるから，$x = x_1(t)$ が (7.73) を満たすためには $n = 2$ でなければならない．そこで $x_1(t) = pt^2 + qt + r$ とおくと，(7.73) より，$2p = (p+1)t^2 + qt + r$，よって $p = -1, q = 0, r = -2$ となり，$x_1(t) = -t^2 - 2$ が得られる．そこで (7.74) の一般解 $x_0 = ae^t + be^{-t}$ を用いると，(7.73) の一般解 $x = x_0 + x_1 = ae^t + be^{-t} - t^2 - 2$ が得られる．

(2) $x = u(t)e^t + v(t)e^{-t}$ とおくと，

$$\frac{dx}{dt} = e^t u' + e^{-t} v' + ue^t - ve^{-t}$$

となる．ここで付加条件 $e^t u' + e^{-t} v' = 0$ を要請すると

$$\frac{dx}{dt} = u(t)e^t - v(t)e^{-t},$$
$$\frac{d^2x}{dt^2} = ue^t + ve^{-t} + u'e^t - v'e^{-t}$$

であるから，(7.73) は $e^t u' - e^{-t} v' = t^2$ となる．この式と付加条件 $e^t u' + e^{-t} v' = 0$ から，$u' = \dfrac{1}{2}t^2 e^{-t}, v' = -\dfrac{1}{2}t^2 e^t$，したがって $u = \left(-\dfrac{1}{2}t^2 - t - 1\right)e^{-t} + a$，$v = \left(-\dfrac{1}{2}t^2 + t - 1\right)e^t + b$ となり，これらを用いると，(7.73) の解 $x = ue^t + ve^{-t} = ae^t + be^{-t} - t^2 - 2$ が得られる． □

問題 7.3 (1) t の関数 $u = u(t)$ に対し，$(D-1)u = Du - u = u' - u$．よって $(D-2)(D-1)u = (D-2)(u'-u) = (D-2)u' - (D-2)u = u'' - 3u' + 2u = (D^2 - 3D + 2)u$．したがって $(D-2)(D-1) = D^2 - 3D + 2$ が成り立つ．同様に $(D-1)(D-2) = D^2 - 3D + 2$ も成り立つ．

(2) $v = (D-1)u$ とおくと，$(D-2)(D-1)u = (D-2)v = v' - 2v$ であるから，(7.79) は $v' = 2v$ となり，$v = ae^{2t}$ が得られる．

(3) $w = (D-2)u$ とおくと，$(D-1)(D-2)u = (D-1)w = w' - w$ であるから，(7.79) は $w' = w$ となり，$w = be^t$ が得られる．

(4) $v = (D-1)u$, $w = (D-2)u$ より，$u = v - w = ae^{2t} - be^t$ である． □

問題 7.4 (1) $\dfrac{dx}{dt} = -\lambda x$ の一般解は $x = Ce^{-\lambda t}$ であるから，与えられた微分方程式の解を $x = ue^{-\lambda t}$ とおく．u に対する微分方程式は $u' = \lambda e^{\lambda t}\cos\omega t$ となるので，

$$u = \frac{\lambda}{\lambda^2+\omega^2}e^{\lambda t}(\lambda\cos\omega t + \omega\sin\omega t) + C$$

したがって，初期条件 $x(0)=0$ のもとで

$$x = \frac{\lambda}{\lambda^2+\omega^2}(\lambda\cos\omega t + \omega\sin\omega t) - \frac{\lambda^2}{\lambda^2+\omega^2}e^{-\lambda t}$$

が得られる．

(2) ω を固定して $\lambda \to \infty$ とすると，$x=\cos\omega t\ (t>0)$ となる．これは，系が敏速に「環境」に追従する状況である．ここで微分方程式を $\frac{1}{\lambda}\frac{dx}{dt} = x - \cos\omega t$ と書けば，$\lambda \to \infty$ のとき $x - \cos\omega t = 0$ となるということもできそうにみえる．しかし $\frac{dx}{dt}$ は λ に依存しているので，これは正しい議論になっていない．

(3) 解を

$$x = \frac{\frac{\lambda}{\omega}}{\frac{\lambda^2}{\omega^2}+1}\left(\frac{\lambda}{\omega}\cos\omega t + \sin\omega t\right) - \frac{\frac{\lambda^2}{\omega^2}}{\frac{\lambda^2}{\omega^2}+1}e^{-\lambda t}$$

のように書いて $\omega \to \infty$ とすると，$x=0$ となる．これは，環境が激しく振動する状況である．もう少し精密にいえば，$|x|$ についての評価

$$|x| < \frac{\lambda}{\omega}\left(\frac{\lambda}{\omega}+1\right) + \frac{\lambda^2}{\omega^2} = \frac{\lambda}{\omega}\left(\frac{2\lambda}{\omega}+1\right)$$

が成り立つので，λ/ω が小さいとき $|x|$ は小さい．すなわち x の可動範囲は小さい領域に限られる．ただし，微分方程式 $\frac{dx}{dt} = \lambda(x-\cos\omega t)$ から $\frac{dx}{dt} \fallingdotseq -\lambda\cos\omega t$ となり，速度は小さくない． □

問題 7.5 (1) 微分方程式は $\frac{dx}{dt} = -\omega y, \frac{dy}{dt} = \omega x$ であり，y を消去すると $\frac{d^2x}{dt^2} + \omega^2 x = 0$ となる．したがって，一般解は $x = \alpha\cos\omega t + \beta\sin\omega t$, $y = -\beta\cos\omega t + \alpha\sin\omega t$ である．点 P は，原点を中心とする円周上を運動する．

(2) 微分方程式から y を消去すると $\frac{d^2x}{dt^2} + \omega^2 x = \omega^2 a + \omega\frac{db}{dt}$ となり，$(a,b) = (\cos\omega t, 0)$ を代入すると，$\frac{d^2x}{dt^2} + \omega^2 x = \omega^2\cos\omega t$ となる．$x = ct\sin\omega t$ の形の特殊解を求めると，定数 c の値は $\frac{1}{2}\omega$ となる．また斉次方程式の一般解は $\alpha\cos\omega t + \beta\sin\omega t$ であるから，非斉次方程式の一般解は $x = \frac{1}{2}\omega t\sin\omega t + \alpha\cos\omega t + \beta\sin\omega t$ である．初期条件 $x(0) = y(0) = 0$ から定数を定めると，$\alpha = 0, \beta = 0$ となるので，求める解は $x = \frac{1}{2}\omega t\sin\omega t$, $y = -\frac{1}{2}\omega t\cos\omega t - \frac{1}{2}\sin\omega t$ である． □

注意 (2) において，x, y は振動するが，「振幅」は t とともに大きくなり発散する．これは，系の固有振動 (斉次方程式の解) の周期と外力 (非斉次項) の周期が一致しているため (どちらも角動数は ω)，共振 (共鳴) が起きているのである．

問題 7.6 λx_{n-1} を非斉次項として定数変化法を用いる．斉次方程式 $\frac{dx_n}{dt} = -\lambda x_n$ の一般解は $Ce^{-\lambda t}$ であるから，$x_n = u_n e^{-\lambda t}$ とおくと，$\frac{du_n}{dt} = \lambda x_{n-1}e^{\lambda t} = \lambda u_{n-1}$ となる．よって初期条件 $u_n(0)=0$ のもとで，

$$u_n(t) = \lambda\int_0^t u_{n-1}(s)ds$$

が成り立つ．$u_0(t) = e^{\lambda t}$ であるから，$u_1(t) = e^{\lambda t} - 1$, $u_2(t) = e^{\lambda t} - 1 - \lambda t$ となり，数学的帰納法により，

$$u_n(t) = e^{\lambda t} - \sum_{k=0}^{n-1}\frac{\lambda^k t^k}{k!}, \quad n = 1, 2, \cdots$$

を示すことができる．よって，$x_n(t) = 1 - e^{-\lambda t}\sum_{k=0}^{n-1}\frac{\lambda^k t^k}{k!}$ となる．□

注意 $u_n(t)$ は $e^{\lambda t}$ のテイラー展開の剰余項であり，t を固定すると $n \to \infty$ のとき 0 に収束する．

問題 7.7 (1) (7.81) の右辺を展開すると $L = D^2 - (u+v)D + uv - u'$ となるから，これが (7.80) と同値になるための条件は

$$u + v = -2p\,,\quad uv - u' = q$$

である．v を消去すれば (7.82) となる．

(2) 微分方程式 (7.82) の解 u に対し $v = -u - 2p$ とおけば $uv - u' = q$ が成立するので，(7.81) と (7.80) は同値になる．このとき (7.83) により x を定めると，$\frac{dx}{dt} = ux$，すなわち $(D-u)x = 0$ が成立する．よって $Lx = 0$ である．

(3) $Lx = 0$ の特殊解 x に対し，(7.83) を満たす u，すなわち $u = \frac{x'}{x}$ は (7.82) の解になる．実際

$$\begin{aligned} u' &= \frac{1}{x^2}(x''x - x'^2) \\ &= \frac{1}{x^2}((-2px' - qx)x - x'^2) \\ &= -u^2 - 2pu - q \end{aligned}$$

が成り立つ．よって (2) により L は因数分解できる．したがって $w = (D-u)x$ とおけば w は $(D-v)w = 0$ を満たす．これを解いて w を求め，$w = (D-u)x$ から x を得ればよい．□

注意 (7.82) をリッカチの微分方程式という．線形微分方程式 $Lx = 0$ を解くことと，L を因数分解することと，リッカチ方程式を解くことは，数学的に互いに同等であり，1 つが解決すれば他の 2 つも解決する．

問題 7.8 $L = D^2 - 1$ に付随するリッカチ方程式 (7.82) は $u' = -u^2 + 1$ である．これは変数分離形の微分方程式であり，一般解を求めることができて，前問の記号を用いれば，$u = \frac{e^{2t}+C}{e^{2t}-C}$, $v = -\frac{e^{2t}+C}{e^{2t}-C}$ となる．C は任意の定数であるが複素数でもよい．特に $C = 0$ のとき $(u,v) = (1,-1)$ となり，$C = \infty$ のとき $(u,v) = (-1,1)$ となる．□

Chapter 8 1変数関数の積分の応用♠

積分の応用については，曲線論，微分方程式など，すでにいくつかみてきた．この章では，積分の直観的な考え方を重視した応用を取り挙げる．

8.1 密度と重心

この節では，積分の応用として物体の密度と重心を求める問題を考える．

8.1.1 質量と密度

線分状の物体 L を考える．L が一様な材質で作られていないと，場所によって重さにむらが生じる (**図 8.1**).

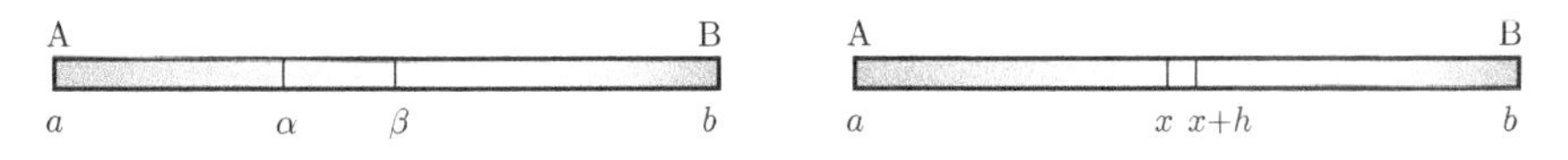

［図 8.1］ 重さにむらのある棒.

L 上に座標をとり，端点 A,B の座標をそれぞれ a, b(ただし $a < b$) とし，L は区間 $[a, b]$ にあるものとする．L の部分 $[\alpha, \beta]$ をどのようにとっても，その質量 $m(\alpha, \beta)$ が

$$m(\alpha, \beta) = \int_{\alpha}^{\beta} \rho(x)dx$$

のような定積分で与えられるとき，$\rho(x)$ を L の **線密度** という．特に，L 全体の質量は

$$m(a, b) = \int_{a}^{b} \rho(x)dx \tag{8.1}$$

であり，また L の微小部分 $[x, x+h]$ の質量は，(h を微小な正の数として) 近似的に

$$m(x, x+h) \fallingdotseq \rho(x)h \tag{8.2}$$

と書ける.

8.1.2 力と密度

線分状の物体 L に力が働いているとする. ただし議論を簡単にするために, L の各点に働く力は (水平な棒に働く重力のように) L に垂直な方向であるとする (**図 8.2**).

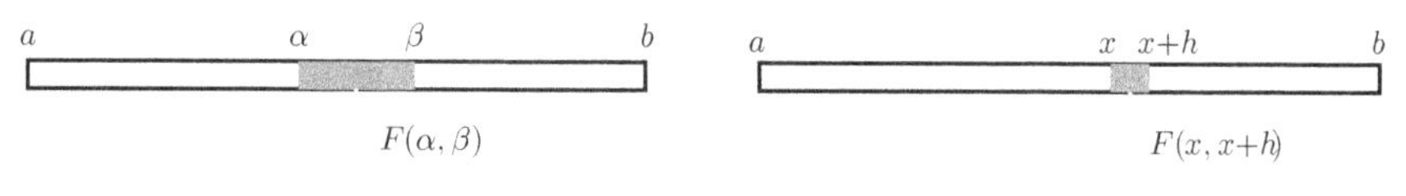

[図 8.2] 棒に働く力.

L 上に座標をとり, 端点 A,B の座標をそれぞれ a, b(ただし $a < b$) とする. L の部分 $[\alpha, \beta]$ をどのようにとっても, この部分に働く力 (の合力) が

$$F(\alpha, \beta) = \int_\alpha^\beta f(x)dx$$

のような定積分で与えられるとき, $f(x)$ を力の **線密度** という. 特に, L 全体に働く力は

$$F = \int_a^b f(x)dx \tag{8.3}$$

であり, また L の微小部分 $[x, x+h]$ に働く力は, (h を微小な正の数として) 近似的に

$$F(x, x+h) \fallingdotseq f(x)h \tag{8.4}$$

と書ける.

さらに, (8.3) で与えられる F に対し,

$$x_* F = \int_a^b xf(x)dx \tag{8.5}$$

で定まる x_* をとる. すると L の各点に働く力の全体を, 座標 x_* の点に働く 1 つの力 F で置き換えることができる (**図 8.3**). F を合力という.

a x_* b

F

［図 8.3］棒に働く力の合力.

 **8.1**　(8.3), (8.5) は，すべての a に対して

$$(x_* - a)F = \int_a^b (x-a)f(x)dx$$

が成立することと同値である．これは (点 a を中心とする) 力のモーメントが，**図 8.2** のように棒の各点に作用する力と**図 8.3** のように棒の1点に作用する力で一致することを意味している．

例 8.1　点 a, b を端点とする棒 L の点 x における線密度を $\rho(x)$ として，L に作用する重力を考える．ただし L は水平に置かれ，重力は一様で鉛直下向きであり，その加速度を g とする．このとき，L の質量 m は，

$$m = \int_a^b \rho(x)dx$$

と表される．また L 全体に作用する重力を点 x_* に作用する1つの力 F で置き換えることができて，x_*, F は (8.3),(8.5) より

$$F = g\int_a^b \rho(x)dx = mg$$

$$x_* F = g\int_a^b x\rho(x)dx$$

で定まる．特に x_* は

$$x_* = \frac{1}{m}\int_a^b x\rho(x)dx$$

で与えられる．この点を L の **重心** という．

参考 8.2　L の各点に働く力は L に垂直な方向であると仮定したが，反対方向 (上向きと下向き) の力が混在していると，$F=0$ となることがあり得る．すると，(8.5) から x_* を定めることはできない．このような場合，L の各点に働く力を 1 つの力で置き換えることはできない．

問 1　区間 $[0,l]$ に位置する長さ l の棒 L の点 x における線密度を kx $(x \in [0,l])$ として，重心の位置を求めよ．

8.2 フーリエ級数

ω を正の定数として，関数 $f(t)=\sin\omega t$ で表される振動を音として聴くと，「ピー」という純粋に機械的な音になるが，$\sin n\omega t (n=2,3,4,\cdots)$ で表される倍音を混ぜると，さまざまな音色が作られる．この節では，与えられた関数を $\sin n\omega t$, $\cos n\omega t (n=2,3,4,\cdots)$ の和として表すことを考える．ただし式を簡単にするために，$\omega t=x$ とおいて x の関数として考える．

8.2.1 周期関数とフーリエ級数

n を自然数とするとき，関数 $\sin nx$ や $\cos nx$ は周期 2π をもつので，それらの有限個の和

$$f(x)=\frac{a_0}{2}+\sum_{n=1}^{m}(a_n\cos nx+b_n\sin nx) \tag{8.6}$$

も周期 2π をもつ．

例 8.2　三角関数の公式

$$\sin^2 x=\frac{1}{2}-\frac{1}{2}\cos 2x$$
$$\sin^3 x=\frac{3}{4}\sin x-\frac{1}{4}\sin 3x$$

は，周期関数 $\sin^2 x, \sin^3 x$ を (8.6) の形に表したものである (**図 8.4 (左)**)．さらに，$\cos^{11} x$ を $\cos x, \cos 3x, \cos 5x, \cdots, \cos 11x$ の和で表す式も作ることができる (**図 8.4 (右)**)．三角関数のべき乗は周期 2π をもつ．

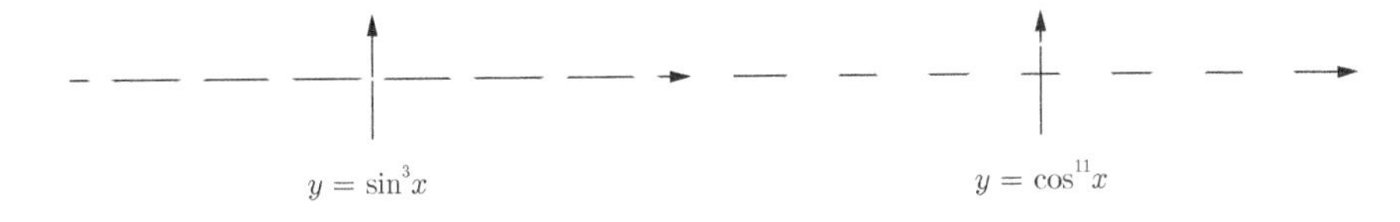

［図 8.4］三角関数のべき乗のグラフ.

注意 **8.3**　(8.6) の右辺の第 1 項を a_0 としなかったのは便宜のために過ぎないが，その理由は後で明らかにする.

それでは，周期 2π をもつ関数 $f_{\text{三角波}}(x)$ で，

$$f_{\text{三角波}}(x) = |x| \quad (-\pi \leqq x \leqq \pi) \tag{8.7}$$

を満たすもの (**図 8.5**) を (8.6) の形に表すことはできるだろうか.

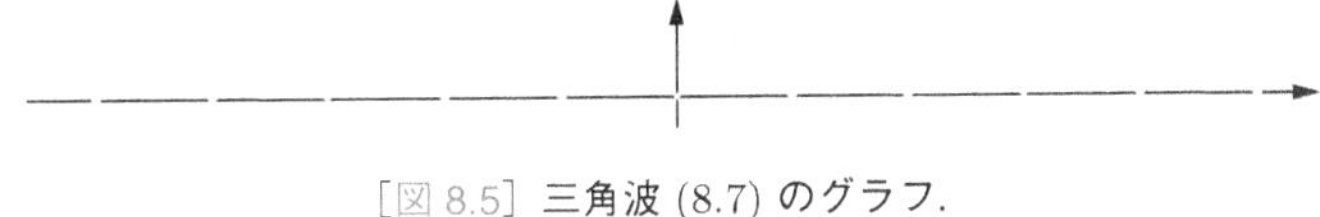

［図 8.5］三角波 (8.7) のグラフ.

参考 **8.4**　逆三角関数 $y = \arccos x$ の主値を $0 \leqq y \leqq \pi$ にとるなら，$f_{\text{三角波}}(x) = \arccos\cos x$ のように表現することもできる.

関数 (8.6) は微分可能であるが，関数 (8.7) は ($x = 0$ で) 微分不可能である．したがって，関数 (8.7) を (8.6) の形に表すことはできない．そこで，(8.6) を無限級数にした形

$$f(x) = \frac{a_0}{2} + \sum_{n=1}^{\infty}(a_n \cos nx + b_n \sin nx) \tag{8.8}$$

を考える.

次のような無限級数で与えられる関数を調べる.

$$f(x) = \frac{\pi}{2} - \frac{4}{\pi}\left(\cos x + \frac{\cos 3x}{3^2} + \frac{\cos 5x}{5^2} + \cdots\right) \tag{8.9}$$

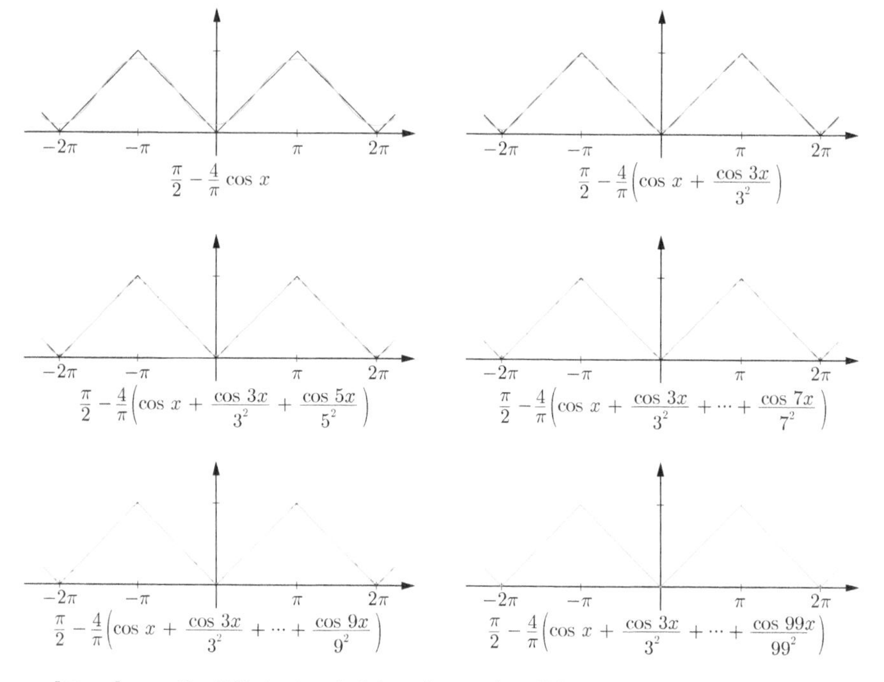

[図 8.6] フーリエ級数 (8.9) の部分和のグラフ (青), 関数 $f_{\text{三角波}}(x)$ のグラフ (黒).

この無限級数を有限項で打ち切った部分和のグラフを描くと, **図 8.6** のようになり, **図 8.5** のグラフに次第に近づくことが分かる.

(8.8) のような無限級数を **フーリエ級数** といい, さまざまな関数をこの形に表せることが知られている.

それでは, (8.9) における $\cos nx$ の係数 (フーリエ係数) は, どのようにしたら得られるのだろうか. 以下において, 三角関数の積分を用いて, この問題に答える.

8.5 関数のテイラー展開

$$f(x) = a_0 + a_1 x + a_2 x^2 + a_3 x^3 + \cdots$$

の係数を定めるには, 微分法が有効だった. フーリエ級数においては, 積分法が重要である.

8.2.2 フーリエ係数の決定

関数 $f(x)$ が

$$f(x) = \frac{a_0}{2} + \sum_{n=1}^{\infty}(a_n \cos nx + b_n \sin nx) \tag{8.10}$$

のようなフーリエ級数で表されるとして，$f(x)$ からフーリエ係数 a_n, b_n を定めることを考える．

(1) (8.10) の両辺を区間 $[-\pi, \pi]$ で積分する．$n = 1, 2, 3, \cdots$ に対し，

$$\int_{-\pi}^{\pi} \cos nx dx = \int_{-\pi}^{\pi} \sin nx dx = 0$$

であるから

$$\int_{-\pi}^{\pi} (a_n \cos nx + b_n \sin nx) dx = 0$$

となる．よって，(8.10) の右辺の無限和において，各項ごとに積分すると 0 になる．そこで，無限和の積分も 0 になると考えてみよう．すると

$$\int_{-\pi}^{\pi} f(x)\, dx = \frac{a_0}{2}\int_{-\pi}^{\pi} dx = a_0\pi$$

したがって

$$a_0 = \frac{1}{\pi}\int_{-\pi}^{\pi} f(x)\, dx$$

が得られる．

注意 **8.6** 無限和を各項ごとに積分することを **項別積分** という．項別積分は，無条件に許されるものではない．というのは，項別積分するとき

$$\int_{-\pi}^{\pi} \sum_{n=1}^{\infty}(\cdots) = \sum_{n=1}^{\infty}\int_{-\pi}^{\pi}(\cdots)$$

のように，積分と無限和の順序を変えており，この順序交換が許されるとは限らないからである．ここではそれが許されると仮定して項別積分を行った (下巻 **15.3 節**).

(2) m を自然数として，(8.10) の両辺に $\cos mx$ を掛けて区間 $[-\pi, \pi]$ で積

分する．**0 章の問 9 (1) (3)** の結果を使うと，

$$\int_{-\pi}^{\pi}(a_n\cos nx+b_n\sin nx)\cos mx\,dx=\begin{cases}a_m\pi & (n=m)\\ 0 & (n\neq m)\end{cases}$$

となるから，項別積分を行うと，$n=m$ の項だけが残り，

$$\int_{-\pi}^{\pi}f(x)\cos mx\,dx=a_m\pi$$

となる．したがって

$$a_m=\frac{1}{\pi}\int_{-\pi}^{\pi}f(x)\cos mx\,dx \tag{8.11}$$

が得られる．

(3) 同様に，(8.10) の両辺に $\sin mx$ を掛けて区間 $[-\pi,\pi]$ で項別積分すると，

$$b_m=\frac{1}{\pi}\int_{-\pi}^{\pi}f(x)\sin mx\,dx \tag{8.12}$$

が得られる．

問 2　(8.11), (8.12) を用いて，(8.7) の関数 $f_{\text{三角波}}(x)$ に対してフーリエ係数を定めよ．

注意 8.7　(8.6) の右辺の第 1 項を $\frac{1}{2}a_0$ としたのは，(8.11) が $m=0$ でも成立するようにするためである．

参考 8.8　フーリエ係数を (8.11), (8.12) によって定めたとき，(8.10) が成立するかどうか，すなわち (8.10) の右辺の無限和が収束して左辺に一致するかどうかは，深い考察を必要とする重要な問題である．詳細は省くが，周期 2π をもつ関数 $f(x)$ が，閉区間 $[-\pi,\pi]$ で有限個の点を除いて微分可能で，

$$\int_{-\pi}^{\pi}|f'(x)|\,dx<\infty$$

を満たすならば，(8.11), (8.12) のように係数をとることにより，(8.10) が成立することが知られている．関数 (8.7) は，上記の仮定を満たす．

8.2.3 フーリエ級数の例

フーリエ級数の例をいくつかみてみよう.

例 8.3 $[-\pi, \pi)$ において

$$f(x) = \frac{x^2}{\pi}$$

である周期 2π の周期関数 $f(x)$ を考える. (8.11), (8.12) より,

$$a_n = \frac{1}{\pi}\int_{-\pi}^{\pi} \frac{x^2}{\pi} \cos nx\, dx = -\frac{4(-1)^{n+1}}{n^2\pi}$$

$$a_0 = \frac{1}{\pi}\int_{-\pi}^{\pi} \frac{x^2}{\pi}\, dx = \frac{2\pi}{3}$$

$$b_n = 0$$

となり, フーリエ級数

$$\begin{aligned} f(x) &= \frac{\pi}{3} - \frac{4}{\pi}\sum_{n=1}^{\infty} \frac{(-1)^{n+1}}{n^2} \cos nx \\ &= \frac{\pi}{3} - \frac{4}{\pi}\left(\cos x - \frac{\cos 2x}{2^2} + \frac{\cos 3x}{3^2} - \cdots\right) \end{aligned} \tag{8.13}$$

を得る (図 **8.7**).

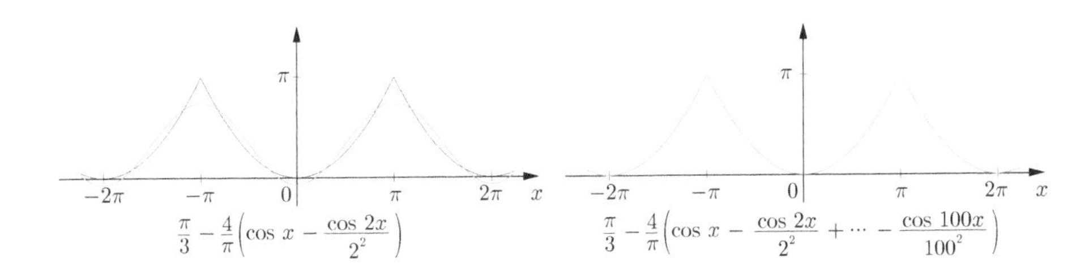

[図 8.7] フーリエ級数 (8.13) の部分和のグラフ (青), 関数 $f(x)$ のグラフ (黒).

参考 8.9 フーリエ級数 (8.13) に $x=\pi$ を代入してみる．$f(\pi)=\pi$ であるから，

$$\sum_{n=1}^{\infty}\frac{1}{n^2}=1+\frac{1}{2^2}+\frac{1}{3^2}+\frac{1}{4^2}+\cdots=\frac{\pi^2}{6}$$

のような等式が得られる．

次に不連続関数のフーリエ係数を調べる．

例 8.4 周期 2π をもつ関数 $f_{\text{方形波}}(x)$ で，

$$f_{\text{方形波}}(x)=\begin{cases}1 & (0\leqq x<\pi)\\ -1 & (-\pi\leqq x<0)\end{cases}$$

を満たすものを考える．(8.11), (8.12) を用いると，

$$\begin{aligned}a_n&=0\\ b_n&=\frac{2}{\pi}\int_0^{\pi}f(x)\sin nx\,dx\\ &=\frac{2}{\pi}\int_0^{\pi}\sin nx\,dx\\ &=\begin{cases}0 & (n\ :\ \text{偶数})\\ \dfrac{4}{\pi n} & (n\ :\ \text{奇数})\end{cases}\end{aligned}$$

となる．よって，フーリエ級数

$$\begin{aligned}f_{\text{方形波}}(x)&=\frac{4}{\pi}\sum_{m=1}^{\infty}\frac{\sin(2m-1)x}{2m-1}\\ &=\frac{4}{\pi}\left(\sin x+\frac{\sin 3x}{3}+\frac{\sin 5x}{5}+\cdots\right)\end{aligned}\tag{8.14}$$

を得る (**図 8.8**)．

図 8.8 をみると，フーリエ級数 (8.14) は，$f_{\text{方形波}}(x)$ のグラフをおおむねよく再現しているようである．しかしよくみると，不連続点 $x=0$ で (8.14) は成立していない．実際，$f_{\text{方形波}}(0)=1$ であるが，(8.14) の右辺は $x=0$ で 0 になる．言い換えれば，$x=0$ で (8.14) が成立するようにするには，方形波の定義において，$f_{\text{方形波}}(0)=0$ としなければならないのであ

る．これは

$$f_{\text{方形波}}(0)=\frac{1}{2}\left(f_{\text{方形波}}(-0)+f_{\text{方形波}}(+0)\right)$$

ということであり，「不連続点での値は，左右の片側極限値の平均にせよ」という，いかにも自然な要求のようにみえる．

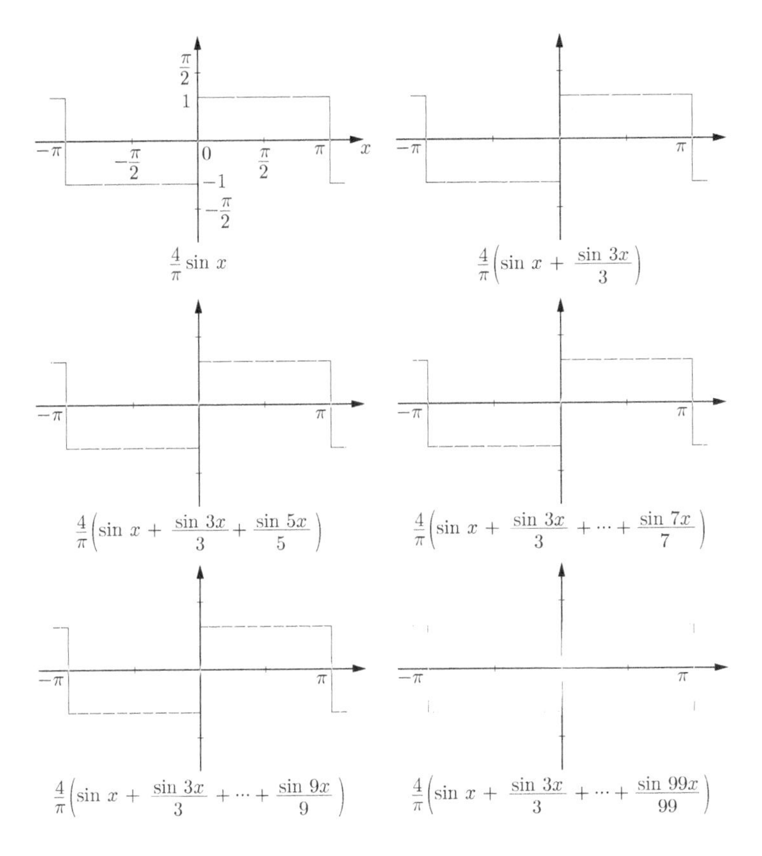

［図 8.8］ フーリエ級数 (8.14) の部分和のグラフ (青)，関数 $f_{\text{方形波}}(x)$ のグラフ (黒)．

8.3 数値積分

積分の実際的応用において，定積分が正確に計算できるのはむしろ例外的である．正確に計算できない場合には，定積分の値を近似する数値を求めることが必要になる．このような方法を **数値積分** という．数値積分においては，「積分の評価」(**3.3 節**) に要求されるような厳密性よりも近似値の精密性 (誤差の小ささ) を重視することが多い．この意味で，積分の評価と数値積分は異なる思想に基づいているといえる．問題によっては厳密性と精密性の両方が要求されることもあるが，本書ではこのような問題に触れない．

8.3.1 左端点則と右端点則

閉区間 $[a,b]$ で連続な関数 $f(x)$ に対して，

$$\int_a^b f(x)\,dx = \lim_{n\to\infty} \frac{b-a}{n} \sum_{k=1}^{n} f(x_{k-1}) \tag{8.15}$$

$$\int_a^b f(x)\,dx = \lim_{n\to\infty} \frac{b-a}{n} \sum_{k=1}^{n} f(x_k) \tag{8.16}$$

が成立する (**0.6.5 節**)．ただし，x_k は区間 $[a,b]$ を n 等分する分点

$$x_k = a + \frac{b-a}{n}k\,, \quad k = 0, 1, 2, \cdots, n$$

である．この区分求積法は，曲線 $y=f(x)$ と x 軸の間の部分を，長方形の集まりで近似するという考え方に基づいており，数値積分の簡単な方法を与える．すなわち，十分大きい n に対し，

$$S^{(n)}_{\text{左端点則}} = \frac{b-a}{n} \sum_{k=1}^{n} f(x_{k-1})$$

$$S^{(n)}_{\text{右端点則}} = \frac{b-a}{n} \sum_{k=1}^{n} f(x_k)$$

は，定積分の近似公式として機能すると考えられる (**図 8.9**)．これらの公式を，それぞれ **左端点則**，**右端点則** と呼ぶ．この名称は，長方形のどちらの頂点を曲線上にとるかを表している．

例 8.5 $[0,1]$ 上の関数 $f(x)=x$ の場合，

$$S^{(n)}_{\text{左端点則}} = \frac{1}{n} \sum_{k=1}^{n} \frac{k-1}{n} = \frac{n-1}{2n}$$

$$S^{(n)}_{\text{右端点則}} = \frac{1}{n} \sum_{k=1}^{n} \frac{k}{n} = \frac{n+1}{2n}$$

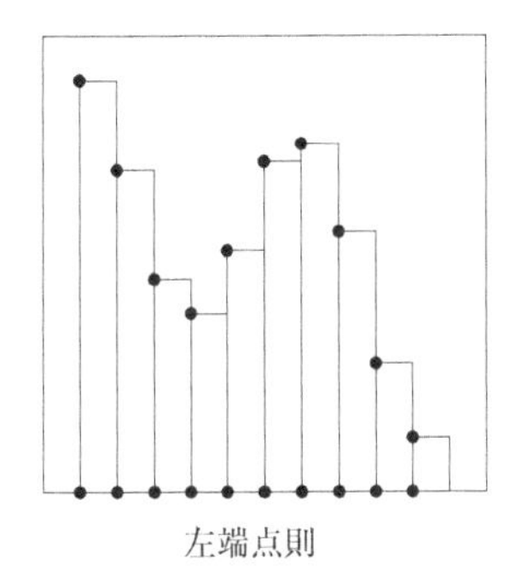

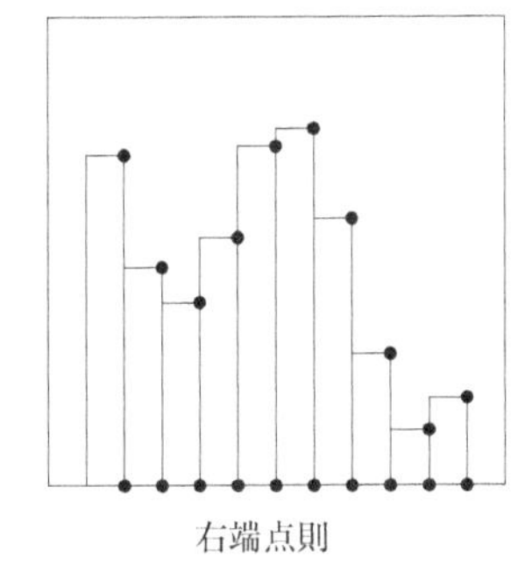

［図 8.9］ 数値積分の方法，左端点則と右端点則．

となる．$n \to \infty$ のとき，どちらも真の値

$$\int_0^1 x\,dx = \frac{1}{2}$$

に収束する．

問 3 $[0,1]$ 上の関数 $f(x) = x^2$ の定積分

$$I = \int_0^1 x^2\,dx$$

に対し，$S^{(n)}_{\text{左端点則}}$ と $S^{(n)}_{\text{右端点則}}$ をそれぞれ求め，$n \to \infty$ のときの極限を求めよ．

8.3.2 台形則とシンプソン則

左端点則と右端点則を改良するために，長方形ではなく，台形で近似すると，次の近似式が得られる．

$$S^{(n)}_{\text{台形則}} = \frac{b-a}{n} \sum_{k=1}^{n} \frac{f(x_{k-1}) + f(x_k)}{2}$$

これを **台形則** という．**図 8.10 (左)** は台形則の概念図である．

注意 8.10 左右端点則と台形則の間には，

$$S^{(n)}_{\text{台形則}} = \frac{1}{2}\left(S^{(n)}_{\text{左端点則}} + S^{(n)}_{\text{右端点則}}\right) \tag{8.17}$$

のような関係がある．

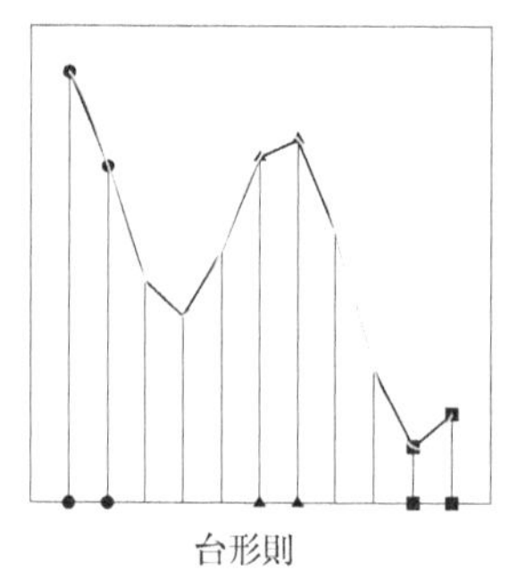

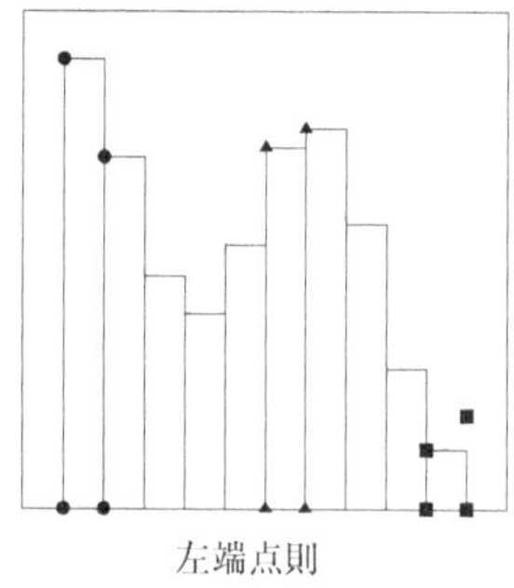

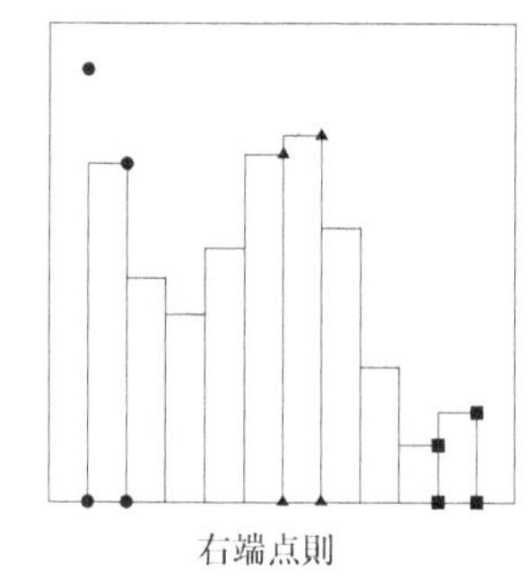

［図 8.10］ 数値積分の方法，台形則，左端点則，右端点則．

台形則をさらに改良した次のような近似法を **シンプソン則** という．

$$S^{(n)}_{\text{シンプソン則}} = \frac{b-a}{n}\sum_{k=1}^{n}\frac{1}{6}\left(f(x_{k-1}) + 4f\left(\frac{x_{k-1}+x_k}{2}\right) + f(x_k)\right)$$

シンプソン則は，区間 $[x_{k-1}, x_k]$ の左端点，中点，右端点に対応する曲線上の 3 点

$$(x_{k-1}, f(x_{k-1})), \quad \left(\frac{x_{k-1}+x_k}{2}, f\left(\frac{x_{k-1}+x_k}{2}\right)\right), \quad (x_k, f(x_k))$$

を通る放物線で曲線 $y = f(x)$ を近似する方法となっている．

問 4　関数 $y = f(x)$ に対して 3 点 $(\alpha, f(\alpha)), (\beta, f(\beta)), (\gamma, f(\gamma))$ を通る放物線を $y = \lambda x^2 + \eta x + \mu$ とおく．ただし，

$$\alpha < \gamma$$
$$\beta = \frac{\alpha+\gamma}{2}$$

とする．このとき，

$$\frac{1}{\gamma-\alpha}\int_{\alpha}^{\gamma}(\lambda x^2 + \eta x + \mu)\,dx = \frac{1}{6}(f(\alpha) + 4f(\beta) + f(\gamma))$$

が成立することを示せ． $\alpha = x_{k-1}$, $\gamma = x_k$ としたものがシンプソン則である．

 8.11

(1) 関数 $f(x) = x^8$ の定積分

$$\int_0^1 x^8 dx = \frac{1}{9}$$

に上記の数値積分法を適用する．区間 $[0, 1]$ を 10000 等分すると，以下のような結果が得られる．

左端点則	0.111061117777778
右端点則	0.111161117777778
台形則	0.111111117777778
シンプソン則	0.111111111111111

この結果をみると，シンプソン則の優秀さが分かる．

(2) 左右端点則は定数関数に対して正確な積分値を与え，台形則は 1 次関数に対して，シンプソン則は 2 次関数に対して正確な積分値を与える．このことからも，各近似法の性能を比較することができる．

Chapter 8 章末問題

Standard

問題 8.1 長さ l の細い線分状の物体 L があり，点 $x \in [0,l]$ における L の線密度は $\rho(x) = ax + b(l-x)$ とする．ただし $a, b \geqq 0$ である．

(1) 物体 L の質量 M と重心 x_* を求めよ．

(2) a, b が $a, b \geqq 0$ の範囲を動くとき，x_* がとり得る範囲を求めよ．

問題 8.2 無限区間 $[0,\infty)$ に位置する無限に長い棒 L の点 x における線密度を $ke^{-\alpha x}$ $(x \geqq 0)$ として，重心の位置を求めよ．ただし，k, α は正の定数である．

問題 8.3 長さ a の細い棒があり，左端から距離 x の点での線密度を $\rho(x)$ $(x \in [0,a])$ とする．この棒の左端から距離 r の点 R を通り棒に垂直な直線を回転軸として，この棒を角速度 ω で回転させる．棒の微小部分 $[x, x+\Delta x]$ の運動エネルギーが

$$\Delta E = \frac{1}{2}\rho(x)(x-r)^2\omega^2\Delta x$$

で与えられるとして，棒全体の運動エネルギーを E とする．E が最小になるような R は，棒の重心であることを示せ．

問題 8.4 $[-\pi,\pi)$ において

$$f(x) = \begin{cases} 0 & (x = -\pi) \\ x & (-\pi < x < \pi) \end{cases}$$

である周期 2π の関数 $f(x)$ のフーリエ級数は，次で与えられることを示せ．

$$f(x) = 2\left(\sin x - \frac{\sin 2x}{2} + \frac{\sin 3x}{3} + \cdots\right)$$

問題 8.5 $[-\pi,\pi)$ において $f(x) = \cosh x$ である周期 2π の関数 $f(x)$ のフーリエ級数を求めよ．またその結果を利用して次式を示せ．

$$\sum_{n=-\infty}^{\infty} \frac{1}{1+n^2} = \frac{e^{\pi}+e^{-\pi}}{e^{\pi}-e^{-\pi}}\pi$$

問題 8.6 $f(x)$ を $[-\pi,\pi)$ において連続な関数とする．

(1) 関数 $y = f(x)$ を $y = \dfrac{a_0}{2}$ で近似することを考える．

$$R_0 = \int_{-\pi}^{\pi} \left(f(x) - \frac{a_0}{2} \right)^2 dx$$

を最小にする a_0 は，フーリエ係数であることを示せ．

(2) 関数 $y = f(x)$ を $y = \dfrac{a_0}{2} + a_1 \cos x$ で近似することを考える．

$$R_1 = \int_{-\pi}^{\pi} \left(f(x) - \frac{a_0}{2} - a_1 \cos x \right)^2 dx$$

を最小にする a_0, a_1 は，フーリエ係数であることを示せ．

問題 8.7 定積分

$$I = \int_{-1}^{1} x^3 \, dx$$

を考える．区間 $[-1, 1]$ を $2n$ 等分して，左端点則，右端点則，シンプソン則による積分の近似値を計算し，正確な値 $I = 0$ と比較せよ．

Chapter 8 問の解答

問 1 $\dfrac{\int_0^l x\cdot kxdx}{\int_0^l kxdx}=\dfrac{\int_0^l x^2dx}{\int_0^l xdx}=\dfrac{2}{3}l$ □

問 2 $a_n=\dfrac{1}{\pi}\int_{-\pi}^{\pi}|x|\cos nx\ dx=\dfrac{2}{\pi}\int_0^{\pi}x\cos nx\ dx$

$n\neq 0$ のとき

$$\int_0^{\pi}x\cos nx\ dx=\left[\frac{x}{n}\sin nx+\frac{1}{n^2}\cos nx\right]_0^{\pi}=\frac{1}{n^2}(\cos nx-1)$$

であるから，

$$a_n=\begin{cases}\pi & n=0\\ 0 & n=2k\\ -\dfrac{4}{(2k+1)^2\pi} & n=2k+1\end{cases}$$

また，$b_n=\dfrac{1}{\pi}\int_{-\pi}^{\pi}|x|\sin nx\ dx=0$ より，

$$f_{三角波}(x)=\frac{\pi}{2}-\sum_{k=0}^{\infty}\frac{4}{(2k+1)^2\pi}\cos(2k+1)x$$

□

問 3 $[0,1]$ 上の関数 $f(x)=x^2$ の場合，

$$S^{(n)}_{左端点則}=\frac{1}{n}\sum_{k=1}^{n}\left(\frac{k-1}{n}\right)^2=\frac{1}{6n^2}(n-1)(2n-1)$$

$$S^{(n)}_{右端点則}=\frac{1}{n}\sum_{k=1}^{n}\left(\frac{k}{n}\right)^2=\frac{1}{6n^2}(n+1)(2n+1)$$

となる．$n\to\infty$ のとき，どちらも真の値 $\int_0^1 x\,dx=\dfrac{1}{3}$ に収束する． □

問 4 左辺において，λ,η,μ の係数はそれぞれ

$$\frac{1}{\gamma-\alpha}\int_{\alpha}^{\gamma}x^2dx=\frac{1}{3}(\alpha^2+\alpha\gamma+\gamma^2)$$

$$\frac{1}{\gamma-\alpha}\int_{\alpha}^{\gamma}xdx=\frac{1}{2}(\alpha+\gamma)$$

$$\frac{1}{\gamma-\alpha}\int_{\alpha}^{\gamma}dx=1$$

である．また右辺は

$$\frac{1}{6}\left(f(\alpha)+4f(\frac{\alpha+\gamma}{2})+f(\gamma)\right)=\frac{\lambda}{3}(\alpha^2+\alpha\gamma+\gamma^2)+\frac{\eta}{2}(\alpha+\gamma)+\mu$$

であるから，両辺は一致する． □

Chapter 8 章末問題解答

問題 8.1 (1) $M = \int_0^l ((a-b)x+bl)dx = \frac{a-b}{2}l^2 + bl^2 = \frac{a+b}{2}l^2$

$x_* = \frac{2}{(a+b)l^2}\int_0^l ((a-b)x^2 + blx)dx = \frac{2a+b}{3(a+b)}l$

(2) $a, b > 0$ が動くとき $t = a/b$ は $t > 0$ の範囲を動くので，$x_* = \frac{2t+1}{3(t+1)}l$ は $\frac{l}{3} < x_* < \frac{2l}{3}$ の範囲を動く． □

注意 均質な材料で作られた四角形の板があり，その頂点の座標は $(0,0),(1,0),(1,a),(0,b)$ であるとする．M はこの板の面積であり (面積密度が 1 なら質量に等しい)，x_* は重心の x 座標である．特に，$a=0$ または $b=0$ とすれば，三角形の板になる．

問題 8.2 質量は $\int_0^\infty ke^{-\alpha x}dx = \frac{k}{\alpha}$，また $\int_0^\infty x \cdot ke^{-\alpha x}dx = \frac{k}{\alpha^2}$ であるから，重心の位置は $\frac{1}{\alpha}$ である． □

問題 8.3 棒全体の運動エネルギーは，

$$\begin{aligned}
E &= \int_0^a \frac{\rho(x)}{2}(x-r)^2\omega^2 dx \\
&= \int_0^a \frac{\rho(x)}{2}x^2\omega^2 dx \\
&\quad - 2r\int_0^a \frac{\rho(x)}{2}x\omega^2 dx \\
&\quad + r^2\int_0^a \frac{\rho(x)}{2}\omega^2 dx
\end{aligned}$$

のように表されるので，E を最小にする r は

$$\frac{\int_0^a \frac{\rho(x)}{2}x\omega^2 dx}{\int_0^a \frac{\rho(x)}{2}\omega^2 dx} = \frac{\int_0^a \rho(x)xdx}{\int_0^a \rho(x)dx}$$

となり，棒の重心の位置に一致する． □

問題 8.4 フーリエ係数は

$$\begin{aligned}
a_n &= \frac{1}{\pi}\int_{-\pi}^{\pi} x\cos nx\ dx = 0 \\
b_n &= \frac{1}{\pi}\int_{-\pi}^{\pi} x\sin nx\ dx \\
&= \frac{2}{\pi}\int_0^{\pi} x\sin nx\ dx \\
&= \frac{2}{\pi}\left[-\frac{x}{n}\cos nx + \frac{1}{n^2}\sin nx\right]_0^{\pi} \\
&= -\frac{2}{n}(-1)^n
\end{aligned}$$

である． □

注意 下図はフーリエ級数の部分和のグラフである．

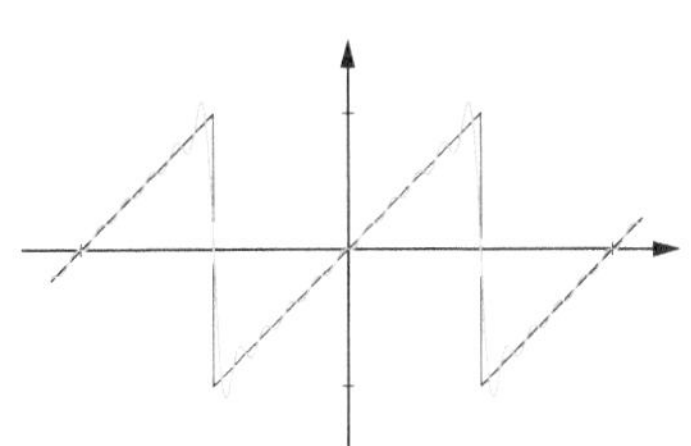

$2\left(\sin x - \frac{\sin 2x}{2} + \cdots + \frac{\sin 10x}{10}\right)$

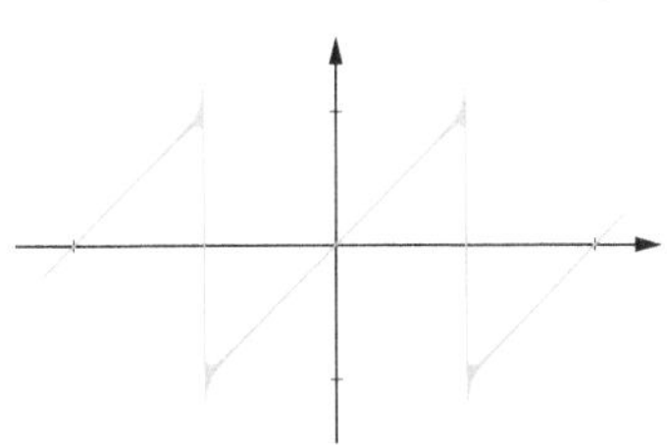

$2\left(\sin x - \frac{\sin 2x}{2} + \cdots + \frac{\sin 100x}{100}\right)$

問題 8.5 フーリエ係数は

$$a_n = \frac{1}{\pi}\int_{-\pi}^{\pi} \frac{e^x + e^{-x}}{2}\cos nx\ dx$$

$$= \frac{1}{\pi}\int_0^{\pi}(e^x + e^{-x})\cos nx\ dx$$

$$= \frac{1}{\pi}\left[\frac{e^x}{n^2+1}(\cos nx + n\sin nx) + \frac{e^{-x}}{n^2+1}(-\cos nx + n\sin nx)\right]_0^{\pi}$$

$$= \frac{(-1)^n}{(n^2+1)\pi}(e^{\pi} - e^{-\pi})$$

$$b_n = \frac{1}{\pi}\int_{-\pi}^{\pi}\frac{e^x + e^{-x}}{2}\sin nx\ dx = 0$$

よって

$$f(x) = \frac{1}{\pi}(e^{\pi} - e^{-\pi})\left(\frac{1}{2} + \sum_{n=1}^{\infty}\frac{(-1)^n}{n^2+1}\cos nx\right)$$

が得られる．これに $x = \pi$ を代入すると，

$$f(\pi) = \frac{1}{\pi}(e^{\pi} - e^{-\pi})(\frac{1}{2} + \sum_{n=1}^{\infty}\frac{1}{n^2+1})$$

よって

$$\sum_{n=-\infty}^{\infty}\frac{1}{n^2+1} = 1 + 2\sum_{n=1}^{\infty}\frac{1}{n^2+1} = \frac{e^{\pi} + e^{-\pi}}{e^{\pi} - e^{-\pi}}\pi$$

となる． □

問題 8.6 (1)

$$R_0 = \int_{-\pi}^{\pi}\left(f(x) - \frac{a_0}{2}\right)^2 dx = \frac{\pi}{2}a_0^2 - a_0\int_{-\pi}^{\pi}f(x)dx + \int_{-\pi}^{\pi}f(x)^2dx$$

よって R_0 は，$a_0 = \frac{1}{\pi}\int_{-\pi}^{\pi}f(x)dx$ のとき最小となる．

(2)

$$R_1 = \int_{-\pi}^{\pi}\left(f(x) - \frac{a_0}{2} - a_1\cos x\right)^2 dx = R_0 + \pi a_1^2 - 2a_1\int_{-\pi}^{\pi}f(x)\cos x dx$$

よって R_1 は，$a_0 = \frac{1}{\pi}\int_{-\pi}^{\pi}f(x)dx$, $a_1 = \frac{1}{\pi}\int_{-\pi}^{\pi}f(x)\cos x dx$ のとき最小となる． □

問題 8.7 区間 $[-1, 1]$ を $2n$ 等分する点を x_k $(k = -n, -n+1, \cdots, 0, 1, \cdots, n)$ とする． $x_{-k} = -x_k$ であるから，

$$S^{(2n)}_{\text{左端点則}} = \frac{2}{2n}\sum_{k=-n}^{n-1}x_k^3 = \frac{1}{n}x_{-n}^3 = -\frac{1}{n}$$

$$S^{(2n)}_{\text{右端点則}} = \frac{2}{2n}\sum_{k=-n+1}^{n}x_k^3 = \frac{1}{n}x_n^3 = \frac{1}{n}$$

$$S^{(2n)}_{\text{シンプソン則}} = \frac{2}{2n}\sum_{k=-n+1}^{n}\frac{1}{6}\left(x_{k-1}^3 + 4\left(\frac{x_{k-1}+x_k}{2}\right)^3 + x_k^3\right)$$

$$= \frac{1}{6}(S^{(2n)}_{\text{左端点則}} + S^{(2n)}_{\text{右端点則}}) + \frac{1}{12n}\sum_{k=-n+1}^{n}(x_{k-1}+x_k)^3$$

$$= \frac{1}{12n}\sum_{k=-n+1}^{n}\left(\frac{2k-1}{n}\right)^3 = 0$$

□

Index

著者紹介

長岡亮介
1977 年　東京大学大学院理学系研究科博士課程単位取得退学
元明治大学理工学部　特任教授
現　在　NPO 法人 TECUM 理事長
著　書　『長岡亮介 線型代数入門講義』東京図書 (2010) など

渡辺　浩　理学博士
1986 年　東京都立大学大学院理学研究科博士課程修了
現　在　明治大学理工学部数学科　教授
著　書　『確率統計入門』森北出版 (2020)

矢崎成俊　博士 (数理科学)
2000 年　東京大学大学院数理科学研究科博士課程修了
現　在　明治大学理工学部数学科　教授
著　書　『実験数学読本 3』日本評論社 (2020) など

宮部賢志　博士 (理学)
2010 年　京都大学大学院理学研究科博士後期課程修了
現　在　明治大学理工学部数学科　准教授
著　書　『確率統計入門』森北出版 (2020)

NDC413　259p　21cm

新しい微積分〈上〉　改訂第2版

2021 年 12 月 21 日　第 1 刷発行

著　者　長岡亮介・渡辺　浩・矢崎成俊・宮部賢志
発行者　髙橋明男
発行所　株式会社　講談社
〒 112-8001　東京都文京区音羽 2-12-21
販売　(03)5395-4415
業務　(03)5395-3615
KODANSHA
編　集　株式会社　講談社サイエンティフィク
代表　堀越俊一
〒 162-0825　東京都新宿区神楽坂 2-14　ノービィビル
編集　(03)3235-3701
本文データ制作　藤原印刷株式会社
カバー・表紙印刷　豊国印刷株式会社
本文印刷・製本　株式会社　講談社

Printed in Japan　ISBN 978-4-06-526439-3